2012年 | 考研

计算机考试
大纲解析
配套1000题

● 全国硕士研究生入学统一考试辅导用书编委会

U0132250

高等教育出版社·北京
HIGHER EDUCATION PRESS   BEIJING

2012 NIAN KAOYAN JISUANJI KAOSHI DAGANG JIEXI
PEITAO 1000 TI

内容简介

　　本书由经验丰富的考研辅导专家根据全面调整后的《2012年全国硕士研究生入学统一考试计算机科学与技术学科联考计算机学科专业基础综合考试大纲》、《2012年全国硕士研究生入学统一考试计算机专业基础综合考试大纲解析》编写，将大纲和大纲解析中的考点、重点和难点与试题结合，使考生在学习《大纲解析》后通过难易适度的练习题达到检测复习效果、巩固基础、掌握重点、提高解题能力的目的，真正实现记、练、用的结合。

复习建议

　　在开始复习的时候，最好把本书对照《2012年全国硕士研究生入学统一考试计算机专业基础综合考试大纲解析》复习，看一章即做一章相应的练习，以检测复习效果，帮助理解和掌握考点。本书可贯穿复习始终，前期可以作为同步训练，后期用于强化训练。

图书在版编目（CIP）数据

2012年考研计算机考试大纲解析配套1000题/全国硕士研究生入学统一考试辅导用书编委会编.—北京：高等教育出版社，2011.8

ISBN 978 - 7 - 04 - 033115 - 8

Ⅰ.①2… Ⅱ.①全… Ⅲ.①电子计算机 - 研究生 - 入学考试 - 自学参考资料　Ⅳ.①TP3

中国版本图书馆 CIP 数据核字（2011）第 162497 号

策划编辑	刘　佳	责任编辑	柳秀丽	封面设计	王凌波	版式设计	余　杨
插图绘制	尹　莉	责任校对	刘春萍	责任印制	韩　刚		

出版发行	高等教育出版社	咨询电话	400 - 810 - 0598
社　　址	北京市西城区德外大街4号	网　　址	http://www.hep.edu.cn
邮政编码	100120		http://www.hep.com.cn
印　　刷	高等教育出版社印刷厂	网上订购	http://www.landraco.com
开　　本	787 × 1092　1/16		http://www.landraco.com.cn
印　　张	14.25	版　　次	2011 年 8 月第 1 版
字　　数	340 000	印　　次	2011 年 8 月第 1 次印刷
购书热线	010 - 58581118	定　　价	32.00 元

出 版 前 言

一、教育部制定的《2012 年全国硕士研究生入学统一考试计算机科学与技术学科联考计算机学科专业基础综合考试大纲》(下称《考试大纲》)规定了 2012 年全国硕士研究生入学考试计算机科目的考试范围、考试要求、考试形式、试卷结构等。它既是 2012 年全国硕士研究生入学统一考试计算机专业命题的唯一依据,也是考生复习备考必不可少的工具书。

二、《2012 年全国硕士研究生入学统一考试计算机学科专业基础综合考试大纲解析》根据《考试大纲》的要求和最新精神,深入研究考研命题的特点及动态,结合作者多年阅卷工作总结,特别注重与考生的实际相结合,注重与考研的要求相结合。

本书由数据结构、计算机组成原理、操作系统、计算机网络四部分组成。其中各部分包括以下三部分内容:

(一)复习要点——使考生明确各章的重点、难点及常考点,考生弄清各知识点之间的相互联系,以及多年考试中本章节的出题情况,以便对本章内容有一个全局性的认识和把握。

(二)考点精讲——本部分参考当前国内最权威的大学教材,对大纲所要求的知识点进行了全面、准确地阐述,以加深考生对基本概念和原理等重点内容的理解和正确应用。本部分讲解考点明确、重点突出、层次清晰、简明实用。

(三)例题与练习——通过对经典例题的分析教会考生分析问题解决问题的方法和技巧。通过大量练习题,使考生学练结合。更好地巩固所学知识,提高实战能力。

本书由清华大学殷人昆教授主编并审订,清华大学王诚、董长洪,中国科学院研究生院鲁士文,国防科技大学邹鹏、尹俊文等分别对所负责章节进行了认真的研究和撰写,在此对他们严谨的治学态度和付出的智慧与努力表示感谢!

三、《2012 年考研计算机考试大纲解析配套 1000 题》本书由经验丰富的考研辅导专家根据全面调整后的《2012 年全国硕士研究生入学统一考试计算机科学与技术学科联考计算机学科专业基础综合考试大纲》、《2012 年全国硕士研究生入学统一考试计算机专业基础综合考试大纲解析》编写,将大纲和大纲解析中的考点、重点和难点与试题结合,使考生在学习《大纲解析》后通过难易适度的练习题达到检测复习效果、巩固基础、掌握重点、提高解题能力的目的,真正实现记、练、用的结合。

在开始复习的时候,最好把本书对照《2012 年全国硕士研究生入学统一考试计算机专业基础综合考试大纲解析》复习,看一章即做一章相应的练习,以检测复习效果,帮助理解和掌握考点。本书可贯穿复习始终,前期可以作为同步训练,后期用于强化训练。

为了给考生提供更多的增值服务,凡购正版全国考研辅导班系列用书的考生都可以登录"中国教育考试在线"www.eduexam.com.cn 做考研全真模拟试卷。

高等教育出版社
2011 年 8 月

目　　录

第一部分 数据结构

数据结构科目对知识点的考查分为三种情况：

1. 掌握数据结构的基本概念、基本原理和基本方法。

2. 掌握数据的逻辑结构、存储结构及基本操作的实现，能够对算法进行基本的时间复杂度与空间复杂度的分析；比如，进栈和出栈操作，入队、出队操作，二叉树的遍历和线索化，图的存储与搜索，查找、排序等。

3. 对算法的考查，能够运用数据结构的基本原理和方法进行问题的分析与求解，具备采用 C、C++或 Java 语言设计与实现算法的能力。

第一章 线性表

知识点概要

1. 算法、数据结构

深刻理解算法、数据结构的概念，掌握数据结构的"三要素"：逻辑结构、物理（存储）结构及在这种结构上所定义的操作"运算"。

2. 时间复杂度、空间复杂度

理解时间复杂度和空间复杂度的概念。在数据结构中，常用计算语句频度来估算算法的时间复杂度，以下 6 种计算算法时间的多项式是最常用的。其关系为：

$$O(1) < O(\log_2 n) < O(n) < O(n\log_2 n) < O(n^2) < O(n^3)$$

指数时间的关系为：

$$O(2^n) < O(n!) < O(n^n)$$

3. 线性表

线性表是具有相同数据类型的 $n(n \geq 0)$ 个数据元素的有限序列，是最简单，最基本，也是最常用的一种线性结构。线性表的特点是表中的元素应具有相同的性质，除第一个结点和最后一个结点外，其他结点有且仅有一个前驱，一个后继。常用的存储方式有两种：顺序存储和链式存储。

4. 顺序表基本运算的实现

（1）顺序表具有按数据元素的序号随机存取的特点，插入和删除需要移动大量元素，表的长度要事先设定。时间复杂度为 $O(1)$。

（2）按值 x 查找：主要运算是比较，比较的次数与值 x 在表中的位置有关，也与表长有关，平均比较次数为 $(n+1)/2$，时间复杂度为 $O(n)$。

（3）插入运算：在第 i 个位置上插入 x，从 a_n 到 a_i 都要向下移动一个位置，共移动 $n-i+1$ 个元素。

在等概率情况下，平均移动数据元素的次数为：

$$E_{in} = \sum_{i=1}^{n+1} p_i(n-i+1) = \frac{1}{n+1} \sum_{i=1}^{n+1} (n-i+1) = \frac{n}{2}$$

注意：在顺序表上做插入操作需移动表中一半的数据元素，时间复杂度为 $O(n)$。

（4）删除运算：删除第 i 个元素，从 a_{i+1} 到 a_n 都要向上移动一个位置，共移动 $n-i$ 个元素。

在等概率情况下，平均移动数据元素的次数：

$$E_{de} = \sum_{i=1}^{n} p_i(n-i) = \frac{1}{n} \sum_{i=1}^{n+1} (n-i) = \frac{n-1}{2}$$

注意：在顺序表上做删除运算时大约需要移动表中一半的数据元素，时间复杂度为 $O(n)$。

5. 链表

链表需要动态地分配存储空间，但每个结点要增加一个指针域。查找元素需要从头结点的指针域开始向后查找，但容易插入和删除元素。注意链表的几种形式：单链表、双链表、循环链表。

一、单项选择题

1. 下面程序段中带下画线的语句的执行次数的数量级是（　　）。

i=1；　WHILE i<n　DO　i=i*2；

A. $O(n)$　　　　　　　B. $O(\log_2 n)$　　　　　　C. $O(n^2)$　　　　　　D. $O(n\log_2 n)$

2. 算法的时间复杂度取决于（　　）。

A. 问题的规模　　　B. 待处理数据的初态　　C. A 和 B　　　　D. 以上都不正确

3. 一个算法应该是（　　）。

A. 程序　　　　　　B. 问题求解步骤的描述　　C. 要满足 5 个基本特性　　D. A 和 C

4. 下面说法错误的是（　　）。

Ⅰ. 算法原地工作的含义是指不需要任何额外的辅助空间

Ⅱ. 在相同的规模 n 下，复杂度 $O(n)$ 的算法在时间上总是优于复杂度 $O(2n)$ 的算法

Ⅲ. 所谓时间复杂度，是指在最坏情况下，估算算法执行时间的一个上界

Ⅳ. 同一个算法，实现语言的级别越高，执行效率就越低

A. Ⅰ　　　　　　　B. Ⅰ、Ⅱ　　　　　　　C. Ⅰ、Ⅳ　　　　　　D. Ⅲ

5. 从逻辑上可以把数据结构分为（　　）两大类。

A. 动态结构、静态结构　　　　　　　　　　B. 顺序结构、链式结构

C. 线性结构、非线性结构　　　　　　　　　D. 初等结构、构造型结构

6. 以下与数据的存储结构无关的术语是（　　）。

A. 循环队列　　　B. 链表　　　　　　C. 哈希表　　　　　D. 栈

7. 以下数据结构中，（　　）是线性数据结构。

A. 广义表　　　　B. 二叉树　　　　　C. 稀疏矩阵　　　　D. 串

8. 以下数据结构中，（　　）是非线性数据结构。

A. 树　　　　　　B. 字符串　　　　　C. 队　　　　　　D. 栈

9. 连续存储设计时,存储单元的地址(　　　)。

A. 一定连续　　　B. 一定不连续　　　C. 不一定连续　　　D. 部分连续,部分不连续

10. 以下属于逻辑结构的是(　　　)。

A. 顺序表　　　　B. 哈希表　　　　　C. 线性表　　　　　D. 单链表

11. 下面关于线性表的叙述中,错误的是(　　　)。

A. 线性表采用顺序存储,必须占用一片连续的存储单元

B. 线性表采用顺序存储,便于进行插入和删除操作

C. 线性表采用链式存储,不必占用一片连续的存储单元

D. 线性表采用链式存储,便于插入和删除操作

12. 若某线性表最常用的操作是存取任一指定序号的元素和在最后进行插入和删除运算,则利用(　　　)存储方式最省时间。

A. 顺序表　　　B. 双链表　　　C. 带头结点的双循环链表　　　D. 单循环链表

13. 若某表最常用的操作是在最后一个结点之后插入一个结点或删除最后一个结点。则采用(　　　)存储方式最节省运算时间。

A. 单链表　　　　B. 双链表　　　　C. 单循环链表　　　D. 带头结点的双循环链表

14. 静态链表中指针表示的是(　　　)。

A. 内存地址　　　B. 数组下标　　　C. 下一元素地址　　　D. 左、右孩子地址

15. 若长度为 n 的线性表采用顺序存储结构,在其第 i 个位置插入一个新元素的算法的时间复杂度为(　　　)($1 \leqslant i \leqslant n+1$)。

A. $O(0)$　　　　B. $O(1)$　　　　C. $O(n)$　　　　D. $O(n^2)$

16. 线性表 $(a_1, a_2, \cdots, a_n)$ 以链式存储方式存储时,访问第 i 位置元素的时间复杂度为(　　　)。

A. $O(i)$　　　　B. $O(1)$　　　　C. $O(n)$　　　　D. $O(i-1)$

17. 非空的循环单链表 head 的尾结点 p 满足(　　　)。

A. p->next=head　　　B. p->next=NULL　　　C. p=NULL　　　D. p=head

18. 双向链表中有两个指针域,即 prior 和 next,分别指回前驱及后继,设 p 指向链表中的一个结点,q 指向一个待插入结点,现要求在 p 前插入 q,则正确的插入为(　　　)。

A. p->prior=q;q->next=p;p->prior->next=q;q->prior=p->prior;

B. q->prior=p->prior;p->prior->next=q;q->next=p;p->prior=q->next;

C. q->next=p;p->next=q;q->prior->next=q;q->next=p;

D. p->prior->next=q;q->next=p;q->prior=p->prior;p->prior=q;

19. 在单链表指针为 p 的结点之后插入指针为 s 的结点,正确的操作是(　　　)。

A. p->next=s;s->next=p->next;

B. s->next=p->next;p->next=s;

C. p->next=s;p->next=s->next;

D. p->next=s->next;p->next=s;

20. 对于一个头指针为 head 的带头结点的单链表,判定该表为空表的条件是(　　　)。

A. head = = NULL　　　　　　　B. head->next = = NULL

C. head->next = = head　　　　D. head！ = NULL

二、综合应用题

1. 运算是数据结构的一个重要方面。举例说明两个数据结构的逻辑结构和存储方式完全相同,只是对于运算的定义不同,因而两个数据结构具有显著不同的特性,是两个不同的结构。

2. 将下列函数,按它们在 $n \rightarrow \infty$ 时的无穷大阶数,从小到大排序。

$n, n - n^3 + 7n^5, n\log_2 n, 2^{n/2}, n^3, \log_2 n, n^{1/2} + \log_2 n, (3/2)^n, n!, n^2 + \log_2 n$

3. 在单链表、双链表和单循环链表中,若仅知道指针 p 指向某结点,不知道头指针,能否将结点 *p 从相应的链表中删去? 若可以,其时间复杂度各为多少?

4. 设有集合 A 和集合 B,要求设计生成集合 C = A∩B 的算法,其中集合 A、集合 B 和集合 C 用链式存储结构表示。

5. 已知单链表 L 是一个递增有序表,试写一高效算法,删除表中值大于 min 且小于 max 的结点(若表中有这样的结点),同时释放被删结点的空间,这里 min 和 max 是两个给定的参数。

6. 试写出在单链表中搜索元素 x 的算法。若 x 存在链表中,则输出它在表中的序号,否则将 x 插到表尾。

7. 设有一个双链表,每个结点中除有 prior、data 和 next 这 3 个域外,还有一个访问频度域 freq,在链表被启用之前,其值均初始化为零。每当在链表进行一次 LocateNode(L,x) 运算时,令元素值为 x 的结点中 freq 域的值加 1,并调整表中结点的次序,使其按访问频度的递减序排列,以便使频繁访问的结点总是靠近表头。试写一符合上述要求的 LocateNode 运算的算法。

8. 两个整数序列:$A = a_1, a_2, a_3, \cdots, a_m$ 和 $B = b_1, b_2, b_3, \cdots, b_n$,已经存入两个单链表中,设计一个算法,判断序列 B 是否是序列 A 的子序列。

9. 已知 3 个带头结点的线性链表 A、线性链表 B 和线性链表 C 中的结点均依元素值自小至大非递减排列(可能存在两个以上值相同的结点),编写算法对链表 A 进行如下操作:使操作后的链表 A 中仅留下 3 个表中均包含的数据元素的结点,且没有值相同的结点,并释放所有无用结点。限定算法的时间复杂度为 $O(m + n + p)$,其中 m、n 和 p 分别为 3 个表的长度。

第二章　栈与队列、数组

知识点概要

栈和队列是限定插入和删除只能在表的“端点”进行的线性表。栈又称为后进先出的线性表,队列又称为先进先出的线性表。

1. 顺序栈形式描述

(1) 静态分配:

```
typedef struct{
SElemType elem[STACKSIZE];
int top;
```

```
     }SqStack;
```
注意,非空栈时 top 始终在栈顶元素的位置。

（2）动态分配：

```
     typedef struct{
        SElemType * top;
        int stacksize;
     }SqStack;
```
注意,非空栈时 top 始终在栈顶元素的下一个位置。

2．链栈

因为栈中的主要运算是在栈顶插入、删除,显然在链表的头部做栈顶是最方便的,而且没有必要像单链表那样为了运算方便附加一个头结点。

3．顺序队列

设队头指针指向队头元素前面一个位置,队尾指针指向队尾元素（这样的设置是为了某些运算的方便,并不是唯一的方法）。

（1）入队：

```
     sq->data[++sq->rear] = x;
```

（2）出队：

```
     x = sq->data[++sq->front];
```

4．循环队列元素

循环队列元素个数：

$$(Q.\,rear - Q.\,front + MAXQSIZE) \% MAXQSIZE$$

5．数组

一般采用顺序存储,是一个随机存取结构。

（1）二维数组按行优先寻址计算方法,每个数组元素占据 d 个地址单元。

设数组的基址为 $LOC(a_{11})$：$LOC(a_{ij}) = LOC(a_{11}) + ((i-1) * n + j - 1) * d$

设数组的基址为 $LOC(a_{00})$：$LOC(a_{ij}) = LOC(a_{00}) + (i * n + j) * d$

（2）二维数组按列优先寻址计算方法。

设数组的基址为 $LOC(a_{11})$：$LOC(a_{ij}) = LOC(a_{11}) + ((j-1) * n + i - 1) * d$

设数组的基址为 $LOC(a_{00})$：$LOC(a_{ij}) = LOC(a_{00}) + (j * n + i) * d$

6．特殊矩阵的压缩存储（假设以行序为主序）

（1）对称矩阵:将对称矩阵 A 压缩存储到 $SA[n(n+1)/2]$ 空间中,a_{ij} 的下标 i,j 与在 SA 中的对应元素的下标 k 的关系为 $k = i \times (i-1)/2 + (j-1)$,$0 \leqslant k < n \times (n+1)/2$。

（2）三角矩阵:与对称矩阵类似,不同之处在于存储完下（上）三角中的元素之后,接着存储对角线上（下）方的常量,因为是同一个常数,所以存一个即可。将三角矩阵 A 压缩存储到 $SA[n(n+1)/2+1]$ 空间中,a_{ij} 的下标 i,j 与在 SA 中的对应元素的下标 k 的关系为：

　　当 $i=1$ 时,$k = j-1 (1 \leqslant j \leqslant 2)$；

　　当 $i>1$ 时,$k = 2i + j - 3 (|i-j| \leqslant 1)$。

（3）三对角矩阵:将三对角矩阵 A 压缩存储到 $SA[3n-2]$ 空间中,a_{ij} 的下标 i,j 与在 SA 中的

对应元素的下标 k 的关系为 $k=2i+j-2$。

（4）稀疏矩阵：三元组(I,J,K)行号、列号、元素值的保存方法。

一、单项选择题

1. 一个栈的输入序列为 $1,2,3,\cdots,n$，若输出序列的第一个元素是 n，输出第 $i(1\leqslant i\leqslant n)$ 个元素是（　　）。

　　A. 不确定　　　　　　B. $n-i+1$　　　　　　C. i　　　　　　　D. $n-i$

2. 若一个栈的输入序列为 $1,2,3,\cdots,n$，输出序列的第一个元素是 i，则第 j 个输出元素是（　　）。

　　A. $i-j-1$　　　　　　B. $i-j$　　　　　　C. $j-i+1$　　　　D. 不确定

3. 若已知一个栈的入栈序列是 $1,2,3,\cdots,n$，其输出序列为 $p_1,p_2,p_3,\cdots,p_n$，若 p_n 是 n，则 p_i 是（　　）。

　　A. i　　　　　　　B. $n-i$　　　　　　C. $n-i+1$　　　D. 不确定

4. 有 6 个元素 $6,5,4,3,2,1$ 的顺序进栈，下列不合法的出栈序列是（　　）。

　　A. 5,4,3,6,1,2　　B. 4,5,3,1,2,6　　C. 3,4,6,5,2,1　　D. 2,3,4,1,5,6

5. 若一个栈以向量 $V[n]$ 存储，初始栈顶指针 top 为 $n+1$，则下面 x 进栈的正确操作是（　　）。

　　A. $\text{top}=\text{top}+1;V[\text{top}]=x$　　　　　　B. $V[\text{top}]=x;\text{top}=\text{top}+1$

　　C. $\text{top}=\text{top}-1;V[\text{top}]=x$　　　　　　D. $V[\text{top}]=x;\text{top}=\text{top}-1$

6. 若栈采用顺序存储方式存储，现两栈共享空间 $V[1..m]$，$\text{top}[i]$ 代表第 i 个栈 $(i=1,2)$ 栈顶，栈 1 的底在 $V[1]$，栈 2 的底在 $V[m]$，则栈满的条件是（　　）。

　　A. $|\text{top}[2]-\text{top}[1]|=0$　　　　　　B. $\text{top}[1]+1=\text{top}[2]$

　　C. $\text{top}[1]+\text{top}[2]=m$　　　　　　D. $\text{top}[1]=\text{top}[2]$

7. 栈在（　　）中应用。

　　A. 递归调用　　　　B. 子程序调用　　　C. 表达式求值　　D. A,B,C

8. 一个递归算法必须包括（　　）。

　　A. 递归部分　　　　　　　　　　B. 终止条件和递归部分

　　C. 迭代部分　　　　　　　　　　D. 终止条件和迭代部分

9. 执行完下列语句段后，i 值为（　　）。

```
int f( int x)
{return ((x>0)? x * f(x-1):2);}
int i;
i=f(f(1));
```

　　A. 2　　　　　　　B. 4　　　　　　　C. 8　　　　　　D. 无限递归

10. 表达式 $a*(b+c)-d$ 的后缀表达式是（　　）。

　　A. $abcd*+-$　　B. $abc+*d-$　　C. $abc*+d-$　　D. $-+*abcd$

11. 递归过程或函数调用时，处理参数及返回地址，要用一种称为（　　）的数据结构。

　　A. 队列　　　　　　B. 多维数组　　　C. 栈　　　　D. 线性表

12. 若用一个大小为 6 的数组来实现循环队列,且当前 rear 和 front 的值分别为 0 和 3,当从队列中删除一个元素,再加入两个元素后,rear 和 front 的值分别为(　　　)。

A. 1 和 5　　　　　　B. 2 和 4　　　　　　C. 4 和 2　　　　　　D. 5 和 1

13. 设有一个 10 阶的对称矩阵 A,采用压缩存储方式,以行序为主存储,a_{11} 为第一元素,其存储地址为 1,每个元素占一个地址空间,则 a_{85} 的存储地址为(　　　)。

A. 13　　　　　　　　B. 33　　　　　　　　C. 18　　　　　　　　D. 40

14. $A[n][n]$ 是对称矩阵,将下面三角(包括对角线)以行序存储到一维数组 $T[n(n+1)/2]$ 中,则对任一上三角元素 $a[i][j]$ 对应 $T[k]$ 的下标 k 是(　　　)。

A. $i(i-1)/2+j$　　B. $j(j-1)/2+i$　　C. $i(j-1)/2+1$　　D. $j(i-1)/2+1$

15. 设二维数组 $A[m][n]$(即 m 行 n 列)按行存储在数组 $B[1..m\times n]$ 中,则二维数组元素 $A[i][j]$ 在一维数组 B 中的下标为(　　　)。

A. $(i-1)\times n+j$　　B. $(i-1)\times n+j-1$　　C. $i\times(j-1)$　　D. $j\times m+i-1$

16. 有一个 100×90 的稀疏矩阵,非 0 元素有 10 个,设每个整型数占 2 字节,则用三元组表示该矩阵时,所需的字节数是(　　　)。

A. 60　　　　　　　　B. 66　　　　　　　　C. 18 000　　　　　　D. 33

二、综合应用题

1. 有 5 个元素,其入栈次序为:A,B,C,D,E,在各种可能的出栈次序中,以元素 C,D 最先出栈(即 C 第一个且 D 第二个出栈)的次序有哪几个?

2. 如果输入序列为 1,2,3,4,5,6,试问能否通过栈结构得到以下两个序列:4,3,5,6,1,2 和 1,3,5,4,2,6;请说明为什么不能或如何才能得到。

3. 利用两个栈 s1、s2 模拟一个队列时,如何用栈的运算实现队列的插入、删除以及判队空的运算。请简述这些运算的算法思想。

4. 顺序队列一般应该组织成为环状队列的形式,而且一般队列头或尾其中之一应该特殊处理。例如,队列为 listarray[n-1],队列头指针为 front,队列尾指针为 rear,则 listarray[rear] 表示下一个可以插入队列的位置。请解释其原因。

5. 一个 $n\times n$ 的对称矩阵,如果以行或列为主序存入内存,则其容量为多少?

6. 设有上三角矩阵 $(a_{ij})n\times n$,将其上三角中的元素按先行后列的顺序存于数组 $B[m]$ 中,使得 $B[k]=a_{ij}$ 且 $k=f_1(i)+f_2(j)+c$,请推导出函数 f_1、f_2 和常数 c,要求 f_1 和 f_2 中不含常数项。

7. 设有两个栈 s1、s2 都采用顺序栈方式,并且共享一个存储区 [maxsize-1],为了尽量利用空间,减少溢出的可能,可采用栈顶相向,迎面增长的存储方式。试设计 s1、s2 有关入栈和出栈的操作算法。

8. 请利用两个栈 s1 和 s2 来模拟一个队列。已知栈的三个运算定义如下:

PUSH(ST,x):元素 x 入 ST 栈;

POP(ST,x):ST 栈顶元素出栈,赋给变量 x;

Sempty(ST):判 ST 栈是否为空。那么,如何利用栈的运算来实现该队列的 3 个运算:

(1) enqueue:插入一个元素入队列;

(2) dequeue:删除一个元素出队列;

（3）q_empty：判队列为空。

9. 双端队列（duque）是一个可以在任一端进行插入和删除的线性表。现采用一个一维数组作为双端队列的数据存储结构，使用 C 语言描述如下：

```
#define maxsize 32｛数组中可容纳的元素个数｝
    typedef struct
    ｛ datatype elem[maxsize];
        int end1,end2;
        ｝duque;
```

试编写两个算法 add(duque Qu,datatype x,int tag) 和 delete(duque Qu,datatype &x,int tag) 用以在此双端队列的任一端进行插入和删除。当 tag=0 时在左端 endl 端操作，当 tag=1 时在右端 end2 端操作。

10. 已知 q 是一个非空队列，s 是一个空栈。仅用队列和栈的 ADT( ) 函数和少量工作变量，使用 Pascal 或 C 语言编写一个算法，将队列 Q 中的所有元素逆置。

（1）栈的 ADT( ) 函数有：

makeEmpty(s)；　置空栈

push(s,value)；　新元素 value 进栈

pop(s)；　出栈，返回栈顶值

isEmpty(s)；　判栈空否

（2）队列的 ADT( ) 函数有：

enQueue(q,value)；元素 value 进队

deQueue(q)；　出队列，返回队头值

isEmpty(q)；　判队列空否

11. 线性表中元素存放在数组 $A(1..n)$ 中，元素是整型数。试写出递归算法求出数组 A 中的最大和最小元素。

12. 设数组 $A[2n]$ 中存放有 n 个负数和 n 个正数，且随机存放。现要求按负数、正数相间存放，请写出实现此要求的算法。算法要求：不能使用额外的存储空间，但可使用少量工作单元，算法的时间复杂度应为 $O(n)$。

13. 设有一个长度为 n 的由"0"和"1"元素组成的输入序列，存于数组 $A[n]$ 中。设计一个算法，依次让每个元素通过一个栈 s（容量 $\geqslant n$）而得到一个输出序列，使得输出序列中"0"元素都出现在"1"元素之前。输出序列存入数组 $B[n]$ 中。

14. 给定一个整数数组 $B[N]$，数组 B 中连续的相等元素构成的子序列称为平台。试设计算法，求出 B 中最长平台的长度。

15. 给定 $n×m$ 矩阵 $A[a..b,c..d]$，并设 $A[i,j]\leqslant A[i,j+1]$（$a\leqslant i\leqslant b,c\leqslant j\leqslant d-1$）和 $A[i,j]\leqslant A[i+1,j]$（$a\leqslant i\leqslant b-1,c\leqslant j\leqslant d$）。设计一算法判定 x 的值是否在 A 中，要求时间复杂度为 $O(m+n)$。

16. 设二维数组 $A[1..m,1..n]$ 含有 $m×n$ 个整数。

（1）写出算法（Pascal 过程或 C 函数）：判断二维数组 A 中所有元素是否互不相同并输出相关信息（yes/no）。

（2）试分析算法的时间复杂度。

17. 已知两个定长数组 A、B，它们分别存放两个非降序有序序列，请编写程序把数组 B 序列中的数逐个插入到数组 A 序列中，完成后两个数组中的数分别有序（非降序）并且数组 A 中所有的数都不大于数组 B 中的任意一个数。要求，不能另开辟空间，也不能对任意一个数组进行排序操作。例如，

数组 A 为：4,12,28;

数组 B 为：1,7,9,29,45

输出结果为：1,4,7（数组 A）

　　　　　　9,12,28,29,45（数组 B）

18. 设数组 $A[n]$ 中，$A[n-2k+1..n-k]$ 和 $A[n-k+1..n]$ 中元素各自从小到大排好序，试设计一个算法使 $A[n-2k+1..n]$ 按从小到大次序排好序。要求空间复杂度为 $O(1)$，并分析算法所需的计算时间。

19. 设 $A[100]$ 是一个记录构成的数组，$B[100]$ 是一个整数数组，其值介于 $1 \sim 100$，现要求按 $B[100]$ 的内容调整 A 中记录的次序，比如，当 $B[1]=11$ 时，则要求将 $A[1]$ 的内容调整到 $A[11]$ 中去。规定可使用的附加空间为 $O(1)$。

20. 给定有 m 个整数的递增有序数组 $A[1..m]$ 和有 n 个整数的递减有序数组 $B[1..n]$，试写出算法：将数组 A 和 B 归并为递增有序数组 $C[1..m+n]$。（要求：算法的时间复杂度为 $O(m+n)$）

第三章　树与二叉树

知识点概要

1. 二叉树的概念、性质

（1）掌握树和二叉树的定义。

（2）理解二叉树与普通双分支树的区别。二叉树是一种特殊的树，这种特殊不仅仅在于其分支最多为 2 以及其他特征，二叉树的一个最重要的特殊之处是在于：二叉树是有序的。即二叉树的左右孩子是不可交换的，如果交换了就成了另外一棵二叉树，这样交换之后的二叉树与原二叉树是不相同的两棵二叉树。但是，对于普通的双分支树而言，不具有这种性质。

（3）掌握满二叉树和完全二叉树的概念。

（4）重点掌握二叉树的 5 个性质及证明方法，并把这种方法推广到 K 叉树。普通二叉树的 5 个性质：

第 i 层的最多结点数；深度为 k 的二叉树的最多结点数；$n_0=n_2+1$ 的性质；n 个结点的完全二叉树的深度；顺序存储二叉树时孩子结点与父结点之间的换算关系（序号为 i 的结点的左孩子的结点编号为：$2i$，右孩子的结点编号为：$2i+1$）。

2. 二叉树的顺序存储结构、二叉树链表、三叉树链表存储结构

掌握二叉树的顺序存储结构和二叉链表、三叉链表存储结构的各自优缺点及适用场合，以及二叉树的顺序存储结构和二叉链表存储结构相互转换的算法。

3. 二叉树的先序、中序和后序遍历算法以及按层次遍历

熟练掌握二叉树的先序、中序和后序 3 种遍历算法,划分的依据是视其每个算法中对根结点数据的访问顺序而定。不仅要熟练掌握这 3 种遍历的递归算法,还要理解其执行的实际步骤,并且应该熟练掌握 3 种遍历的非递归算法。重点掌握在 3 种基本遍历算法的基础上实现二叉树的其他算法,如求二叉树叶子结点总数,求二叉树结点总数,求度为 1 或度为 2 的结点总数,复制二叉树,建立二叉树,交换左右子树,查找值为 n 的某个指定结点,删除值为 n 的某个指定结点等。

4. 线索二叉树

线索二叉树的引出,是为避免如二叉树遍历时的递归求解。递归虽然形式上比较好理解,但是消耗了大量的内存资源,递归层次一多,势必带来资源耗尽的危险。二叉树线索化的实质是建立结点在相应序列中与其前驱和后继之间的直接联系。对于线索二叉树,应该掌握:线索化的实质,3 种线索化的算法,线索化后二叉树的遍历算法,基本线索二叉树的其他算法问题(如查找某一类线索二叉树中指定结点的前驱或后继结点)。

5. 树与森林的遍历

树与森林的遍历,只有两种遍历算法:先根与后根(对于森林而言称作先序与中序遍历)。两者的先根与后根遍历与二叉树中的遍历算法是有对应关系的,先根遍历对应二叉树的先序遍历,而后根遍历对应二叉树的中序遍历。二叉树使用二叉链表分别存放它的左右孩子,树利用二叉链表存储孩子及兄弟(称孩子兄弟链表),而森林也是利用二叉链表存储孩子及兄弟。掌握树、森林和二叉树间的相互转换。

6. 哈夫曼树

哈夫曼树为了解决特定问题引出的特殊二叉树结构,它的前提是给二叉树的每条边赋予了权值,这样形成的二叉树按权相加之和是最小的,一般来说,哈夫曼树的形态不是唯一的。理解哈夫曼编码的基本原理,掌握基于哈夫曼树生成哈夫曼编码的方法。利用哈夫曼树可以构造一种不等长的二进制编码,并且构造所得的哈夫曼编码是一种最优前缀编码,即使所传电文的总长度最短。

一、单项选择题

1. 已知一算术表达式的中缀形式为 $A+B*C-D/E$,后缀形式为 $ABC*+DE/-$,其前缀形式为( )。

A. $-A+B*C/DE$

B. $-A+B*CD/E$

C. $-+*ABC/DE$

D. $-+A*BC/DE$

2. 设树 T 的度为 4,其中度为 1、2、3 和 4 的结点个数分别为 4、2、1、1,则树 T 中的叶子数为( )。

A. 5　　　　　　B. 6　　　　　　C. 7　　　　　　D. 8

3. 在下述结论中,正确的是( )。

① 只有一个结点的二叉树的度为 0;② 二叉树的度为 2;③ 二叉树的左右子树可任意交换;④ 深度为 K 的完全二叉树的结点个数小于或等于深度相同的满二叉树。

A. ①②③　　　　B. ②③④　　　　C. ②④　　　　D. ①④

4. 设森林 F 对应的二叉树为 B,它有 m 个结点,二叉树 B 的根为 p,p 的右子树结点个数为

n,森林 F 中第一棵树的结点个数是( )。

A. $m-n$ B. $m-n-1$ C. $n+1$ D. 无法确定

5. 若一棵二叉树具有 10 个度为 2 的结点,5 个度为 1 的结点,则度为 0 的结点个数是( )。

A. 9 B. 11 C. 15 D. 不确定

6. 在一棵三叉树中度为 3 的结点数为 2 个,度为 2 的结点数为 1 个,度为 1 的结点数为 2 个,则度为 0 的结点数为( )个。

A. 4 B. 5 C. 6 D. 7

7. 设森林 F 中有 3 棵树,第一、第二、第三棵树的结点个数分别为 M_1,M_2 和 M_3。与森林 F 对应的二叉树根结点的右子树上的结点个数是( )。

A. M_1 B. M_1+M_2 C. M_3 D. M_2+M_3

8. 一棵完全二叉树上有 1 001 个结点,其中叶子结点的个数是( )。

A. 250 B. 500 C. 254 D. 501

9. 设给定权值总数有 n 个,其哈夫曼树的结点总数为( )。

A. 不确定 B. $2n$ C. $2n+1$ D. $2n-1$

10. 若度为 m 的哈夫曼树中,其叶结点个数为 n,则非叶结点的个数为( )。

A. $n-1$ B. $n/m-1$ C. $(n-1)/(m-1)$ D. $(n+1)(m+1)-1$

11. 一个具有 1 025 个结点的二叉树的高度 h 为( )。

A. 11 B. 10 C. 11 ~ 1 025 D. 10 ~ 1 024

12. 一棵二叉树高度为 h,所有结点的高度或为 0,或为 2,则这棵二叉树最少有( )结点。

A. $2h$ B. $2h-1$ C. $2h+1$ D. $h+1$

13. 对于有 n 个结点的二叉树,其高度为( )。

A. $n\log_2 n$ B. $\log_2 n$ C. $\log_2 n+1$ D. 不确定

14. 若二叉树采用二叉链表存储结构,要交换其所有分支结点左、右子树的位置,利用( )遍历方法最合适。

A. 前序 B. 中序 C. 后序 D. 按层次

15. 一棵二叉树的前序遍历序列为 ABCDEFG,它的中序遍历序列可能是( )。

A. CABDEFG B. ABCDEFG C. DACEFBG D. ADCFEG

16. 某二叉树中序序列为 ABCDEFG,后序序列为 BDCAFGE,则前序序列是( )。

A. EGFACDB B. EACBDGF C. EAGCFBD D. 上面的都不对

17. 某二叉树中序序列为 ABCDEFG,后序序列为 BDCAFGE,该二叉树对应的森林包括多少棵树( )。

A. 1 B. 2 C. 3 D. 概念上是错误的

18. 一棵非空的二叉树的先序遍历序列与后序遍历序列正好相反,则该二叉树一定满足( )。

A. 所有的结点均无左孩子 B. 所有的结点均无右孩子

C. 只有一个叶子结点 D. 是任意一棵二叉树

19. 在二叉树结点的先序序列,中序序列和后序序列中,所有叶子结点的先后顺序(　　)。

A. 都不相同

B. 完全相同

C. 先序和中序相同,而与后序不同

D. 中序和后序相同,而与先序不同

20. 某二叉树的前序序列和后序序列正好相反,则该二叉树一定是(　　)的二叉树。

A. 空或只有一个结点

B. 任一结点无左子树

C. 高度等于其结点数

D. 任一结点无右子树

21. 一棵左子树为空的二叉树在先序线索化后,其中空的链域的个数是(　　)。

A. 不确定　　　　　　B. 0　　　　　　　　C. 1　　　　　　　　D. 2

22. 一棵左右子树均不空的二叉树在先序线索化后,其中空的链域的个数是(　　)。

A. 0　　　　　　　　B. 1　　　　　　　　C. 2　　　　　　　　D. 不确定

23. (　　)的遍历仍需要栈的支持。

A. 前序线索树　　　B. 中序线索树　　　C. 后序线索树　　　D. 以上都不是

24. n 个结点的线索二叉树上含有的线索数为(　　)。

A. $2n$　　　　　　　B. $n-1$　　　　　　C. $n+1$　　　　　　D. n

25. 下面几个符号串编码集合中,不是前缀编码的是(　　)。

A. $\{0,10,110,1111\}$　　　　　　　　　　B. $\{11,10,001,101,0001\}$

C. $\{00,010,0110,1000\}$　　　　　　　　D. $\{b,c,aa,ac,aba,abb,abc\}$

二、综合应用题

1. 从概念上讲,树、森林和二叉树是 3 种不同的数据结构,说明将树、森林转化为二叉树的基本目的是什么,并指出树和二叉树的主要区别。

2. 一棵高度为 h 的满 k 叉树有如下性质:根据结点所在层次为 0;第 h 层上的结点都是叶子结点;其余各层上每个结点都有 k 棵非空子树,如果按层次自顶向下,同一层自左向右,顺序从 1 开始对全部结点进行编号,试问:

(1) 各层的结点个数是多少?

(2) 编号为 i 的结点的双亲结点(若存在)的编号是多少?

(3) 编号为 i 的结点的第 m 个孩子结点(若存在)的编号是多少?

(4) 编号为 i 的结点有右兄弟的条件是什么?其右兄弟结点的编号是多少?

3. 证明任一结点个数为 n 的二叉树的高度至少为 $O(\log_2 n)$。

4. 已知一棵满二叉树的结点个数为 20～40 的素数,此二叉树的叶子结点有多少个?

5. 一棵共有 n 个结点的树,其中所有分支结点的度均为 K,求该树中叶子结点的个数。

6. 若一棵树中有度数为 1～m 的各种结点数为 $n_1,n_2,\cdots,n_m$(n_m 表示度数为 m 的结点个数),请推导出该树中共有多少个叶子结点 n_0 的公式。

7. 高度为 k 的完全二叉树至少有多少个叶结点?

8. 试证明,在具有 $n(n \geq 1)$ 个结点的 m 次树中,有 $n(m-1)+1$ 个指针是空的。

9. 对于任何一棵非空的二叉树,假设叶子结点的个数为 n_0,而次数为 2 的结点个数为 n_2,请给出 n_0 和 n_2 之间所满足的关系式 $n_0 = f(n_2)$。要求给出推导过程。

10. 试求有 n 个叶结点的非满的完全二叉树的高度。

11. 对于一个堆栈,若其入栈序列为 $1,2,3,\cdots,n$,不同的出入栈操作将产生不同的出栈序列。其出栈序列的个数正好等于结点个数为 n 的二叉树的个数,且与不同形态的二叉树一一对应。请简要叙述一种从堆栈输入(固定为 $1,2,3,\cdots,n$)/输出序列对应一种二叉树形态的方法,并以入栈序列 $1,2,3$(即 $n=3$)为例加以说明。

12. 如果给出了一个二叉树结点的前序序列和对称序列,能否构造出此二叉树? 若能,请证明之。若不能,请给出反例。如果给出了一个二叉树结点的前序序列和后序序列,能否构造出此二叉树? 若能,请证明之。若不能,请给出反例。

13. 用一维数组存放的一棵完全二叉树:ABCDEFGHIJKL。请写出后序遍历该二叉树的访问结点序列。

14. 已知一棵二叉树的先序、中序和后序序列如下,其中有部分空缺,请画出该二叉树。
先序序列:_ B C _ E F G _ I J K _
中序序列:C B E D _ G A J _ H _ L
后序序列:_ E _ F D _ J _ L _ H A

15. 对于二叉树 T 的两个结点 n_1 和 n_2,我们应该选择树 T 结点的前序、中序和后序中哪两个序列来判断结点 n_1 必定是结点 n_2 的祖先? 试给出判断的方法。(不需证明判断方法的正确性)

16. 什么是前缀编码? 举例说明如何利用二叉树来设计二进制的前缀编码。

17. 如果一棵哈夫曼树 T 有 n_0 个叶子结点,那么,树 T 有多少个结点?(要求给出求解过程)

18. 已知字符及其权值如下:$A(6), B(7), C(1), D(5), E(2), F(8)$,给出构造哈夫曼树和哈夫曼编码的过程,并计算带权路径长度。

19. 要求二叉树按二叉链表形式存储,编写算法实现:
(1) 建立二叉树的算法。
(2) 判别给定的二叉树是否是完全二叉树的算法。
(完全二叉树的定义为:深度为 K,具有 N 个结点的二叉树的每个结点都与深度为 K 的满二叉树中编号从 $1 \sim N$ 的结点一一对应。此题以此定义为准)

20. 假设以双亲表示法作树的存储结构,写出双亲表示的类型说明,并编写求给定的树的深度的算法。(注:已知树中的结点数)

21. 二叉树采用二叉链表存储:
(1) 编写计算整个二叉树高度的算法(二叉树的高度也叫二叉树的深度)。
(2) 编写计算二叉树最大宽度的算法(二叉树的最大宽度是指二叉树所有层中结点个数的最大值)。

22. 已知一棵二叉树按顺序方式存储在数组 A[n] 中。设计算法,求出下标分别为 i 和 j 的两个结点的最近的公共祖先结点的值。

23. 在二叉树中查找值为 x 的结点,试编写算法(用 C 语言)打印值为 x 的结点的所有祖先,假设值为 x 的结点不多于一个,最后试分析该算法的时间复杂度。

第四章　图

知识点概要

1. 图的定义

任意两个结点之间都可能相关,即结点之间的邻接关系可以是任意的。

(1) 无向完全图:在一个含有 n 个顶点的无向完全图中,有 $n(n-1)/2$ 条边。

(2) 有向完全图:在一个含有 n 个顶点的有向完全图中,有 $n(n-1)$ 条边。

(3) 顶点的度:是指依附于某顶点 v 的边数,通常记为 $TD(v)$。

对于具有 n 个顶点、e 条边的图,顶点 v_i 的度 $TD(v_i)$ 与顶点的个数以及边的数目满足关系:

$$e = \frac{1}{2} \sum_{i=1}^{n} TD(v_i)$$

(4) 边的权、网:与边有关的数据信息称为权。边上带权的图称为网图或网络。

(5) 路径、路径长度:顶点 v_p 到顶点 v_q 之间的路径是指顶点序列 $v_p, v_{i1}, v_{i2}, \cdots, v_{im}, v_q$。路径上边的数目称为路径长度。

(6) 连通分量:无向图的极大连通子图。

(7) 强连通分量:有向图的极大强连通子图。

(8) 生成树:所谓连通图 G 的生成树,是 G 包含其全部 n 个顶点的一个极小连通子图。它必定包含且仅包含 G 的 $n-1$ 条边。

2. 图的存储结构

(1) 邻接矩阵:就是用一维数组存储图中顶点的信息,用矩阵表示图中各顶点之间的邻接关系。

图的邻接矩阵存储方法具有以下特点:

① 无向图的邻接矩阵一定是一个对称矩阵。因此,在具体存放邻接矩阵时只需存放上(或下)三角矩阵的元素即可。

② 对于无向图,邻接矩阵的第 i 行(或第 i 列)非零元素(或非 ∞ 元素)的个数正好是第 i 个顶点的度 $TD(v_i)$。

③ 对于有向图,邻接矩阵的第 i 行(或第 i 列)非零元素(或非 ∞ 元素)的个数正好是第 i 个顶点的出度 $OD(v_i)$(或入度 $ID(v_i)$)。

④ 用邻接矩阵方法存储图,很容易确定图中任意两个顶点之间是否有边相连;但是,要确定图中有多少条边,则必须按行、按列对每个元素进行检测,所花费的时间代价很大。这是用邻接矩阵存储图的局限性。

(2) 邻接表:是图的一种顺序存储与链式存储结合的存储方法,类似于树的孩子链表表示法。就是对于图 G 中的每个顶点 v_i,将所有邻接于 v_i 的顶点 v_j 链成一个单链表,这个单链表就称为顶点 v_i 的邻接表,再将所有点的邻接表表头放到数组中,就构成了图的邻接表。

图的邻接表存储方法具有以下特点:

① 若无向图中有 n 个顶点、e 条边,则它的邻接表需 n 个头结点和 $2e$ 个表结点。稀疏图用

邻接表表示比邻接矩阵节省存储空间,当和边相关的信息较多时更是如此。

② 在无向图的邻接表中,顶点 v_i 的度恰为第 i 个链表中的结点数;在有向图中,第 i 个链表中的结点个数只是顶点 v_i 的出度,为求入度,必须遍历整个邻接表。在所有链表中其邻接点域的值为 i 的结点的个数是顶点 v_i 的入度。

有时,为了便于确定顶点的入度或以顶点 v_i 为头的弧,可以建立一个有向图的逆邻接表,即对每个顶点 v_i 建立一个链接以 v_i 为头的弧的链表。

在建立邻接表或逆邻接表时,若输入的顶点信息即为顶点的编号,则建立邻接表的复杂度为 $O(n+e)$,否则,需要通过查找才能得到顶点在图中位置,则时间复杂度为 $O(n\times e)$ 。

③ 在邻接表上容易找到任一顶点的第一个邻接点和下一个邻接点,但要判定任意两个顶点 (v_i 和 v_j)之间是否有边或弧相连,则需搜索第 i 个或第 j 个链表,因此,不及邻接矩阵方便。

3. 图的遍历

图的遍历包括深度优先搜索和广度优先搜索。

为了保证图中的各顶点在遍历过程中访问且仅访问一次,需要为每个顶点设一个访问标志,因此设置一个访问标志数组 visited[n],用于标示图中每个顶点是否被访问过。

(1)深度优先搜索:类似于树的先根遍历,是树的先根遍历的推广。

遍历图的过程实质上是对每个顶点查找其邻接点的过程,其耗费的时间则取决于所采用的存储结构。当以邻接矩阵为图的存储结构时,查找每个顶点的邻接点所需时间为 $O(n^2)$,其中 n 为图中顶点数。而当以邻接表作图的存储结构时,找邻接点所需时间为 $O(e)$,其中 e 为无向图中边的数或有向图中弧的数。由此,当以邻接表作存储结构时,深度优先搜索遍历图的时间复杂度为 $O(n+e)$ 。

(2)广度优先搜索:类似于树的按层次遍历的过程。

广度优先搜索遍历图的过程实质是通过边或弧找邻接点的过程,其时间复杂度和深度优先搜索遍历相同,两者的不同之处仅仅在于对顶点访问的顺序不同。

4. 图的应用

(1)最小生成树

● Prim 算法:取图中任意一个顶点 v 作为生成树的根,之后往生成树上添加新的顶点 w。在添加的顶点 w 和已经在生成树上的顶点 v 之间必定存在一条边,并且该边的权值在所有连通顶点 v 和 w 之间的边中取值最小。之后继续往生成树上添加顶点,直至生成树上含有 $n-1$ 个顶点为止。

● Kruskal 算法:先构造一个只含 n 个顶点的子图 SG,然后从权值最小的边开始,若它的添加不使子图 SG 中产生回路,则在子图 SG 上加上这条边,如此重复,直至加上 $n-1$ 条边为止。

(2)最短路径

① 从一个源点到其他各点的最短路径。

● Dijkstra 算法:依最短路径的长度递增的次序求得各条路径。

设置辅助数组 Dist,其中每个分量 Dist[k]表示当前所求得的从源点到其余各顶点 k 的最短路径。Dist[k]=<源点到顶点 k 的弧上的权值>,或者=<源点到其他顶点的路径长度>+<其他顶点到顶点 k 的弧上的权值>。时间复杂度为 $O(n^2)$ 。

② 每一对顶点之间的最短路径

● Floyd 算法：从 v_i 到 v_j 的所有可能存在的路径中，选出一条长度最短的路径。时间复杂度是 $O(n^3)$。

（3）拓扑排序

利用广度优先搜索算法，从度数为的顶点开始搜索。整个算法的时间复杂度为 $O(e+n)$。拓扑排序的序列可能不唯一。

当有向图中无环时，也可用深度优先遍历的方法进行拓扑排序，按 DFS 算法的先后次序记录下的顶点序列为逆向的拓扑有序序列。

（4）关键路径

为了在 AOE 网中找出关键路径，需要定义几个参量，并且说明其计算方法。关键活动所在的路径就是关键路径。关键路径可能不止一条。

整个工程完成的时间为：从有向图的源点到汇点的最长路径也是关键路径。

一、单项选择题

1. 设无向图的顶点个数为 n，则该图最多有（　　　）条边。

A. $n-1$　　　　　B. $n(n-1)/2$　　　　　C. $n(n+1)/2$　　　　　D. 0

2. 一个 n 个顶点的连通无向图，其边的个数至少为（　　　）。

A. $n-1$　　　　　B. n　　　　　C. $n+1$　　　　　D. $n\log_2 n$

3. 一个有 n 个顶点的图，最少有（　　　）个连通分量，最多有（　　　）个连通分量。

A. 0　　　　　B. 1　　　　　C. $n-1$　　　　　D. n

4. 用有向无环图描述表达式 $(A+B)\times((A+B)/A)$，至少需要顶点的数目为（　　　）。

A. 5　　　　　B. 6　　　　　C. 8　　　　　D. 9

5. 用 DFS 遍历一个无环有向图，并在 DFS 算法退栈返回时打印相应的顶点，则输出的顶点序列是（　　　）。

A. 逆拓扑有序　　B. 拓扑有序　　　　C. 无序的　　　　　D. 不确定

6. 用邻接矩阵 A 表示图，判定任意两个顶点 v_i 和 v_j 之间是否有长度为 m 的路径相连，则只要检查（　　　）的第 i 行第 j 列的元素是否为零即可。

A. mA　　　　　B. A　　　　　C. A^m　　　　　D. $Am-1$

7. 当各边上的权值（　　　）时，BFS 算法可用来解决单源最短路径问题。

A. 均相等　　　B. 均互不相等　　　C. 不一定相等　　　D. 不确定

8. 在有向图 G 的拓扑序列中，若顶点 v_i 在顶点 v_j 之前，则下列情形不可能出现的是（　　　）。

A. G 中有弧 $<v_i,v_j>$　　　　　　　　B. G 中有一条从 v_i 到 v_j 的路径

C. G 中没有弧 $<v_i,v_j>$　　　　　　　D. G 中有一条从 v_j 到 v_i 的路径

9. 下列关于 AOE 网的叙述中，不正确的是（　　　）。

A. 关键活动不按期完成就会影响整个工程的完成时间

B. 任何一个关键活动提前完成，那么整个工程将会提前完成

C. 所有的关键活动提前完成，那么整个工程将会提前完成

D. 某些关键活动提前完成，那么整个工程将会提前完成

10. 一个二部图的邻接矩阵 A 是一个（　　　）类型的矩阵。

A. $n×n$ 矩阵　　　B. 分块对称矩阵　　　　C. 上三角矩阵　　　　D. 下三角矩阵

二、综合应用题

1. 证明：具有 n 个顶点和多于 $n-1$ 条边的无向连通图 G 一定不是树。

2. 证明：对有向图的顶点适当的编号，可使其邻接矩阵为下三角形且主对角线为全 0 的充要条件是该图为无环图。

3. 关于图（Graph）的一些问题：

（1）有 n 个顶点的有向强连通图最多有多少条边？最少有多少条边？

（2）表示有 1 000 个顶点、1 000 条边的有向图的邻接矩阵有多少个矩阵元素？是否为稀疏矩阵？

（3）对于一个有向图，不用拓扑排序，如何判断图中是否存在环？

4. 如何对有向图中的顶点号重新安排可使得该图的邻接矩阵中所有的 1 都集中到对角线以上？

5. 假定图 $G=(V,E)$ 是有向图，$V=\{1,2,\cdots,N\}$，$N \geq 1$，G 以邻接矩阵方式存储，G 的邻接矩阵为 A，即 A 是一个二维数组，如果 i 到 j 有边，则 $A[i,j]=1$，否则 $A[i,j]=0$，请给出一个算法思想，该算法能判断 G 是否是非循环图（即 G 中是否存在回路），要求算法的时间复杂性为 $O(n×n)$。

6. 对一个图进行遍历可以得到不同的遍历序列，那么导致得到的遍历序列不唯一的因素有哪些？

7. $G=(V,E)$ 是一个带有权的连通图，如图所示。

（1）什么是 G 的最小生成树？

（2）G 如图所示，请找出 G 的所有最小生成树。

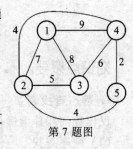

第 7 题图

8. 对于如下的加权有向图，给出算法 Dijkstra 产生的最短路径的支撑树，设顶点 A 为源点，并写出生成过程。

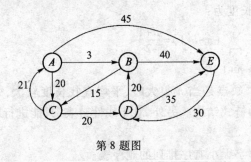

第 8 题图

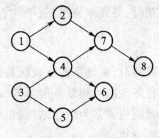

第 9 题图

9. （1）对于有向无环图，叙述求拓扑有序序列的步骤。

（2）对于以下的图，写出它的 4 个不同的拓扑有序序列。

10. 试写一算法，判断以邻接表方式存储的有向图中是否存在由顶点 V_i 到顶点 V_j 的路径（$i \neq j$）。注意：算法中涉及的图的基本操作必须在存储结构上实现。

11. 假设以邻接矩阵作为图的存储结构，编写算法判别在给定的有向图中是否存在一个简

单有向回路,若存在,则以顶点序列的方式输出该回路(找到一条即可)。(注:图中不存在顶点到自己的弧)

12. 已有邻接表表示的有向图,请编程判断从第 u 顶点至第 v 顶点是否有简单路径,若有则印出该路径上的顶点。

13. "破圈法"是"任取一圈,去掉圈上权最大的边",反复执行这一步骤,直到没有圈为止。请给出用"破圈法"求解给定的带权连通无向图的一棵最小代价生成树的详细算法,并用程序实现你所给出的算法。(注:圈就是回路)

14. 自由树(即无环连通图)$T=(V,E)$ 的直径是树中所有点对间最短路径长度的最大值,即 T 的直径定义为 MAX $D(u,v)$,这里 $D(u,v)(u,v\in V)$ 表示顶点 u 到顶点 v 的最短路径长度(路径长度为路径中所包含的边数)。写一算法求自由树 T 的直径,并分析算法的时间复杂度。

15. 对于一个使用邻接表存储的有向图 G,可以利用深度优先遍历方法,对该图中结点进行拓扑排序。其基本思想是:在遍历过程中,每访问一个顶点,就将其邻接到的顶点的入度减一,并对其未访问的、入度为 0 的邻接到的顶点进行递归。

(1) 给出完成上述功能的图的邻接表定义。

(2) 定义在算法中使用的全局辅助数组。

(3) 写出在遍历图的同时进行拓扑排序的算法。

第五章　查　找

知识点概要

1. 静态查找表

仅作查询和检索操作的查找表。

(1) 顺序查找

查找成功时,等概率情况下,平均查找长度为:

$$ASL_{ss} = \frac{1}{n}\sum_{i=1}^{n}(n-i+1) = \frac{n+1}{2}$$

查找不成功时,关键字的比较次数总是 $n+1$ 次。

顺序查找算法的时间复杂度为 $O(n)$。缺点是当 n 很大时,平均查找长度较大,效率低;优点是表的存储结构通常为顺序结构,也可为链式结构。另外,对于线性链表,只能进行顺序查找。

(2) 折半查找

适用条件:待查找的列表必须是按关键字大小有序排列的顺序表。

对表中每个数据元素的查找过程,可用二叉树来描述,称这个描述查找过程的二叉树为判定树。

等概率情况下,折半查找的平均查找长度为:

$$ASL_{bs} = \frac{1}{n}\sum_{i=1}^{n}C_i = \frac{1}{n}\left[\sum_{j=1}^{h}j\times 2^{j-1}\right] = \frac{n+1}{n}\log_2(n+1)-1$$

$$ASL_{bs} \approx \log_2(n+1)-1$$

折半查找的时间效率为 $O(\log_2 n)$。

从查找性能看,最好情况能达到 $O(\log_2 n)$,此时要求表有序并且为顺序存储结构;

从插入和删除的性能看,最好情况能达 $O(1)$,此时要求存储结构是链表。

2. 动态查找表

有时在查询之后,还需要将"查询"结果为"不在查找表中"的数据元素插入到查找表中;或者,从查找表中删除其"查询"结果为"在查找表中"的数据元素。

(1) 二叉排序树定义

或者是一棵空树;或者是具有下列性质的二叉树:

若左子树不空,则左子树上所有结点的值均小于根结点的值;若右子树不空,则右子树上所有结点的值均大于根结点的值。左右子树也都是二叉排序树。

通常,取二叉链表作为二叉排序树的存储结构。

二叉排序树查找过程:是一个递归过程。

由同一组 n 个关键字,构造所得的不同形态的各棵二叉排序树的平均查找长度的值不同,甚至可能差别很大。

二叉排序树插入操作和构造一棵二叉排序树:构造一棵二叉排序树则是逐个插入结点的过程。

(2) 平衡二叉树(AVL 树)的定义

平衡或者是一棵空树,或者是具有下列性质的二叉排序树:它的左子树和右子树都是平衡二叉树,且左子树和右子树高度之差的绝对值不超过 1。

在插入过程中,采用平衡旋转技术:左单旋转,右单旋转,先左后右双向旋转,先右后左双向旋转。

在平衡二叉树上进行查找的过程和二叉排序树相同,因此,查找过程中和给定值进行比较的关键字的个数不超过平衡二叉树的深度,和 $\log_2 n$ 相当。

(3) B¯树及其查找

B¯树是一种平衡的多路查找树,它在文件系统中很有用。

定义:一棵 m 阶的 B¯树,或者为空树,或为满足下列特性的 m 叉树:

* 树中每个结点至多有 m 棵子树;
* 若根结点不是叶子结点,则至少有两棵子树;
* 除根结点之外的所有非终端结点至少有 $\lceil m/2 \rceil$ 棵子树;
* 所有的非终端结点中包含以下信息数据:$(n, A_0, K_1, A_1, K_2, \cdots, K_n, A_n)$

其中:$K_i(i=1,2,\cdots,n)$ 为关键字,且 $K_i < K_{i+1}$;A_i 为指向子树根结点的指针 $(i=0,1,\cdots,n)$,且指针 A_{i-1} 所指子树中所有结点的关键字均小于 $K_i(i=1,2,\cdots,n)$,A_n 所指子树中所有结点的关键字均大于 K_n,$\lceil m/2 \rceil - 1 \le n \le m-1$,$n$ 为关键字的个数。

* 所有的叶子结点都出现在同一层次上,并且不带信息(可以看做是外部结点或查找失败的结点,实际上这些结点不存在,指向这些结点的指针为空)。

B¯树的查找类似二叉排序树的查找,所不同的是 B¯树每个结点上是多关键字的有序表,在到达某个结点时,先在有序表中查找,若找到,则查找成功;否则,到按照对应的指针信息指向的子树中去查找,当到达叶子结点时,则说明树中没有对应的关键字,查找失败。

在含 N 个关键字的 B⁻树上进行一次查找,需访问的结点个数不超过 $1+\log_{\lceil m/2 \rceil}[(N+1)/2]$。

3. 散列表

散列表的基本思想是首先在元素的关键字 key 和元素的存储位置 p 之间建立一个对应关系 H,使得 $p=H(key)$,H 称为散列函数。创建散列表时,把关键字为 key 的元素直接存入地址为 $H(key)$ 的单元;以后当查找关键字为 key 的元素时,再利用散列函数计算出该元素的存储位置 $p=H(key)$,从而达到按关键字直接存取元素的目的。

散列方法需要解决以下两个问题。

(1)构造好的散列函数

- 所选函数尽可能简单,以便提高转换速度;
- 所选函数对关键字计算出的地址,应在散列地址集中大致均匀分布,以减少空间浪费;
- 总的原则是使产生冲突的可能性降到尽可能地小。

(2)解决冲突的方法

① 开放定址法:当关键字 key 的散列地址 $p=H(key)$ 出现冲突时,以 p 为基础,产生另一个散列地址 p_1,如果 p_1 仍然冲突,再以 p 为基础,产生另一个散列地址 p_2⋯⋯直到找出一个不冲突的散列地址 p_i,将相应元素存入其中。

$$H_i=(H(key)+d_i)\%m,\qquad i=1,2,K,n$$

开放定址法解决冲突主要有以下 3 种,最常用的是线性探测再散列。

- 线性探测再散列:$d_i=1,2,3,\cdots,m-1$

特点:冲突发生时,顺序查看表中下一单元,直到找出一个空单元或查遍全表。

- 二次探测再散列:$d_i=\pm1^2,\pm2^2,\cdots,\pm k^2$ 　　$(k\leqslant m/2)$

特点:冲突发生时,在表的左右进行跳跃式探测,比较灵活。

- 伪随机探测再散列:$d_i=$ 伪随机数序列。

② 链地址法:将所有散列地址为 i 的元素构成一个称为同义词链的单链表,并将单链表的头指针存在散列表的第 i 个单元中,因而查找、插入和删除主要在同义词链中进行。链地址法适用于经常进行插入和删除的情况。

建立一个公共溢出区,将散列表分为基本表和溢出表两部分,凡是与基本表发生冲突的元素一律填入溢出表。

(3)散列表的查找过程

与散列表的创建过程是一致的。当查找关键字为 key 的元素时,首先计算 $p_0=H(key)$。如果单元 p_0 为空,则所查元素不存在;如果单元 p_0 中元素的关键字为 key,则找到所查元素;否则重复下述解决冲突的过程:按解决冲突的方法,找出下一个散列地址 p_i,如果单元 p_i 为空,则所查元素不存在;如果单元 p_i 中元素的关键字为 key,则找到所查元素。至加上 $n-1$ 条边为止。

一、单项选择题

1. 若查找每个记录的概率均等,则在具有 n 个记录的连续顺序文件中采用顺序查找法查找一个记录,其平均查找长度 ASL 为(　　　)。

A. $(n-1)/2$　　　　　B. $n/2$　　　　　　　C. $(n+1)/2$　　　　　D. n

2. 顺序查找法适用于查找顺序存储或链式存储的线性表,平均比较次数为(　(1)　),二分法查找只适用于查找顺序存储的有序表,平均比较次数为((2))。在此假定 N 为线性表中结点数,且每次查找都是成功的。

    A. $N+1$ B. $2\log_2 N$ C. $\log_2 N$ D. $N/2$

3. 适用于折半查找的表的存储方式及元素排列要求为( )。

    A. 链接方式存储,元素无序   B. 链接方式存储,元素有序

    C. 顺序方式存储,元素无序   D. 顺序方式存储,元素有序

4. 具有 12 个关键字的有序表,折半查找的平均查找长度为( )。

    A. 3.1   B. 4   C. 2.5   D. 5

5. 折半查找的时间复杂性为( )。

    A. $O(n^2)$ B. $O(n)$ C. $O(n\log_2 n)$ D. $O(\log_2 n)$

6. 既希望较快地查找又便于线性表动态变化的查找方法是( )。

    A. 顺序查找   B. 折半查找   C. 索引顺序查找   D. 哈希法查找

7. 在平衡二叉树中插入一个结点后造成了不平衡,设最低的不平衡结点为 A,并已知 A 的左孩子的平衡因子为 0,右孩子的平衡因子为 1,则应作( )型调整以使其平衡。

    A. LL   B. LR   C. RL   D. RR

8. 下列关于 m 阶 B⁻树的说法错误的是( )。

    A. 根结点至多有 m 棵子树

    B. 所有叶子都在同一层次上

    C. 非叶结点至少有 $m/2$(m 为偶数)或 $m/2+1$(m 为奇数)棵子树

    D. 根结点中的数据是有序的

9. 下面关于 B 和 B⁺ 树的叙述中,不正确的是( )。

    A. B 树和 B⁺ 树都是平衡的多叉树

    B. B 树和 B⁺ 树都可用于文件的索引结构

    C. B 树和 B⁺ 树都能有效地支持顺序检索

    D. B 树和 B⁺ 树都能有效地支持随机检索

10. m 阶 B⁻树是一棵( )。

    A. m 叉排序树   B. m 叉平衡排序树   C. $m-1$ 叉平衡排序树   D. $m+1$ 叉平衡排序树

11. 在一棵含有 n 个关键字的 m 阶 B⁻树中进行查找,至多读盘( )次。

    A. $\log_2 n$ B. $1+\log_2 n$

    C. $1+\log_{\frac{m}{2}}\left(\dfrac{n+1}{2}\right)$ D. $1+\log_{\frac{n}{2}}\left(\dfrac{m+1}{2}\right)$

12. 设哈希表长为 14,哈希函数是 $H(key)=key\%11$,表中已有数据的关键字为 15、38、61、84 共 4 个,现要将关键字为 49 的结点加到表中,用二次探测再散列法解决冲突,则放入的位置是( )。

    A. 8   B. 3   C. 5   D. 9

13. 散列函数有一个共同的性质,即函数值应当以( )取其值域的每个值。

    A. 最大概率   B. 最小概率   C. 平均概率   D. 同等概率

14. 散列表的地址区间为 0~17,散列函数为 $H(K)=K \bmod 17$。采用线性探测法处理冲突,

并将关键字序列 26,25,72,38,8,18,59 依次存储到散列表中。

（1）元素 59 存放在散列表中的地址是（　　）。

  A. 8　　　　　　　　B. 9　　　　　　　　C. 10　　　　　　　　D. 11

（2）存放元素 59 需要搜索的次数是（　　）。

  A. 2　　　　　　　　B. 3　　　　　　　　C. 4　　　　　　　　D. 5

15. 将 10 个元素散列到 100 000 个单元的哈希表中，则（　　）产生冲突。

  A. 一定会　　　　　　B. 一定不会　　　　　C. 仍可能会　　　　　D. 不确定

二、综合应用题

1. HASH 方法的平均查找路长决定于什么？是否与结点个数 N 有关？处理冲突的方法主要有哪些？

2. 对下面的关键字集 $\{30,15,21,40,25,26,36,37\}$ 若查找表的装填因子为 0.8，采用线性探测再散列方法解决冲突，完成下列内容：

（1）设计哈希函数；

（2）画出哈希表；

（3）计算查找成功和查找失败的平均查找长度。

3. 在一棵表示有序集 S 的二叉搜索树（binary search tree）中，任意一条从根到叶结点的路径将 S 分为三部分：在该路径左边结点中的元素组成的集合 S_1；在该路径上的结点中的元素组成的集合 S_2；在该路径右边结点中的元素组成的集合 S_3。$S = S_1 \cup S_2 \cup S_3$。若对于任意的 $a \in S_1$，$b \in S_2, c \in S_3$ 是否总有 $a \leqslant b \leqslant c$？为什么？

4. 试画出从空树开始，由字符序列（t,d,e,s,u,g,b,j,a,k,r,i）构成的二叉平衡树，并为每一次的平衡处理指明旋转类型。

5. 在数轴上有 N 个彼此相临不交的区间，每个区间下界上界都是整数。N 个区间顺序为 1−N。要查找给定的 x 落入的区间号，你认为应怎样组织数据结构？选择什么方法最快？并简述其原因。

6. 设有 5 个数据 do,for,if,repeat,while，它们排在一个有序表中，其查找概率分别为 $p_1 = 0.2, p_2 = 0.15, p_3 = 0.1, p_4 = 0.03, p_5 = 0.01$。而查找它们之间不存在数据的概率分别为 $q_0 = 0.2$，$q_1 = 0.15, q_2 = 0.1, q_3 = 0.03, q_4 = 0.02, q_5 = 0.01$。

do	for	if	repeat	while
$q_0 p_1$	$q_1 p_2$	$q_2 p_3$	$q_3 p_4$	$q_4 p_5 q_5$

（1）试画出对该有序表采用顺序查找时的判定树和采用折半查找时的判定树。

（2）分别计算顺序查找时的查找成功和不成功的平均查找长度，以及折半查找时的查找成功和不成功的平均查找长度。

（3）判定是顺序查找好，还是折半查找好。

7. 请编写一个判别给定二叉树是否为二叉排序树的算法，设二叉树用左右链法存储。

8. 写出在二叉排序树中删除一个结点的算法，使删除后仍为二叉排序树。设删除结点由指

针 p 所指,其双亲结点由指针 f 所指,并假设被删除结点是其双亲结点的右孩子。用高级语言将上述算法写为过程形式。

9. 写出从哈希表中删除关键字为 K 的一个记录的算法,设哈希函数为 H,解决冲突的方法为链地址法。

10. 假设一棵平衡二叉树的每个结点都标明了平衡因子 b,试设计一个算法,求平衡二叉树的高度。

11. 设从键盘输入一个整数的序列: $n,a_1,a_2,\cdots,a_n$,其中 n 表示连续输入整数的个数。

(1) 试编写一程序按整数值建立一个二叉排序树。

(2) 在题(1)的基础上将此二叉树上的各整数按降序写入一磁盘文件中。

12. 编写对有序表进行顺序查找的算法。假设每次查找时的给定值为随机值,又查找成功和不成功的概率也相等,试求进行每一次查找时和给定值进行比较的关键字个数的期望值。

13. 已知顺序表中有 m 个记录,表中记录不依关键字有序排列,编写算法为该顺序表建立一个有序的索引表,索引表中的每一项含记录的关键字和该记录在顺序表中的序号,要求算法的时间复杂度在最好的情况下能达到 $O(m)$。

第六章 排 序

知识点概要

本章属于重点难点章节,且概念更多,联系更为紧密,概念之间更容易混淆。在基本概念的考查中,尤其注意各种排序算法的优劣比较。在算法设计中,常与数组结合来考查。其实本章主要是考查对书本上的各种排序算法及其思想以及其优缺点和性能指标(时间复杂度)能否如指掌。从排序算法的种类来分,本章主要阐述了以下几种排序方法:插入、选择、交换、归并、基数等 5 种排序方法。

1. 插入排序

插入排序又可分为:直接插入、折半插入、二路插入、希尔排序。这几种插入排序算法的最根本的不同点,说到底就是根据什么规则寻找新元素的插入点。直接插入是依次寻找,折半插入是折半寻找,希尔排序是通过控制每次参与排序的数的总范围"由小到大"的增量来实现排序效率提高的目的。

2. 交换排序

交换排序又称冒泡排序,在交换排序的基础上改进又可以得到快速排序。快速排序的思想,一语以蔽之:用中间数将待排数据组一分为二。快速排序在处理的"问题规模"这个概念上,与希尔排序有点相反,它是先处理一个较大规模,然后逐渐把处理的规模降低,最终达到排序的目的。

3. 选择排序

相对于前面几种排序算法来说,选择排序难度大一点。具体来说,它可以分为:简单选择、树选择、堆。这 3 种方法的不同点是,根据什么规则选取最小的数。简单选择是通过简单的数组遍历方案确定最小数;树选择是通过与"锦标赛"类似的思想,让两数相比,不断淘汰较大(小)者,最终选出最小(大)数;而堆排序是利用堆这种数据结构的性质,通过堆元素的删除、调整等一系列操作将最小数选出放在堆顶。堆排序中的堆建立、堆调整是重要考点。

4. 归并排序

顾名思义,归并排序是通过"归并"这种操作完成排序的目的,既然是归并就必须是两个以上的数据集合才可能实现归并。所以,在归并排序中,关注最多的就是二路归并。算法思想比较简单,注意,归并排序是稳定排序。

5. 基数排序

基数排序是一种很特别的排序方法,也正是由于它的特殊,基数排序就比较适合于一些特别的场合,比如扑克牌排序问题等。基数排序又分为两种:多关键字的排序(扑克牌排序)和链式排序(整数排序)。基数排序的核心思想也是利用"基数空间"这个概念将问题规模规范、变小,并且,在排序的过程中,只要按照基数排序的思想,是不用进行关键字比较的,这样得出的最终序列就是一个有序序列。

6. 掌握各种排序方法的时间效率、空间效率、稳定性。

一、单项选择题

1. 下面给出的 4 种排序方法中,(　　)排序法是不稳定性排序法。

A. 插入　　　　　B. 冒泡　　　　　　C. 二路归并　　　　D. 堆

2. 下列内部排序算法中,其比较次数(交换次数)与序列初态无关的算法是(　　)。

A. 快速排序　　　B. 直接插入排序　　C. 二路归并排序　　D. 冒泡排序

3. 下列内部排序算法中在初始序列已基本有序(除去 n 个元素中的某 k 个元素后即呈有序,$k \ll n$)的情况下,排序效率最高的算法是(　　)。

A. 冒泡排序　　　B. 堆排序　　　　　C. 直接插入排序　　D. 二路归并排序

4. 下面给出的 4 种排序方法中,排序过程中的比较次数与排序方法无关的是(　　)。

A. 选择排序　　　B. 插入排序　　　　C. 快速排序　　　　D. 堆排序

5. 在下列排序算法中,算法的时间复杂度与初始数据无关的是(　　)。

A. 直接插入排序　B. 冒泡排序　　　　C. 快速排序　　　　D. 直接选择排序

6. 下列排序算法中,(　　)排序在一趟结束后不一定能选出一个元素放在其最终位置上。

A. 选择　　　　　B. 冒泡　　　　　　C. 归并　　　　　　D. 堆

7. 下列排序算法中,在每一趟都能选出一个元素放到其最终位置上,并且其时间性能受数据初始特性影响的是(　　)。

A. 直接插入排序　B. 快速排序　　　　C. 直接选择排序　　D. 堆排序

8. 对初始状态为递增序列的表按递增顺序排序,最省时间的是(　(1)　)算法,最费时间的是(　(2)　)算法。

A. 堆排序　　　　　B. 快速排序　　　　C. 插入排序　　　　D. 归并排序

9. 如果只想得到 1 000 个元素组成的序列中第 5 个最小元素之前的部分排序的序列,用(　　)方法最快。

A. 冒泡排序　　　　B. 快速排序　　　　C. 简单选择排序　　D. 堆排序

10. 在文件"局部有序"或文件长度较小的情况下,最佳内部排序的方法是( )。

A. 直接插入排序 B. 冒泡排序 C. 简单选择排序 D. 堆排序

11. 从未排序序列中依次取出一个元素与已排序序列中的元素依次进行比较,然后将其放在已排序序列的合适位置,该排序方法称为( )排序法。

A. 插入 B. 选择 C. 希尔 D. 二路归并

12. 若用冒泡排序方法对序列$\{10,14,26,29,41,52\}$从大到小排序,需进行( )次比较。

A. 3 B. 10 C. 15 D. 25

13. 采用简单选择排序,比较次数与移动次数分别为( )。

A. $O(n),O(\log_2 n)$　　　　　　　　　　B. $O(\log_2 n),O(n\times n)$

C. $O(n\times n),O(n)$　　　　　　　　　　D. $O(n\log_2 n),O(n)$

14. 就排序算法所用的辅助空间而言,堆排序、快速排序、归并排序的关系是( )。

A. 堆排序<快速排序<归并排序 B. 堆排序<归并排序<快速排序

C. 堆排序>归并排序>快速排序 D. 堆排序>快速排序>归并排序

15. 将两个各有 N 个元素的有序表归并成一个有序表,其最少的比较次数是( )。

A. N B. $2N-1$ C. $2N$ D. $N-1$

16. 已知待排序的 n 个元素可分为 n/k 个组,每个组包含 k 个元素,且任一组内的各元素均分别大于前一组内的所有元素和小于后一组内的所有元素,若采用基于比较的排序,其时间下界应为( )。

A. $O(n\log_2 n)$ B. $O(n\log_2 k)$ C. $O(k\log_2 n)$ D. $O(k\log_2 k)$

17. 以下序列不是堆的是( )。

A. (100,85,98,77,80,60,82,40,20,10,66) B. (100,98,85,82,80,77,66,60,40,20,10)

C. (10,20,40,60,66,77,80,82,85,98,100) D. (100,85,40,77,80,60,66,98,82,10,20)

18. 归并排序中,归并的趟数是( )。

A. $O(n)$ B. $O(\log_2 n)$ C. $O(n\log_2 n)$ D. $O(n\times n)$

19. 有一组数据(15,9,7,8,20,-1,7,4),用堆排序的筛选方法建立的初始堆为( )。

A. -1,4,8,9,20,7,15,7 B. -1,7,15,7,4,8,20,9

C. -1,4,7,8,20,15,7,9 D. A、B、C 均不对。

20. 基于比较方法的 n 个数据的内部排序,最坏情况下的时间复杂度能达到的最好下界是( )。

A. $O(n\log_2 n)$ B. $O(\log_2 n)$ C. $O(n)$ D. $O(n\times n)$

二、综合应用题

1. 在执行某种排序算法的过程中出现了排序码朝着最终排序序列相反的方向移动,从而认为该排序算法是不稳定的,这种说法对吗?为什么?

2. 设有 5 个互不相同的元素 a,b,c,d,e,能否通过 7 次比较就将其排好序?如果能,请列出其比较过程;如果不能,则说明原因。

3. 对一个由 n 个关键字不同的记录构成的序列,能否用比 $2n-3$ 少的次数选出该序列中关键字取最大值和关键字取最小值的记录?请说明如何实现?在最坏的情况下至少进行多少次比较？

4. 利用比较的方法进行排序,在最坏的情况下,能达到的最好时间复杂性是什么？请给出详细证明。

5. 设 LS 是一个线性表,LS$=(a_1, a_2, \cdots, a_n)$,若采用顺序存储结构,则在等概率的前提下,插入一个元素需要平均移动的元素个数是多少？若元素插在 a_i 与 a_i+1 之间 $(0 \leq i \leq n-1)$ 的概率为 $(n-i)/(n(n+1)/2)$,则插入一个元素需要平均移动的元素个数又是多少？

6. 对于 n 个元素组成的线性表进行快速排序时,所需进行的比较次数与这 n 个元素的初始排序有关。问:

(1) 当 $n=7$ 时,在最好情况下需进行多少次比较？请说明理由。

(2) 当 $n=7$ 时,给出一个最好情况的初始排序的实例。

(3) 当 $n=7$ 时,在最坏情况下需进行多少次比较？请说明理由。

(4) 当 $n=7$ 时,给出一个最坏情况的初始排序的实例。

7. 关于堆的一些问题:

(1) 堆的存储表示是顺序的,还是链接的？

(2) 设有一个最小堆,即堆中任意结点的关键字均大于它的左孩子和右孩子的关键字。其具有最大值的元素可能在什么地方？

(3) 对 n 个元素进行初始建堆的过程中,最多做多少次数据比较(不用大 O 表示法)？

8. 若有 N 个元素已构成一个小根堆,那么如果增加一个元素为 K_n+1,请用文字简要说明如何在 $\log_2 n$ 的时间内将其重新调整为一个堆。

9. 冒泡排序方法是把大的元素向上移(气泡的上浮),也可以把小的元素向下移(气泡的下沉)请给出上浮和下沉过程交替的冒泡排序算法。

10. 有一种简单的排序算法,叫做计数排序(Countsorting)。这种排序算法对一个待排序的表(用数组表示)进行排序,并将排序结果存放到另一个新的表中。必须注意的是,表中所有待排序的关键字互不相同,计数排序算法针对表中的每个记录,扫描待排序的表一趟,统计表中有多少个记录的关键字比该记录的关键字小,假设针对某一个记录,统计出的计数值为 c,那么,这个记录在新的有序表中的合适的存放位置即为 c。

设计实现计数排序的算法;对于有 n 个记录的表,关键字比较次数是多少？简单选择排序相比较,这种方法是否更好？为什么？

11. 某个待排序的序列是一个可变长度的字符串序列,这些字符串一个接一个地存储于唯一的字符数组中。请改写快速排序算法,对这个字符串序列进行排序。

12. 设有一个数组中存放了一个无序的关键序列 $K_1, K_2, \cdots, K_n$。现要求将 K_n 放在将元素排序后的正确位置上,试编写实现该功能的算法,要求比较关键字的次数不超过 n。

13. 已知关键字序列 $(K_1, K_2, K_3, \cdots, K_{n-1})$ 是大根堆。试写出一算法将 $(K_1, K_2, K_3, \cdots, K_{n-1}, K_n)$ 调整为大根堆;并利用调整算法写一个建大根堆的算法。

14. 一个最小最大堆(min max Heap)是一种特定的堆,其最小层和最大层交替出现,根总是处于最小层。最小最大堆中的任一结点的关键字值总是在以它为根的子树中的所有元素中最小(或最大)。如图所示为一最小最大堆。

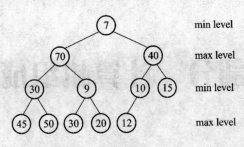

第 14 题图

（1）画出在图中插入关键字为 5 的结点后的最小最大堆。

（2）画出在图中插入关键字为 80 的结点后的最小最大堆。

（3）编写一算法实现最小最大堆的插入功能。假定最小最大堆存放在数组中，关键字为整数。

15．输入 N 个只含一位数字的整数,试用基数排序的方法,对这 N 个数排序。

第二部分 计算机组成原理

第一章 计算机系统概论

知识点概要

（一）计算机的发展历程

帕斯卡（Pasca）发明了第一台机械计算器 Pascaline。莱布尼茨（Leibnitz）对 Pascaline 进行了改进，于 1673 年研制出具有加、减、乘、除功能的手摇式机械计算器。

计算机之父巴贝奇（Babbage）制造出具有自动计算能力的"差分机"，并设计出功能更强的"分析机"，图灵提出计算机的理论模型"图灵机"，布尔提出计算机的数学基础"布尔代数"。

1946 年，美国宾夕法尼亚大学莫尔学院的物理教授莫克利（J. W. Mauchley）和工程师埃克特（J. P. Eckert）领导的科研小组研制成功第一台电子计算机 ENIAC。

冯·诺依曼提出了基于"存储程序"思想的现代计算机模型——"冯·诺依曼计算机"。"冯·诺依曼计算机"的组成特征是程序计数器（Program Counter，PC）。

电子计算机的发展已经经历了四代：电子管，晶体管，中小规模集成电路，大规模、超大规模集成电路。现在，正向第五代发展。

微处理器和微型计算机的发展已经经历了五代：4 位，8 位，16 位，32 位，64 位。目前已进入多核处理器时代。摩尔定律（Moore's Law）反映了微处理器发展的规律。

（二）计算机系统的层次结构

1. 计算机体系结构、计算机组成与计算机实现

软件的可移植性，计算机体系结构，计算机组成，计算机实现，系列机，软件兼容（向上、向下兼容，向前、向后兼容），计算机系统层次结构，软硬件的等价性原理，透明性，虚拟机，虚拟机的两种实现途径：解释和翻译。

2. 计算机硬件的基本组成

冯·诺依曼计算机，算术逻辑单元（ALU），控制单元（CU），寄存器[（数据寄存器、地址寄存器、指令寄存器（IR）、标志寄存器（FR）]，进位标志（CF）、溢出标志（OF）、零标志（CF）、符号标志（SF）和奇偶标志（PF），中央处理器（CPU），主存，存储器地址寄存器（MAR），存储器数据寄存器（MDR/MBR），辅存，I/O 设备，主板，总线。

3. 计算机软件的分类

系统软件，应用软件，支持软件，测试与维护软件，固件。

4. 计算机的工作过程

计算机的工作就是连续地解释指令。解释一条指令主要分为 3 个步骤：取指令，分析指令，执行指令。

取指令的操作：PC 的内容送入 MAR，然后 PC 增 1。处理器向主存储器发出"读命令"。主存储器工作，将信息送入 MDR。MDR 中的内容送入 IR（指令寄存器）。

分析指令包括两个阶段：指令译码，取操作数。

（三）计算机的性能指标

（1）系统管理员关注的性能指标：吞吐率、CPU 执行时间、可靠性、MTTF（Mean Time To Failure）/MTBF（Mean Time Between Failure）、MTTR（Mean Time To Repair）。

（2）计算机设计者关注的性能指标：CPI（Cycle Per Instruction）、CPU 时钟周期、主频。

（3）一般用户关注的性能指标：MIPS（Million Instructions Per Second）。

（4）处理浮点数的用户关注的性能指标：MFLOPS（Million FLoat OPeration Per Second）。

（5）交互应用的用户关注的性能指标：响应时间。

（6）算法研究者关注的性能指标：加速比 SP（SPeedup rate）。

一、单项选择题

1. （　　）被称为计算机之父，他的贡献是将计算机设计成由 5 个模块组成并实现自动运算。

（　　）被称为现代计算机之父，他的贡献是将采用存储程序的思想来实现通用计算机。

（　　）提出了现代计算机的理论模型。每 18 个月，微处理器的集成度将翻一番，速度将提高一倍，而其价格将降低一半。这个规律被称为（　　）定律。

Ⅰ. 巴贝奇（Babbage）　Ⅱ. 冯·诺依曼　　Ⅲ. 图灵　　Ⅳ. 摩尔　　Ⅴ. 布尔

A. Ⅰ、Ⅱ、Ⅲ、Ⅳ　　B. Ⅰ、Ⅱ、Ⅳ、Ⅴ　　C. Ⅰ、Ⅱ、Ⅲ、Ⅴ　　D. Ⅱ、Ⅲ、Ⅳ、Ⅴ

2. 第 1 代电子计算机采用的逻辑器件是（　　），第 2 代电子计算机采用的逻辑器件是（　　），第 3 代电子计算机采用的逻辑器件是（　　），第 4 代电子计算机采用的逻辑器件是（　　）。

Ⅰ. 电子管　　Ⅱ. 晶体管　　Ⅲ. 二极管　　Ⅳ. 三极管　　Ⅴ. CMOS

Ⅵ. 中小规模集成电路　　Ⅶ. 大规模集成电路

A. Ⅰ、Ⅱ、Ⅲ、Ⅳ　　B. Ⅰ、Ⅲ、Ⅳ、Ⅴ　　C. Ⅰ、Ⅲ、Ⅳ、Ⅴ　　D. Ⅰ、Ⅱ、Ⅵ、Ⅶ

3. 将功能不再改变的软件存储在 ROM 中，称之为（　　）。

A. BIOS　　　　B. 系统软件　　　　C. 固件　　　　D. 中间件

4. 下列关于"固件"的说法，正确的是（　　）。

A. 固件是一种基于时序逻辑的硬件　　B. 固件具有易失性

C. 固件是一种基于存储逻辑的硬件　　D. 固件是将软件的功能用硬件来实现

5. 软件和硬件在（　　）是等价的，在（　　）上是不等效的。这叫做软/硬件的等价性原理。

Ⅰ. 功能　　　　Ⅱ. 性能　　　　Ⅲ. 成本/价格　　　　Ⅳ. 可靠性

　　A. Ⅰ、Ⅱ　　　　　　B. Ⅰ、Ⅲ　　　　　　C. Ⅰ、Ⅳ　　　　　　D. Ⅱ、Ⅲ

　　6. 下列性能指标中,系统管理员最关心的是(　　),事务处理用户(如银行、证券等事务处理系统的用户)最关心的是(　　)。

　　Ⅰ. 吞吐率　　　Ⅱ. MIPS　　　Ⅲ. 响应时间　　　Ⅳ. CPI

　　A. Ⅰ、Ⅱ　　　　　　B. Ⅱ、Ⅲ　　　　　　C. Ⅰ、Ⅲ　　　　　　D. Ⅰ、Ⅳ

　　7. 评价计算机系统的指标中,越大越好的是(　　)。

　　Ⅰ. 字长　　Ⅱ. 主存容量　　Ⅲ. CPI　　Ⅳ. 主频　　Ⅴ. 功耗　　Ⅵ. MTTF

　　A. Ⅰ、Ⅱ、Ⅲ　　　　B. Ⅰ、Ⅱ、Ⅳ　　　　C. Ⅰ、Ⅱ、Ⅵ　　　　D. Ⅰ、Ⅲ、Ⅶ

　　8. 下列技术中,有利于提高吞吐率的是(　　)。

　　Ⅰ. 提高主频　　Ⅱ. CPU 中采用流水线技术　　Ⅲ. 进程调度采用短作业优先策略

　　Ⅳ. 采用多级反馈队列来进行进程调度　　　　Ⅴ. 进程调度采用时间片轮流策略

　　A. Ⅰ、Ⅱ、Ⅲ　　　　B. Ⅰ、Ⅱ、Ⅲ、Ⅳ　　　C. Ⅰ、Ⅱ、Ⅲ、Ⅴ　　　D. 全部

　　9. 下列技术中,有利于缩短响应时间的是(　　)。

　　Ⅰ. 提高主频　　Ⅱ. CPU 中采用流水线技术　　Ⅲ. 提高 I/O 中断的优先级

　　Ⅳ. 提高 CPI　　　Ⅴ. 控制器采用"微程序"控制技术

　　A. Ⅰ、Ⅱ、Ⅲ　　　　B. Ⅰ、Ⅱ、Ⅲ、Ⅳ　　　C. Ⅰ、Ⅱ、Ⅲ、Ⅴ　　　D. 全部

　　10. 下列技术中,能降低 CPI 的是(　　)。

　　Ⅰ. 简化数据通路结构　　Ⅱ. 流水线　　Ⅲ. 超标量　　Ⅳ. 超流水线　　Ⅴ. 超长指令字 VLIW

　　Ⅵ. 对程序进行编译优化　　Ⅶ. 提高主频

　　A. Ⅰ、Ⅱ、Ⅲ、Ⅳ　　B. Ⅰ、Ⅱ、Ⅲ、Ⅳ、Ⅴ　C. Ⅰ、Ⅱ、Ⅲ、Ⅳ、Ⅴ、Ⅵ　　D. 全部

　　11. 决定计算机计算精度的性能指标是(　　)。

　　A. 字长　　　　　　B. MAR 的长度　　　C. CPI　　　　　　D. MIPS

　　12. 绝大多数性能指标是绝对的性能指标,即无需参照的性能指标。还有一些性能指标是相对的,即需要对应一定的参照。下列计算机性能指标中,属于相对指标的是(　　)。

　　A. 吞吐率　　　　　　B. 响应时间　　　　C. MTTR　　　　　D. 加速比

　　13. 冯·诺依曼计算机中指令和数据均以二进制形式存放在存储器中,CPU 区别它们的依据是(　　)。

　　A. 指令操作码的译码结果　　　　　　B. 它们在主存储器中所处的位置

　　C. 指令和数据的寻址方式　　　　　　D. 它们被读入 CPU 后所处的位置

　　14. 下列关于"冯·诺依曼计算机"的说法中,错误的是(　　)。

　　A. 冯·诺依曼计算机所能完成的功能是由其所存储的程序决定的

　　B. 在冯·诺依曼计算机中,下一条指令的地址只能由"程序计数器"给出

　　C. 冯·诺依曼计算机的指令和数据分别存储在不同的存储器内

　　D. 冯·诺依曼计算机只能处理以二进制形式表示的信息

　　15. 下列特点中,不属于冯·诺依曼计算机的基本特点的是(　　)。

　　A. 存储器按地址访问　　　　　　　　B. 既可以采用二进制,又可以采用十进制

　　C. 计算机分为五大功能模块　　　　　D. 计算机采用"存储程序控制"

　　16. 下列特点中,属于冯·诺依曼计算机的基本特点的是(　　)。

A. 指令和数据混合存放在同一个存储器中

B. 指令的操作数至少有一个来自寄存器

C. 存储器既可按地址访问,又可按内容访问

D. 操作数的类型取决于指令的操作码

17. 下列关于计算机层次结构的说法,正确的是(　　　)。

A. 上一层以更高的性能实现了下一层的功能

B. 越往上层,功能越强

C. 下一层的实现可能会用到上一层的功能

D. 使用上一层的功能必须了解下一层的内部组成结构或者算法

18. 下列关于计算机层次结构的说法中,不正确的是(　　　)。

A. 对于都能实现的一个功能,调用上一层的接口比调用下一层的接口要花费更多的时间

B. 为了更好地实现一个功能,上一层既可调用下一层的接口,也可调用更下一层的接口

C. 下一层的实现与上一层无关

D. 上一层的功能由下一层的功能来实现

19. 对汇编语言程序员而言,下列选项中不透明的是(　　　)。

Ⅰ. 主存储器的模 m 交叉存取　　　Ⅱ. 指令寄存器　　　　　Ⅲ. Cache 存储器

Ⅳ. 通用寄存器的个数　　Ⅴ. 存储器的最小编址单位　Ⅵ. I/O 系统是否采用通道方式

Ⅶ. 采用流水技术来加速指令的解释　　　Ⅷ. 流水线中的相关专用通路的设计

A. Ⅰ、Ⅱ、Ⅲ　　　B. Ⅳ、Ⅴ、Ⅵ　　　C. Ⅶ、Ⅷ　　　D. Ⅱ、Ⅲ、Ⅳ

20. 下列关于"兼容"的说法中,正确的是(　　　)。

A. 指计算机软件或硬件在不同计算机之间的通用性

B. 指计算机软件或硬件在同一系列不同型号的计算机之间的通用性

C. 指计算机软件在同一系列不同型号的计算机之间的通用性

D. 指计算机硬件在不同厂家生产的计算机之间的通用性

21. 计算机硬件能够直接识别的语言是(　　　)。

A. 高级语言　　　B. 机器语言　　　C. 汇编语言　　　D. 自然语言

22. 任何高级语言源程序或汇编语言源程序都必须翻译成机器代码才能在硬件上执行。下列程序中,不负责完成这种翻译转换任务的是(　　　)。

A. 基准程序(Benchmarks)　　　　　B. 汇编程序

C. 解释程序(或解释器)　　　　　D. 编译程序(或编译器)

23. 在计算机系统的层次结构中,位于硬件以上的所有层次统称为(　　　)。

A. 应用软件　　　B. 系统软件　　　C. 程序　　　D. 虚拟机

24. 计算机的层次结构从上到下(或从外到内)依次是(　　　)。

A. 系统软件、应用软件、硬件系统

B. 应用软件、系统软件、硬件系统

C. 系统软件、硬件系统、应用软件

D. 硬件系统、应用软件、系统软件

25. 迄今为止,计算机中的所有信息仍是以二进制方式表示的,其理由是(　　　)。

　　A. 运算速度快　　　B. 运算方法简单　　　C. 易于理解　　　　D. 物理器件性能决定

26. 下列关于"程序计数器(PC)"的说法中,错误的是(　　　)。

　　A. 程序计数器专门用于保存下一条指令的所在存储单元的地址

　　B. 即便是"NOP 指令/空指令",取指操作结束后,程序计数器的值也将增1

　　C. 若跳转指令的操作数是转移目标指令的地址,则计算机直接从指令寄存器 IR 中取出下一条指令的存储地址

　　D. 不能通过指令来读出程序计数器的值

27. 负责指令译码的是(　　　)。

　　A. ALU　　　　　　　　　　　　　　　B. CU

　　C. 存储器内部的译码电路　　　　　　　D. I/O 接口中的译码电路

28. 指令寄存器(IR)的位数取决于(　　　),程序计数器(PC)的位数取决于(　　　)。

　　Ⅰ. 机器字长　　　　Ⅱ. 指令字长　　　　Ⅲ. 存储字长

　　Ⅳ. 主存地址空间大小　　Ⅳ. 主存容量

　　A. Ⅰ、Ⅱ　　　　　B. Ⅱ、Ⅲ　　　　　C. Ⅱ、Ⅳ　　　　　D. Ⅲ、Ⅳ

29. 访存数据寄存器(MBR)的位数取决于(　　　),访存地址寄存器(MAR)的位数取决于(　　　)。

　　Ⅰ. 机器字长　　　　Ⅱ. 指令字长　　　　Ⅲ. 存储字长

　　Ⅳ. 主存地址空间大小　　Ⅳ. 主存容量

　　A. Ⅰ、Ⅱ　　　　　B. Ⅱ、Ⅲ　　　　　C. Ⅱ、Ⅳ　　　　　D. Ⅲ、Ⅳ

30. 下列关于计算机性能的说法中,正确的是(　　　)。

　　A. 指令条数少的代码序列执行时间一定短

　　B. 同一个程序在时钟频率不同的系列机上运行,时钟频率提高的倍数等于执行速度提高的倍数

　　C. 执行不同程序,测得的同一台计算机的 CPI 可能不同

　　D. 执行不同程序,测得的同一条机器指令的 CPI 可能不同

31. 设 CPI 为 1.2 的某计算机的时钟频率为 2 GHz,程序 A 在该计算机上的指令条数为 4×10^9。已知某次在该计算机上运行程序 A 的周转时间(从开始启动到执行结束的时间)为 4 s,则该程序这次运行所用 CPU 时间占整个 CPU 时间的百分比大约是(　　　)。

　　A. 40%　　　　　　B. 60%　　　　　　C. 80%　　　　　　D. 100%

32. 以下有关计算机运算速度衡量指标的描述中,正确的是(　　　)。

　　A. MIPS 数大的机器一定比 MIPS 小的机器快

　　B. CPU 的主频越高速度越快

　　C. IPC 是指每个时钟周期内平均执行的指令条数

　　D. 观测到的用户程序执行时间就是 CPU 执行该程序的时间

33. 若某个基准测试程序在机器 A 上运行时需要 200 ms,而在机器 B 上的运行时间是 0.16 s,则如下给出的结论中正确的是(　　　)。

　　A. 所有程序在机器 A 上都比在机器 B 上运行速度慢

　　B. 机器 A 的速度大约是机器 B 的 1.25 倍

　　C. 机器 B 的速度大约是机器 A 的 1.25 倍

D. 机器 A 比机器 B 大约慢 1.25 倍

二、综合应用题

1. 已知某程序在时钟频率为 1 MHz 的计算机 A 上运行需要 100 s,在与计算机 A 具有相同指令集的计算机 B 上运行需要 50 s。由于采用了新技术,计算机 B 的时钟频率得到了提高,不过执行一条指令所花费的平均时钟周期数 CPI 也有所增加,故该程序在计算机 B 上运行所花费的时钟周期数是在计算机 A 上运行的时钟周期数的 2 倍。请问计算机 B 的时钟频率是多少?

2. 已知计算机 A 有 I1、I2、I3 和 I4 4 条指令,其 CPI 分别为 1、3、4 和 5。某程序先被编译成目标代码 O1,O1 包含这 4 条指令的条数分别是 3、6、9 和 2。采用优化编译后,该程序得到的目标代码为 O2,O2 包含这 4 条指令的条数分别是 8、6、6 和 2。问哪个目标代码包含的指令条数最少? 哪个目标代码的执行时间最短? O1 和 O2 的 CPI 分别是多少?

3. 已知某程序编译得到的目标代码 O1 包含 4 类指令 I1、I2、I3 和 I4,其 CPI 分别为 2、3、4和 5,它们在目标代码中所占比例分别为 40%、20%、30%、10%。采用优化编译后,该程序得到的目标代码为 O2,O2 中 I3 的指令条数减少了 20%,其他指令的条数没有变化。

请问:

(1) O1 和 O2 的 CPI 分别是多少?

(2) 设机器的主频为 1 GHz,基于 O1 和 O2 测得的机器 MIPS 分别是多少?

第二章 数据的表示和运算

知识点概要

(一) 数制与编码

1. 进位计数制及其相互转换

数值的二进制、八进制、十进制或十六进制的表示、相互转换,及其相应的算术运算和逻辑运算规则。

2. 真值和机器数

真值与机器数的概念、机器数的表示。

3. BCD 码

BCD 码(二进制编码的十进制数)的概念。最常用的 BCD 码——8421 码,也称为自然的 BCD 码(NBCD 码)。

4. 字符与字符串

IBM 公司设计了一种 8 位的"扩展的 BCB 交换码(Extended Binary Coded Decimal Interchange Code, EBCDIC)"。IBM 公司在它的大型机和中型机中都采用这种编码。

目前,国际信息交换标准代码为 7 位的"美国信息交换标准编码(American Standard Code for Information Intelchange, ASCⅡ)"。为了检测在数据通信或存储过程中可能发生的错误,通常在标准的 ASCⅡ 码的前面增加一位奇偶校验码,组成 8 位的 ASCⅡ 码。

1991 年,Unicode 联盟提出了 16 位的"统一的字符编码标准"——Unicode 编码。

计算机对汉字的处理是由软件来实现的,处理器只提供对英文的直接处理。

汉字在计算机内存储、交换、检索时采用的汉字二进制编码称为汉字机内码。在输入汉字时,用一组键盘按键来表示(输入)一个汉字。这种汉字与键盘按键的对应规则就叫汉字输入编码。常见的汉字输入编码有五笔字型码、微软拼音码、国标区位码等。

无论是英文字符还是汉字字符,在输出时一般被当做一个由点阵组成的图形——字模,一个字符对应的字模称为字模码。字模的点阵越大,字形就越细腻,但是占用的存储空间就越多。常见的点阵有 16×16、24×24、32×32、48×48 等。

5. 校验码

奇偶校验码就是给每一个数据代码增加一个二进制位作为校验位。这个校验位取 0 还是取 1 的原则是:若采用奇校验,则代码中"1"的个数加上校验位的取值共有奇数个"1";若采用偶校验,则代码中"1"的个数加上校验位的取值共有偶数个"1"。

编码的最小码距(也称为汉明距离)是指在一种编码系统中,任意一个正确代码(或者称为合法代码)变成另外一个正确代码所必须改变的最少二进制数位。编码的检错、纠错能力与编码最小码距 L 的关系如下:

$$L-1 = C+D,且\ C \leqslant D$$

其中,C 为可以纠正错误的位数,D 为可以检测错误的位数。

汉明码的最小码距为 3,具有检测出并纠正一位错误的能力。

循环冗余检验码(Cyclic Redundancy Check,CRC)是一种 (N, K) 线性分组检验码,它的码长是 N 位,有效信息是 K 位。其能力与汉明码相同,可以检测出并纠正一位错误。

(二)定点数的表示和运算

1. 定点数的表示

无符号数的表示及其表示范围;有符号数的表示(原码、补码、反码)及其表示范围。

2. 定点数的运算

(1)定点数的移位运算:逻辑移位与算术移位。

(2)原码定点数的加/减运算:根据操作数符号确定实际的运算,符号位单独处理。

(3)补码定点数的加/减运算:统一成加法运算,符号位参与运算。

(4)加法溢出概念。

● 单符号位补码定点数的加法运算的溢出判别方法:同号相加得异号,表示发生溢出;异号相加绝对不会发生溢出。实现方法:"最高位的进位"与"次高位的进位"进行异或,结果为 1 表示发生溢出。

● 双符号位补码定点数的加法运算的溢出判别方法:双符号位相同表示正常,不同表示发生溢出。实现方法:将双符号位进行异或,结果为 1 表示发生溢出。

(5)定点数的乘法运算。

● 符号位单独处理的原码乘法:1 位乘,三符号位的原码 2 位乘。

● 符号位参与运算的补码乘法:

双符号位的 1 位乘:校正法,布斯(Booth)算法。三符号位的补码 2 位乘。

（6）定点数乘法溢出的概念。由于乘积的字长是乘数或被乘数字长的两倍,故乘法运算不会发生溢出。

（7）定点数的除法运算。

- 原码除法:符号位单独处理,绝对值相除。要求除数不能为零(0)。
- 原码 1 位除法:恢复余数法,加减交替法。
- 定点数原码除法溢出的概念:

▲ 定点小数相除,商必须仍然是定点小数。若得到大于或等于 1 的商,为向上溢出(上溢),停机处理。

▲ 定点整数相除,商必须仍然是定点整数。若得到小于等于 0 的商,为向下溢出(下溢),当成零(0),继续运算。

- 定点数原码除法溢出的判断:

▲ 定点小数相除,若第一次上商就是 1,则溢出,即要求被除数的绝对值要小于除数的绝对值。

▲ 定点整数相除时,被除数的字长($2n$)可以是除数字长(n)的两倍,此时若第一次上商就是 1,则溢出,即要求被除数的高 n 位必须小于除数。

（三）浮点数的表示和运算

1. 浮点数的表示

浮点数的格式、阶码基值、表示范围;规格化的概念与目的。IEEE754 标准。具体见下表。

项 目	单精度(32 位)			双精度(64 位)		
	阶码 E	尾数 F	数值	阶码 E	尾数 F	数值
零	全 0	全 0	$(-1)^s 0$	全 0	全 0	$(-1)^s 0$
非规格化数	全 0	非全 0	$(-1)^s (0.F)2^{-126}$	全 0	非全 0	$(-1)^s (0.F)2^{-1022}$
规格化数	[1, 254]	F	$(-1)^s (1.F)2^{E-127}$	[1, 2046]	F	$(-1)^s (1.F)2^{E-1023}$
无穷大	全 1(255)	全 0	$(-1)^s \infty$	全 1(2047)	全 0	$(-1)^s \infty$
非数(NaN)	全 1(255)	非全 0	NaN	全 1(2047)	非全 0	NaN

2. 浮点数的加减运算

参与加减运算的浮点数一律以补码形式表示。浮点数加减运算的步骤。规格化的概念与实现方法,舍入的概念、四种处理方法(截断法、0 舍 1 入法、恒置"1"法和查表舍入法)及其特点,浮点数溢出的定义和判断。

（四）算术逻辑单元(ALU)

1. 串行加法器和并行加法器

先行进位与进位链,单重分组进位链与多重分组进位链。

2. 算术逻辑单元(ALU)的功能和结构

74181 芯片与 74182 芯片的功能与规格。基于 74181 与 74182 的 ALU 的组成与连接。

一、单项选择题

1. 下列数中最大的数是（　　　）。

A. 1000000B 　　　B. 125O 　　　　C. 10000110BCD 　　　D. 55H

2. 下列编码中,不用于表示字符的是（　　　）。

A. BCD 　　　　B. EBCDIC 　　　C. Unicode 　　　　D. ASCⅡ

3. 下列关于汉字编码的说法,错误的是（　　　）。

A. 用于输入汉字的编码称为输入码或外码

B. 用于输出汉字的编码称为字模码

C. 计算机存储、处理汉字所使用的编码称为机内码或内码

D. 输入码或外码与汉字字符的对应关系是——对应的关系

4. 汉字内码（两个字节长）的每个字节的最高位为（　　　）,以区别 ASCⅡ码。

A. 1 　　　　　B. 0 　　　　　C. 奇偶校验码 　　　　D. 海明码

5. Unicode 编码占用（　　　）字节。

A. 1 　　　　　B. 2 　　　　　C. 3 　　　　　　D. 4

6. 下列字符码中带有偶校验的信息是（　　　）。

A. 11001000B 　　B. 10010001B 　　C. 00010011B 　　　D. 01010110B

7. 接收到的（偶性）汉明码为 1001101B,其中的信息为（　　　）。

A. 1001 　　　　B. 0011 　　　　C. 0110 　　　　　D. 0100

8. 已知 CRC 校验的一个数据字为:1001 0101 1001B,设采用的生成多项式为:$G(x) = x^3 + 1$,
则校验码为（　　　）。

A. 0011B 　　　　B. 0010B 　　　C. 011B 　　　　　D. 010B

9. 下列定点小数与定点整数的说法中,正确的是（　　　）。

A. 由于要存储小数点,存储定点小数要比相同字长的定点整数多花费硬件

B. 在同一个 ALU 中,定点小数可以与定点整数进行算术运算

C. 为了得到更多的有效数字,定点整数进行除法运算的结果必须精确到小数点后

D. 定点小数的运算结果绝对不能大于或等于 1

10. "0（零）"的表示不唯一的编码是（　　　）。

A. 原码 　　　　B. 补码 　　　　C. 移码 　　　　D. 以上 3 种编码

11. 补码表示的 8 位二进制定点小数所能表示数值的范围是（　　　）。

A. −0.1111111B ~ 0.1111111B 　　　　B. −1.0000000B ~ 0.1111111B

C. −0.1111111B ~ 1.0000000B 　　　　D. −1.0000000B ~ 1.0000000B

12. 补码表示的 16 位二进制定点整数的表示范围是（　　　）。

A. −32 767 ~ 32 767 　B. −32 767 ~ 32 768 　C. −32 768 ~ 32 767 　D. −32 768 ~ 32 768

13. 在字长为 8 的定点小数计算机中,−1 的补码是（　　　）。

A. 10000000B 　　B. 11000000B 　　C. 10000001B 　　　D. 00000001B

14. 设 $[x]_补 = 0.0101B$,$[y]_补 = 0.1001B$,则计算 $[x-y]_补$ 后,状态寄存器中 ZF（零标志）、VF
（溢出标志）、NF（符号标志）、CF（进位标志）的值为（　　　）。

A. 0000　　　　　B. 1100　　　　　C. 1000　　　　　D. 0010

15. 在定点小数计算机中,(　　)的原码与补码相同。

A. 0　　　　　　B. 1　　　　　　C. −0.1B　　　　　D. −1

16. 采用补码表示时,16 位二进制定点整数的表示范围是(　　)。

A. 0 ~ 65 535　　B. −32 768 ~ 32 767　　C. −32 767 ~ 32 767　　D. −32 767 ~ 32 768

17. 在字长为 8 的定点整数计算机中,无符号整数 $X = 246$,则 $[-X]_{补码}$ 为(　　)。

A. 00001010B　　B. 11110110B　　C. 01110110B　　D. 11111011B

18. 已知 C 程序中,某类型为 int 的变量 x 的值为 −1088。程序执行时,x 先被存放在 16 位的寄存器 R1 中,然后被进行算术右移 4 位的操作。则此时 R1 中的内容(以十六进制表示)是(　　)。

A. FBC0H　　　　B. FFBCH　　　　C. 0FBCH　　　　D. 87BCH

19. 下列关于原码与补码的说法中,不正确的是(　　)。

A. 原码与补码是针对有符号定点数而言的,无符号定点数没有原码与补码的定义

B. 在相同字长的情况下,补码的表数范围要大于原码的表数范围

C. 在相同字长的情况下,补码的表数精度与原码的表数精度相同

D. 引入补码的目的是为了扩大计算机的表数范围

20. 下列关于原码加减交替除法(也叫不恢复余数除法)的说法,正确的是(　　)。

A. 当某一步的余数为负时,停止计算

B. 当某一步的余数为正时,改为进行加法计算

C. 整个运算过程中不会做恢复余数操作

D. 仅当最后一步的余数为负时,需要将恢复为原先正的余数

21. 下列关于移码的说法中,错误的是(　　)。

A. 若一个数的移码的符号位是 1,则该数为正数

B. 只有定点整数才有移码

C. 任何情况下,移码和补码只是在符号位有差别

D. 引入移码的目的主要是为了便于比较两个整数的大小

22. 下列关于定点整数加法的说法,正确的是(　　)。

A. 无符号定点整数的加法和带符号定点整数的加法分别在不同的加法器上进行

B. 无符号定点整数的加法不判断溢出

C. 无符号定点整数不能与带符号定点整数在一起进行加法运算的

D. 执行带符号定点整数加法后,如果 n 位加法器输出的最高两位不同,则溢出

23. 表示定点数时,若要求数值零在计算机中唯一表示成"全 0",应采用(　　)。

A. 原码　　　　　B. 补码　　　　　C. 反码　　　　　D. 移码

24. 机器内部的 32 位二进制数 10000000 00000000 00000000 00000000,当分别理解成无符号整数、整数和 IEEE 754 标准的单精度浮点数时,对应的真值分别是(　　)。

A. 2^{31}、-2^{31}、-0.0　　B. 2^{-31}、-2^{-31}、0.0　　C. -2^{31}、-2^{31}、-0.0　　D. -2^{-31}、2^{-31}、0.0

25. 有 32 位二进制数 11111111 11111111 11111111 11111111,当其分别被理解成无符号整数、整数和 IEEE 754 标准的单精度浮点数时,对应的真值分别是(　　)。

A. $2^{32}-1$、$2^{31}-1$、$-1.1111111\ 11111111\ 11111111\times 2^{128}$

B. $2^{32}-1$、-1、$-1.1111111\ 11111111\ 11111111\times 2^{128}$

C. $2^{32}-1$、-1、NAN(非数)

D. $-(2^{32}-1)$、-1、NAN(非数)

26. 有 32 位二进制数 11111111 10000000 00000000 00000000,当其分别被理解成无符号整数、整数和 IEEE 754 标准的单精度浮点数时,对应的真值分别是(　　　)。

A. $-(2^9-1)\times 2^{23}$、$(2^9-1)\times 2^{23}$、-1.0×2^{128}

B. $(2^9-1)\times 2^{23}$、$-(2^8-1)\times 2^{23}$、-1.0×2^{128}

C. $-(2^9-1)\times 2^{23}$、$(2^9-1)\times 2^{23}$、∞(无穷大)

D. $(2^9-1)\times 2^{23}$、$-(2^8-1)\times 2^{23}$、$-\infty$(负无穷大)

27. 某浮点数采用 IEEE 754 单精度格式表示为 C5100000H,则该数的值是(　　　)。

A. -1.125×2^{10}　　　B. -1.125×2^{11}　　　C. -0.125×2^{11}　　　D. -0.125×2^{10}

28. 采用双符号位(变形补码)判断溢出时,当结果符号为 01,称发生了(　　　)。

A. 上溢　　　　　　B. 下溢　　　　　　C. 正溢出　　　　　　D. 负溢出

29. 定点加法器完成加法操作时,若次高位的进位与最高位的进位不同,即这两个进位信号"异或"运算的结果为 1,称发生了(　　　)。

A. 故障　　　　　　B. 上溢　　　　　　C. 下溢　　　　　　D. 溢出

30. 下列关于机器零(0.0)的说法,错误的是(　　　)。

A. 只要尾数为零,无论阶码为何值都被置为 0,这个浮点数都被称为机器零

B. 只有运算结果的阶码和尾数同时为零,计算机才把这个结果当成机器零

C. 机器零的符号位可以是 1

D. 当阶码发生下溢(即小于最小阶码),无论尾数取何值,这个浮点数都被当成机器零

31. 下列关于机器零的说法,正确的是(　　　)。

A. 两个相等的整数相减的结果就是机器零

B. 计算机使用"000…000"来唯一地表示机器零

C. 机器零有"+0.0"和"-0.0"之分

D. 计算机可以表示的最小的浮点数是机器零

32. 下列关于机器零的说法,正确的是(　　　)。

A. 发生"下溢"时,浮点数被当做机器零,机器将暂停运行,转去处理"下溢"

B. 只有以移码表示阶码时,才能用全 0 表示机器零的阶码

C. 机器零属于规格化的浮点数

D. 定点数中的零也是机器零

33. 当且仅当(　　　)发生时,认为浮点数溢出。

A. 阶码上溢　　　　　　　　　　　　　　B. 尾数上溢

C. 尾数与阶码同时上溢　　　　　　　　　D. 尾数或阶码上溢

34. 在浮点数的表示中,(　　　)是隐含的。

A. 阶码　　　　　B. 数符　　　　　C. 基数　　　　　D. 尾数

35. 对于长度固定的浮点数,若尾数的位数增加、阶码的位数减少,则(　　　)。

A. 可表示浮点数的范围与表示精度不变

B. 可表示浮点数的范围与表示精度增加

C. 可表示浮点数的范围增加,但表示精度降低

D. 可表示浮点数的范围变小,但表示精度提高

36. 下列关于定点数与浮点数的说法,正确的是(　　　)。

A. 长度相同的定点数与浮点数,所能表示数的个数相同

B. 长度相同的定点数与浮点数,所能表示数的精度与范围相同

C. 在长度相同的情况下,定点数所表示数的精度要高于浮点数所表示数的精度

D. 在长度相同的情况下,定点数所表示数的范围要低于浮点数所表示数的范围

37. 下列关于浮点数基数的说法中,错误的是(　　　)。

A. 当基数为 8 时,阶码变化 1,尾数移动 3 位

B. 在长度相同的情况下,基数越大,所能表示数的个数越多

C. 在长度相同的情况下,基数越大,所能表示数的精度越高

D. 在长度相同的情况下,基数越大,所能表示数的范围越大

38. 下列关于浮点数的说法中,正确的是(　　　)。

A. 无论基数取何值,当尾数(以原码表示)小数点后第一位不为 0 时即为规格化

B. 阶码采用移码的目的是便于移动浮点数的小数点位置以实现规格化

C. 浮点数加减运算的步骤是对阶、尾数求和、规格化、舍入处理、判断溢出

D. IEEE 754 标准规定规格化数在二进制小数点后面隐含一位的"1"

39. 下列关于浮点数的说法中,正确的是(　　　)。

A. 最简单的浮点数舍入处理方法是恒置"1"法

B. IEEE 754 标准的浮点数进行乘法运算的结果肯定不需要做"左规"处理

C. 浮点数加减运算的步骤中,对阶的处理原则是大阶向小阶对齐

D. 当补码表示的尾数的最高位与尾数的符号位(数符)相同时表示规格化

40. 在 C 语言中,变量 i、j 和 k 的数据类型分别为 int、float 和 double(int 用补码表示,float 和 double 分别用 IEEE 754 单精度和双精度浮点数格式表示),它们可以取除+∞、−∞ 和 NAN 以外的任意值。在 32 位机器中执行下列关系表达式,结果恒为真的是(　　　)。

I. i == (int)(float)i　　　II. i == (int)(double)i　　　III. k == (float)k

IV. j == (double)j　　　V. (j+i)−j == i　　　VI. j == −(−j)

A. I、II和III　　　B. II、III和V　　　C. II、IV和VI　　　D. IV和VI

41. 处理器中的 ALU 采用(　　　)来实现。

A. 时序电路　　　B. 组合逻辑电路　C. 控制电路　　　　　D. 模拟电路

42. 不属于 ALU 的部件有(　　　)。

A. 加法器或乘法器或除法器　　　　　B. 移位器

C. 逻辑运算部件　　　　　　　　　　D. 指令寄存器

43. 已知 SN74181 和 SN74182 芯片分别是 4 位 ALU 部件和 4 位 BCLA(成组先行进位)部件,用它们构成 64 位快速 ALU 时,需要 SN74181 和 SN74182 的片数分别是(　　　)。

A. 8、2　　　　　B. 8、3　　　　　C. 16、4　　　　　D. 16、5

44. 组成 32 位两级分组先行进位链的 ALU,需要 74181 和 74182 的片数分别是(　　)。

A. 8、4　　　　　B. 8、2　　　　　C. 16、4　　　　　D. 16、2

45. 4 片 74181ALU 与 1 片 74182BCLA 组成的 16 位 ALU 具有(　　)功能。

A. 组内行波进位,组间行波进位　　　B. 组内先行进位,组间先行进位

C. 组内先行进位,组间行波进位　　　D. 组内行波进位,组间先行进位

二、综合应用题

1. 在一个字长和地址位数均为 32 位、按字节编址、小端方式、浮点数采用 IEEE 754 标准(1 位数符,8 位阶码,23 位尾数)的计算机上运行如下类 C 程序段:

```
int x = 65535;
int y = -65535;
float f = (float)x;
float g = (float)y;
int * p = &y;
```

若编译器编译时为上述变量分别分配了内存空间。执行上述程序段后,p 的值为 ABCDEF78H,请回答下列问题(提示:带符号整数用补码表示)。

(1) 执行上述程序段后,变量 x、y、f 和 g 的值分别是什么?(用十六进制表示)

(2) 执行上述程序段后,地址 ABCDEF79H 所对应存储单元的值是多少?

2. 在一个字长为 32 位、按字节编址、小端方式的计算机上运行如下类 C 程序段:

```
int x = 53191;
short y = (short)x;
int j = y;
```

若编译器编译时为上述变量分别分配了内存空间(提示:带符号整数用补码表示)。执行上述程序段后,内存中 y 和 j 的值是多少?(用十六进制表示)

3. 一个 8 位数据 M 为 $M_8M_7M_6M_5M_4M_3M_2M_1 = 01101010B$,其对应的海明校验码为 $P = P_4P_3P_2P_1$。M 和 P 被存储或传输的形式为 $M_8M_7M_6M_5P_4M_4M_3M_2P_3M_1P_2P_1$。现得到新数据和校验码为 M' 和 P' 如下。请分别计算它们的故障字 $S = S_4S_3S_2S_1$,并进行纠错处理。

(1) $M' = 01101010$, $P'' = 0011$。

(2) $M' = 01111010B$, $P'' = 0011$。

(3) $M' = 01101010B$, $P' = 1011$。

第三章　存储器层次结构

知识点概要

(一) 存储器的分类

半导体存储器、磁表面存储器、光介质存储器(光盘)。随机存取存储器(RAM,半导体存储

器)、顺序存取存储器(SAM,磁带)、直接存取存储器(DAM,磁盘)、相联存储器(CAM)。可读写存储器、只读存储器(ROM)。易失性存储器与非易失性存储器。

半导体存储器分为:可读写型(俗称 RAM)和只读型(俗称 ROM)。其中,RAM 又分为双极型和 MOS 型两种,而 MOS 型 RAM 分为静态 RAM(SRAM)和动态 RAM(DRAM)。

(二) 存储器的层次化结构

典型的存储器层次:Cache-主存层次与主存-辅存层次。

(三) 半导体随机存取存储器

存储器的容量与字长、总价格与每位价格、读写时间与读写周期、带宽。字地址与字节地址。大端次序与小端次序,信息按整数边界存储。

1. SRAM 存储器的工作原理

6 个 MOS 管存储 1 位信息。访问速度快,但功耗大、集成度(位密度)低。SRAM 由存储体、读写电路、地址译码电路、控制逻辑组成。SRAM 存储芯片的地址译码:单译码(线选法)或双译码(重合法)。

2. DRAM 存储器的工作原理

1 个 MOS 管加 1 个电容存储 1 位信息。功耗小、集成度高。但访问速度慢,且需要"刷新"。刷新要求:刷新周期(每隔 64 ms 必须刷新一次),刷新优先于访存。刷新策略。

(四) 只读存储器

只读存储器 ROM 分为 MROM、PROM、EPROM、EEPROM(E^2PROM)、Flash Memory(闪存)。EPROM 和 EEPROM 的擦除方法。

(五) 主存储器与 CPU 的连接

主存由 ROM 芯片和 RAM 芯片共同组成,它们的访问方式一样,都是随机存取存储器。字扩展,位扩展,字、位同时扩展。合理选择存储芯片。地址线、数据线、控制线的连接。

(六) 双口 RAM 和多模块存储器

提高访存速度的措施:高性能存储芯片、单体多字存储器、多(双)端口 RAM、多模块存储器、引入 Cache。

双口 RAM 是具有两套独立的读/写控制逻辑的 RAM。当两个端口(左端口和右端口)的访存地址不同时,这两个访问同时进行。当两个端口的访存地址相同时,发生访问冲突。

多模块存储器的编址方式:高位交叉编址(连续编址)与低位交叉编址(交叉编址)。多模块存储器的"存储器冲突/碰头"现象。

(七) 高速缓冲存储器(Cache)

1. 程序访问的局部性原理

程序访问的局部性原理及其表现(时间局部性、空间局部性)。

2. Cache 的基本工作原理

Cache 命中或失效(缺失)的概念,命中率或失效率的计算,Cache-主存层次等效访问时间、效率 E 和加速比 Sp 的计算。多级 Cache 与分离 Cache。Cache-主存数据交换的单位是"块"。主存块与 Cache 行(槽),每个 Cache 行带有一个"有效位"。

3. Cache 和主存之间的映射方式

地址映像与变换的概念。三种基本地址映像算法(直接映像、全相联映像和组相联映像)的概念、实现、性能比较及内在联系。直接映像时,主存地址由高到低依次划分为"标签(Tag)"、"Cache 行号(行索引)"和"块内地址";全相联映像时,主存地址由高到低依次划分为"标签(Tag)"和"块内地址";组相联映像时,主存地址由高到低依次划分为"标签(Tag)"、"Cache 组号(组索引)"和"块内地址"。

"关联度"指一个主存块映射到 Cache 中可能存放的位置个数。

4. Cache 中主存块的替换算法

LRU 替换算法、随机替换算法、FIFO 替换算法和最优替换算法的概念与实现。堆栈型替换算法的概念。不同算法下,某一地址流的 Cache 命中率的计算与比较。

5. Cache 写策略

写命中时:回写法(写回法或拖后写法)、写直达法(全写法或写穿法)的概念与性能比较。写不命中时:按写分配、不按写分配的概念。回写法通常与按写分配配合使用,写直达法通常与不按写分配配合使用。

(八) 虚拟存储器

1. 虚拟存储器的基本概念

逻辑地址与物理地址。静态重定位与动态重定位。基本的存储管理技术:可变分区管理与固定分区管理。内零头与外零头的概念。段式存储管理与页式存储管理的概念与实现。虚拟存储器的三个地址空间(虚拟存储器与虚地址、主存储器与实地址、辅助存储器与辅存地址)。虚拟存储器与 Cache 的比较。

存储保护:访问方式(权限)保护、存储区域(地址边界)保护两大类,分别处理"地址越界"和"访问越权"两类访存违例。

2. 页式虚拟存储器

页式虚拟存储器的概念、实现(页表基址寄存器)及地址变换过程。页式虚拟存储器中页表的实现(含"存在位"的引入)。页面失效的概念与处理方法(含"脏位"的引入),页面替换算法,颠簸(抖动)的概念与处理方法,页面大小的选择。

3. 段式虚拟存储器

段式虚拟存储器的概念、实现(段表基址寄存器与地址加法器)及地址变换过程。段式虚拟存储器中段表的实现(含"存在位"的引入),段式虚拟存储器的存储保护。

4. 段页式虚拟存储器

段页式虚拟存储器的概念、实现(段表基址寄存器、页表基址寄存器)及地址变换过程。段页式虚拟存储器中页表的概念。

5. TLB(快表)

TLB 的概念与实现(组成与存在位置)。基于 TLB 的虚拟存储器地址变换过程。

一、单项选择题

1. 下列存储层次结构中,存取速度最快的是(　　　)。

A. Cache　　　　　B. 寄存器　　　　　C. 内存　　　　　D. 光盘

2. 下列存储器中,具有易失(挥发)性的是(　　　)。

A. E^2PROM　　　B. Cache　　　　　C. Flash Memory(闪存)　　D. CDROM(光盘)

3. 存储器的存取周期 T_c 与存储器的存取时间 T_a 的关系是(　　　)。

A. $T_c > T_a$　　　B. $T_c = T_a$　　　C. $T_c < T_a$　　　D. T_c 与 T_a 的关系不确定

4. 某计算机系统的物理地址空间大小为 1 GB,按字节编址,每次读写操作最多可以存取 64 位。则存储器地址寄存器(MAR)和存储器数据寄存器(MDR)的位数分别为(　　　)。

A. 30、8　　　　　B. 30、64　　　　　C. 24、8　　　　　D. 24、64

5. 下列关于存储系统层次结构的说法中,错误的是(　　　)。

A. 存储层次结构中,越靠近 CPU,存储器的速度越快,但价格越贵,容量越小

B. Cache-主存层次的设置目的是为了提高主存的等效访问速度

C. 主存-辅存层次设置的目的是为了提高主存的等效存储容量

D. 存储系统层次结构对程序员都是透明的

6. 下列关于相联存储器的说法中,错误的是(　　　)。

A. 相联存储器指的是按内容访问的存储器

B. 在实现技术相同的情况下,容量较小的相联存储器,速度较快

C. 相联存储器结构简单,价格便宜

D. 在存储单元数目不变的情况下,存储字长变长,相联存储器的访问速度下降

7. 下列关于 DRAM 刷新的说法中,错误的是(　　　)。

A. 刷新是指对 DRAM 中的存储电容重新充电

B. 刷新是通过对存储单元进行"读但不输出数据"的操作来实现

C. 由于 DRAM 内部设有专门的刷新电路,所以访存期间允许进行刷新

D. 刷新期间不允许访存,这段时间称为"访存死区(也叫死时间)"

8. 下列关于 DRAM 刷新的说法中,错误的是(　　　)。

A. 刷新操作按行进行,一次刷新一行中的全部存储单元

B. 刷新所需的行地址是由 DRAM 内部的刷新计数器(行地址生成器)给出

C. 集中刷新的"死时间"要大于异步刷新的"死时间"

D. 分散刷新方式同样存在"死时间"

9. 下列关于多字节数据存储次序的说法中,错误的是(　　　)。

A. 小端次序是指数据地址对应的存储单元存放的是数据的最低字节

B. 大端次序是指数据地址对应的存储单元存放的是数据的最高字节

C. 在同一台机器上,不同的汇编语言程序可以选择使用不同的存储次序

D. 汇编语言程序是在采用不同存储次序的机器上不具有可移植性

10. 在"小端次序"的机器上,四字节数据 12345678H 按字节地址由小到大依次存为(　　)。

　A. 12345678H　　B. 56781234H　　C. 34127856H　　D. 78563412H

11. 某类型为 float 的 C 程序变量 x = −1.5,存放于小端方式、按字节编址的主存中,地址为 0000 1000H。则地址 0000 1000H 和 0000 1003H 中内容分别是(　　)。

　A. 00H 和 BFH　　B. BFH 和 00H　　C. 0BH 和 0FH　　D. B0H 和 0FH

12. 为了提高访问主存中信息的速度,要求"信息按整数边界存储(对齐方式存储)",其含义是(　　)。

　A. 信息的字节长度必须是整数　　B. 信息单元的存储地址是其字节长度的整数倍

　C. 信息单元的字节长度必须是整数　　D. 信息单元的存储地址必须是整数

13. 下列关于存储器的论述中,正确的是(　　)。

　A. 与 SRAM 相比,DRAM 由于需要刷新,所以功耗较高

　B. 常用的 EPROM 采用浮栅雪崩注入型 MOS 管构成,出厂时存储内容为全"0"

　C. SRAM 依靠基于 MOS 管的双稳态电路来存储信息,所以不需要刷新

　D. 双极型 RAM 不仅存取速度快,而且集成度高

14. 下列关于 SRAM 和 DRAM 的论述中,错误的是(　　)。

　A. SRAM 通常用于实现 Cache,DRAM 用于实现主存

　B. 由于容量大,DRAM 采用行列地址复用技术,地址引脚数量仅为地址宽度的一半

　C. 控制线 RAS 和 CAS 是 DRAM 特有的,分别控制从地址线上读行地址和列地址

　D. SRAM 和 DRAM 芯片都有片选信号线 CS

15. 某计算机中已配有 00000H ~ 07FFFH 的 ROM 区,地址线为 20 位,现在再用 16K×8 位的 RAM 芯片构成剩下的 RAM 区 08000H ~ FFFFFH,则需要这样的 RAM 芯片(　　)片。

　A. 61　　　B. 62　　　C. 63　　　D. 64

16. 组成 4M×8 位的主存,若选用 1M×4 位的存储芯片,需(　　)片,该主存的地址总线至少是(　　)位。其中,(　　)位用于片选,(　　)位用于片内寻址。

　A. 8,20,2,20　　B. 16,21,4,18　　C. 8,22,2,20　　D. 16,23,4,18

17. 下列关于存储器的论述中,不正确的是(　　)。

　A. 半导体存储器都具有易失性,掉电后信息丢失

　B. 常用的 PROM 是通过将内部的熔丝烧断来编程,出厂时存储内容为全"0"

　C. 擦除 EPROM 的方法是用紫外线照射

　D. 双端口存储器具有两套"MAR+MDR+R/W+CE"

18. 双端口存储器在(　　)发生访问冲突。

　A. 左端口与右端口同时被访问的情况下会

　B. 同时访问左端口与右端口的地址码不同的情况下

　C. 同时访问左端口与右端口的地址码相同的情况下

　D. 任何情况下都不

19. n 体(模 n)交叉编址存储器在 (　　) 时,其存取带宽是单体存储器的 n 倍。

　A. 连续访存的 n 个地址是针对同一个存储模块

B. 任何情况下都能

C. 连续访存的 n 个地址是针对不同的存储模块

D. 任何情况下都不能

20. 设 n 体交叉编址(低位交叉)存储器中每个体的存储字长等于数据总线宽度,每个体存取一个字的存取周期为 T,总线传输周期为 t,T 与 t 的关系以及读取地址连续的 n 个字需要的时间分别是( )。

A. $T=t$,$T+n \times t$

B. $T=(n-1) \times t$,$T+n \times t$

C. $T=n \times t$,$T+n \times t$

D. $T=n \times t$,$T+(n-1) \times t$

21. 某程序访问一个 4 体交叉存储器的地址序列为:0、9、13、10、6、8、5、3。其中会发生"体冲突(也叫存储器碰头)"的地址是( )。

A. 0 与 10,9 与 10 B. 9 与 6 与 3 C. 9 与 13,10 与 6 D. 10 与 6 与 8

22. 下列关于 Cache 地址映像算法的论述中,正确的是( )。

A. 全相联映像、组相联映像和直接映像都实际应用于 Cache 地址映像

B. 全相联映像发生块冲突的概率最低,变换速度最快,但是成本最高

C. 直接映像成本最低,但是变换速度最慢,发生块冲突的概率最高

D. 多路组相联映像是全相联映像与直接映像的折中,性能介于两者之间

23. 下列关于 Cache 中主存块的替换算法论述中,错误的是( )。

A. FIFO 算法、LRU 算法和 Random 算法实际都应用于 Cache 中主存块的替换

B. LRU 算法中,每个 Cache 行设置一个计数器,选择计数值最高的 Cache 行替换

C. FIFO 算法和 LRU 算法都属于堆栈(型)算法

D. Random 算法的实现成本低,而且性能接近 LRU 算法

24. 下列 Cache 替换算法中,利用了存储器访问的局部性原理的是( )。

A. LRU 算法   B. Random 算法   C. FIFO 算法   D. OPT 算法

25. 下列关于 Cache 写策略的论述中,错误的是( )。

A. 全写法(写直达法)充分保证 Cache 与主存的一致性

B. 采用全写法时,不需要为 Cache 行设置"脏位/修改位"

C. 写回法(回写法)降低了主存带宽需求(即减少了 Cache 与主存之间的通信量)

D. 多处理器系统通常采用写回法

26. 下列关于 Cache 写策略的论述中,正确的是( )。

A. 带 TLB 和写回策略 Cache 的 CPU 执行 Store 指令时,可能不访问主存

B. 采用回写法时,无论被替换的 Cache 行是否"被写过",都要将其写回主存

C. 采用全写法,CPI 会增大

D. 面向包含大量写操作的数据密集型应用的单处理器系统通常采用全写法

27. 关于 Cache 的更新,下列说法正确的是( )。

A. 写操作时,写回法和按写分配法在命中时运用

B. 写操作时,按写分配法或不按写分配法在失效时运用

C. 读操作时,写直达法和按写分配法在失效时运用

D. 读操作时,写直达法或写回法在命中时运用

28. 一个带有 Cache 的计算机系统中,Cache 容量为 512 KB,主存容量为 256 MB,则 Cache-主存层次的等效容量为( )。

    A. 512 KB   B. 256 MB   C. 256 MB+512 KB   D. 256 MB−512 KB

29. 下列关于 Cache 的说法中,正确的是( )。

    A. 采用直接映像时,Cache 无需考虑替换问题

    B. 如果选用最优替换算法,则 Cache 的命中率可以达到 100%

    C. Cache 本身的速度越快,则 Cache 存储器的等效访问速度就越快

    D. Cache 的容量与主存的容量差别越大越好

30. 下列关于 Cache 的说法中,错误的是( )。

    A. Cache 对程序员是透明的

    B. Cache 行/块/槽的大小为用相同体内地址访问 n 体交叉存储器一次读出的数据量

    C. 分离 Cache(也称哈佛结构)是存放指令的 Cache 与存放数据 Cache 分开设置

    D. 读操作也要考虑 Cache 与主存的一致性问题

31. 为了有效发挥 Cache 的作用,设计程序时应尽可能( )。

    A. 减少访存的次数   B. 具有空间局部性或时间局部性

    C. 减少 I/O 的次数   D. 程序大小不超过实际内存容量

32. 下列因素中,与 Cache 的命中率无关的是( )。

    A. 构成 Cache 的存储芯片的存取周期

    B. Cache 的容量

    C. 主存和 Cache 间交换的数据块的大小

    D. Cache 替换算法

33. 主存地址位数为 32 位,按字节编址。容量为 512 KB 的 Cache 采用直接映射方式则"标志"字段占( )位。

    A. 11   B. 12   C. 13   D. 14

34. Cache 采用 2 路组相联映射,共有 16 个槽(第 0 槽到第 15 槽),每个主存块为 32 字节,主存按字节编址。请问主存第 1 022 号单元所在的主存块可以放到第( )槽中。

    A. 15   B. 13   C. 12   D. 10

35. 下列说法中,错误的是( )。

    A. 引入多模块交叉存储器是为了主存带宽不足问题

    B. 引入双端口存储器是为了解决对同一个存储部件要求同时进行读写的问题

    C. 引入 Cache 提高了访问内存的速度,解决了内存速度与处理器速度的不匹配问题

    D. 虚拟存储器是解决对内存的访问冲突问题

36. 在支持虚拟存储器的计算机中,指令中给出的访问存储器的地址是( )。

    A. 物理地址   B. 实际地址   C. 主存地址   D. 虚拟地址

37. 为了充分发挥虚拟存储器的效用,应将程序设计成具有( )特性。

    A. 不应含有过多 I/O 操作   B. 程序大小不应超过实际内存容量

    C. 对存储器的访问具有局部性   D. 指令间相关不应过多

38. 实现虚拟存储器的关键是虚拟地址向实际地址的快速变换。为此,在处理器内部设置

一个特殊的 Cache,来记录最近使用页的页表项,以快速完成地址转换。不同文献对这个特殊的 Cache 有不同的称呼。下列选项中,不属于这些称呼的是(　　　)。

  A. 转换旁视缓冲器(TLB)　　　B. 转换后援缓冲器　　　C. 快表　　　D. 慢表

39. 位于处理器内部的转换旁视缓冲器(快表)中的主要内容是(　　　)。

  A. 实页号字段

  B. 实页号字段与虚页号字段

  C. 实页号字段与用户号字段

  D. 实页号字段与虚页号字段,再加上用户号字段

40. 访问转换旁视缓冲器(快表)命中,说明(　　　)。

  A. 目标数据在 Cache 中　　　　　　　B. 目标数据在主存中,而且最近被访问过

  C. 目标数据在 TLB 中　　　　　　　　D. 目标数据在主存中,但最近是否被访问过不确定

41. 下列关于命中组合的情况中,一次访存过程中可能发生的是(　　　)。

  A. TLB 未命中,Cache 命中,Page 未命中

  B. TLB 未命中,Cache 未命中,Page 命中

  C. TLB 命中,Cache 命中,Page 未命中

  D. TLB 命中,Cache 未命中,Page 未命中

42. 虚拟存储器理论上的最大容量取决于(　　　)。

  A. 辅存容量　　　B. 主存容量　　　C. 虚地址长度　　　D. 实地址长度

43. 下面关于虚拟存储器的说法中,错误的是(　　　)。

  A. 在虚拟存储器中,各个进程/作业占用的存储空间大小是不相同的

  B. 虚拟存储器的引入是为了扩大程序所能够访问的存储空间

  C. 实现虚拟存储器不需要硬件的支持

  D. 虚拟存储器的实际容量等于辅助存储器的容量

44. 某分页系统的逻辑地址长 18 位,其中高 8 位为页号,低 10 位为页内地址。则该分页系统的页面长度为(　　　)字节。

  A. 1 024　　　　　B. 512　　　　　　C. 256　　　　　　D. 128

45. 页式存储管理系统不会出现(　　　)。

  A. 抖动/颠簸　　　　　　　　　　　　B. 内零头(内碎片)

  C. 外零头(外碎片)　　　　　　　　　D. 越界访问

46. LRU 替换算法所基于的考虑是(　　　)。

  A. 在最近的过去用得少的信息,在最近的将来将会用得多

  B. 在最近的过去用得多的信息,在最近的将来将会用得少

  C. 在最近的过去很久未使用的信息,在最近的将来将会使用

  D. 在最近的过去很久未使用的信息,在最近的将来也不会使用

47. 能够采用"紧凑/压缩/紧缩(Compaction)"操作来消除内存"零头(碎片)"的前提是采用(　　　)来实现逻辑地址到物理地址的变换。

  A. 页表　　　　　B. 段表　　　　　C. 动态重定位　　　D. 静态重定位

48. 下列关于页式存储管理与段式存储管理的区别的论述中,正确的是(　　　)。

A. 页式存储管理更有利于存储保护

B. 段式存储管理的存储空间利用率较高

C. 在段式存储管理中,指令或数据不会跨段存储

D. 段的尺寸要大于页的尺寸

49. 页式虚拟存储器中的页表设置"脏位/修改位"的目的是(　　)。

A. 表示数据有错　　　　　　　　　B. 减少 I/O 传输量

C. 防止非法访问　　　　　　　　　D. 提高可靠性

50. 下列关于页式存储管理与段式存储管理的区别的论述中,错误的是(　　)。

A. 分页对程序员是透明的

B. 段式存储管理处理零头的方法是紧凑

C. 分段对程序员是不透明的

D. 页式存储管理处理零头的方法是交换与覆盖

51. 下列关于段页式存储管理的地址映像表的描述中,正确的是(　　)。

A. 每个作业/进程拥有一个独立的页表

B. 每个作业/进程拥有一个独立的段表和一个独立的页表

C. 每个作业/进程拥有一个独立的段表,每个段拥有一个独立的页表

D. 每个作业/进程拥有一个独立的页表,每个段拥有一个独立的段表

52. 下列关于"抖动"的描述中,错误的是(　　)。

A. 请求式页式存储管理系统可能会出现"抖动(Thrashing)"现象

B. 出现"抖动"的原因是指令或数据跨页存储,而分配给程序的页框数偏少

C. 可以通过实行"对齐存储"来消除"抖动"

D. 可以通过减少页面尺寸,来消除"抖动"

53. "缺页故障(也叫页面故障)"的原因是(　　)。

A. 页面不在内存中　　　　　　　　B. 页面中的数据有错

C. 调页时 I/O 出错　　　　　　　　D. 指令或数据跨页存储

54. 当缺页故障处理完毕后,处理器将(　　)。

A. 重新执行引发缺页故障的指令

B. 执行导致发生缺页故障的指令的下一条指令

C. 重头开始执行发生缺页故障的指令所在的进程

D. 终止执行发生缺页故障的指令所在的进程

55. 下列关于虚拟存储器的说法,正确的是(　　)。

A. 页面大小只能是 2 的正整数次幂

B. 虚拟存储器的容量等于主存的容量

C. TLB 缺失只能由硬件来处理

D. 虚拟存储器的访问速度等于主存的速度

56. 在页面尺寸为 4 KB 的页式存储管理中,页表中的内容依次是 2、5、6、8、7、11。则物理地址 32773 对应的逻辑地址为(　　)。

A. 32773　　　　　B. 42773　　　　　C. 12293　　　　　D. 62773

57. 下列关于 Cache 和虚拟存储器的说法,错误的是(　　　)。

A. 当 Cache 失效(即不命中)时,处理器将会切换进程,以更新 Cache 中的内容

B. 当虚拟存储器失效(如缺页)时,处理器将会切换进程,以更新主存中的内容

C. Cache 的速度比主存的速度大约快 10 倍

D. 主存的速度比辅存的速度大约快 100 倍

58. 将一个主存块读入 Cache 所花费的时间称为缺失损失(Miss Penalty)。若 Cache 存取 1 个字的时间是 1 个时钟周期,缺失损失为 4 个时钟周期。某顺序执行的程序有 1 000 条单字长指令,共访问 2 000 次主存数据字。已知取指令共发生 100 次 Cache 缺失,访问数据共发生 200 次 Cache 缺失访问,则执行该程序过程中,Cache-主存的平均访问时间是(　　　)个时钟周期。

A. 1　　　　　　　　B. 1.2　　　　　　　　C. 1.4　　　　　　　　D. 1.6

59. 虚拟存储器不能达到的目的是(　　　)。

A. 存储系统成本高　　　　　　　　B. 编程空间受限

C. 访存速度慢　　　　　　　　D. 多道程序共享主存而引发的信息安全

60. 下列存储保护方案中,不是针对"地址越界"访存违例的是(　　　)。

A. 界限保护　　　　　　　　B. 键保护

C. 环保护　　　　　　　　D. 设置访问权限位

二、综合应用题

1. 设处理器有 18 根地址线,8 根数据线,并用 $IO/\overline{M}$ 作为访存控制信号,$RD/\overline{WR}$ 为读/写信号。已知:

(1) 现有下列芯片(如下图所示)及各种门电路(自定);

(2) 存储芯片地址空间分配:0 ~ 32767 为系统程序区,32768 ~ 98303 为用户程序区,最大 16K 地址空间为系统程序工作区。

要求:

(1) 指出选用存储芯片的类型、数量;

(2) 写出每片存储芯片的地址范围(用二进制形式表示)。

(3) 详细画出处理器与存储芯片的连接图。

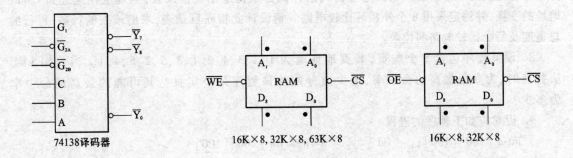

2. 设某计算机采用 8 片 8 KB 的 SRAM 组成 64 KB 的存储系统,芯片的片选信号为 $\overline{\text{CS}}$。请写出每一片芯片的地址空间。若在调试中发现:

(1) 无论往哪个芯片中存放 8 KB 的数据,以 E000H 为起始地址存储芯片中都有相同的数据;

(2) 对第 2、4、6、8 片的访问总不成功;

(3) 对第 1 ~ 4 片的访问总不成功。

请分析原因。

3. 设某处理器执行一段程序的过程中,访问 Cache 3 800 次,访问主存 200 次。已知 Cache 的访问周期 $T_c = 50$ ns,主存的访问周期 $T_m = 250$ ns。请计算命中率 H、平均访问周期 T_a、Cache-主存层次的访问效率 $e = T_c/T_a$ 以及使用 Cache 后访存加速比 S_p。

4. 某计算机采用直接映像 Cache,已知主存容量为 4 MB,Cache 容量为 4 096 B,字块长度为 8 个字(32 位/字)。

(1) 画出反映主存与 Cache 映像关系的主存地址各字段分配框图,并说明每个字段的名称及位数。

(2) 设 Cache 的初态为空,若 CPU 依次从主存第 0,1,…,99 单元读出 100 个字(主存一次读一个字),并重复按此次序读 10 次,问命中率是多少?

(3) 如果 Cache 的存取周期是 50 ns,主存的存取周期是 500 ns,根据(2)中求出的命中率,求平均存取时间。

(4) 计算 Cache-主存系统的效率。

5. 某计算机系统主存大小为 32 K 个字,Cache 大小为 4 K 个字,采用组相联地址映像,每组含 4 块,每块 64 字。假设 Cache 开始为空,CPU 从主存地址单元 0 开始顺序读取 4 352 个字,重复此过程 10 遍。若 Cache 的速度是主存的 10 倍,采用 LRU 替换算法。请画出主存和 Cache 的地址格式,并求采用 Cache 后获得的加速比。

6. 一个具有 64 个用户的页式虚拟存储器,页面大小为 4 KB。每个用户最多占用 1 024 个页面,主存容量 64 KB。要求:

(1) 画图说明多用户虚地址格式和主存地址格式。

(2) 快表分哪几个字段? 每个字段分别占几位? 快表的字长是多少位?

(3) 慢表的容量是多少个存储字? 每个存储字是多少位?

7. 采用组相联联映像的 Cache 存储器容量为 512 KB。容量为 16 MB 的主存采用模 8 交叉,每个分体宽度为 8 位。若采用按地址访问的存储器来构造相联目录表,实现主存地址到 Cache 地址的变换,并约定采用 8 个外相等比较电路。请设计此相联目录表,求出该表的行数、每行的总宽度及每个比较电路的位数。

8. 设某程序包含 5 个虚页,其页地址流为 1、2、3、4、2、1、3、5、2、5、4、1。当使用 LRU 法替换时,为获得最高的命中率,至少应分配给该程序几个实页? 其可能的最高的命中率为多少?

9. 设对应如下程序的进程

```
int a [100][100];      / int [ ][ ] a = new int [100][100]
int i = 0, j;          /* 一个整数占 2B */
```

while(i++<100){j=0; while(j++<100) a[i][j]=1;}

运行在一个页面大小为 1 KB、采用 LRU 替换算法的请求页式系统中,进程的代码占用逻辑空间的第 0 页,数据存放在连续的页面中,循环下标 i 和 j 存储在寄存器中。问:

（1）存放数据需要多少个页面?

（2）运行该进程,将产生多少次缺页故障?

10. 某计算机的主存采用体宽为 8 B 的 8 体交叉存储器,数据总线的宽度为 64 位,读一个主存块的步骤:

（1）发送首地址到主存(一个总线时钟周期);

（2）主存控制器接受到地址后,启动第一个模块准备数据,并每隔一个总线时钟启动下一个模块准备数据。每个存储模块花 4 个总线时钟准备好 64 位数据,总线上传输一个 64 位数据花一个总线时钟。请问:

该计算机的 Cache 缺失损失(从主存中读一个主存块到 Cache 的时间)至少为多少总线时钟周期?

11. 在一个页面大小为 1 KB 请求页式系统中,允许用户编程空间为 32 个页面。主存空间为 16 KB。现有一个长度为 4 页的程序的当前页表如下。请问该程序访问 3 个虚地址 0AC5H、06C5H、1AC5H 时系统将分别做什么操作?

存在位/有效位	实页号/页框号/物理页号
1	8
0	7
1	4
1	10

12. 一台机器具有 24 位地址 $A_{23} \sim A_0$,按其最大寻址能力配置了一个主存储器,主存采用字节编址方式,问:

（1）主存储器的容量是多少?

（2）若用 2M×1 位的存储器芯片构造主存储器,需多少个芯片?

（3）主存储器需要多少个片选信号?用哪几位地址信号去生成这些片选信号?

第四章　指令系统

知识点概要

（一）指令格式

1. 指令的基本格式

指令是程序员可以使用的、计算机的最小功能单元。指令由指令操作码字段和操作数地址字段两部分组成,操作码表明指令的功能,操作数是指令要处理的信息。通常,在指令中给出的是操作数的存储地址。操作数分为源操作数和目的操作数。

依据功能的指令分类:数传指令,算逻指令,移位指令,字符串处理指令,I/O 指令,程序流控制指令,系统控制指令。

一台计算机的全部指令称为这台计算机的指令集(指令系统)或指令集体系结构 。

依据操作数个数的指令分类:三地址指令,两地址指令,单地址指令,零地址指令。

操作数的数据类型称为数据表示。常见的数据表示:整数(短整数、整数、长整数),十进制整数,无符号整数(兼表示地址),浮点数(单精度与双精度),字符与字符串,位与位串(位片),布尔数据(也称逻辑数据)。

2. 定长操作码指令格式

基于定长操作码的定长指令字,基于定长操作码的变长指令字,多地址制和多地址格式。

3. 扩展操作码指令格式

哈夫曼编码,扩展操作码的设计。

（二）指令的寻址方式（重点）

1. 有效地址的概念

指令中给出的操作数地址称为形式地址。操作数所在存储单元的具体地址称为有效地址。不采用虚拟存储器时,有效地址即为主存的物理地址。采用虚拟存储器时,有效地址为虚拟存储器的虚地址。

2. 指令寻址和数据寻址

指令寻址是计算下一条指令的地址。冯·诺依曼计算机都是采用程序计数器(PC)来给出下一条指令的地址。PC 增值的方式有两种:增 1 寻址和相对寻址。

数据寻址是计算指令要处理的操作数的地址。

3. 常见的寻址方式

（1）在指令中明确给出寻址特征且寻址特征与操作码无关的显式寻址,例如立即寻址,直接寻址,间接寻址,寄存器寻址,寄存器间接寻址,偏移寻址(变址寻址、基址寻址、基址变址寻址)。

（2）寻址特征隐含在操作码中的隐含寻址,如堆栈寻址(堆栈指令隐含使用栈顶单元)和隐含使用累加器。

寻址方式的标示方式。不同寻址方式下,有效地址的计算方法。

（三）CISC 和 RISC 的基本概念及特点

指令的使用频度，指令码密度，CISC 的基本概念及特点。面向目标程序的优化实现来改进指令系统（含面向多媒体处理的增强型指令），面向高级语言的优化实现来改进指令系统，面向编译、优化目标代码生成来改进指令系统，软件可移植性，系列机与软件兼容。

20-80 法则；RISC 的基本概念及特点；Load/Store 风格；编译优化技术——延迟转移技术，循环展开。

一、单项选择题

1. 在计算机系统层次结构中，处于硬件和软件交界面的是（　　）。

    A. 汇编语言　　　　　B. 指令系统　　　　　C. 操作系统　　　　　D. 编译系统

2. 已知地址为 3600H 的内存单元中的内容为 00FCH，地址为 00FCH 的内存单元的内容为 3200H，而 3200H 单元的内容为 FC00H，某指令操作数寻址方式为变址寻址，执行该指令时变址寄存器的内容为 0400H，指令中给出的形式地址为 3200H，则该指令操作数为（　　）。

    A. 00FCH　　　　　　B. 3200H　　　　　　C. 3600H　　　　　　D. FC00H

3. 下列关于无条件转移指令 Jump（跳转指令）和转子指令 Call（调用指令）的说法，错误的是（　　）。

    A. 无条件转移指令和转子指令都会实现指令执行流的跳转

    B. 转子指令在执行完子程序后还会返回到转子指令的下条指令继续执行

    C. 无条件转移指令执行完跳转后也需要返回

    D. 转子指令执行过程中要将返回地址保存到堆栈或某个特殊寄存器中

4. 下列关于返回指令 RET 和中断返回指令 IRET 的说法中，错误的是（　　）。

    A. 使用这两条指令时，都无需明显给出返回地址　　B. 返回指令绝对没有操作数

    C. 中断返回指令 IRET 绝对没有操作数　　　　　　D. 返回指令可以带一个操作数

5. 数据寻址计算的是指令操作数的地址。下列寻址方式中，不属于数据寻址的是（　　）。

    A. 间接寻址　　　　　B. 基址寻址　　　　　C. 相对寻址　　　　　D. 变址寻址

6. 下列关于隐含寻址的说法中，错误的是（　　）。

    A. 隐含寻址是指寻址特征隐含在操作码中

    B. 隐含寻址是指寻址特征隐含在操作数中

    C. 堆栈寻址/堆栈指令都采用隐含寻址

    D. 带操作数的指令也可以采用隐含寻址

7. 指令格式设计中，采用扩展操作码的目的是（　　）。

    A. 增加指令长度　　　　B. 缩短执行指令的时间

    C. 增加寻址空间　　　　D. 减少机器语言程序（指令序列）所占的存储空间

8. 设相对寻址的转移指令占两个字节，第一个字节为操作码，第二个字节为相对位移量。现有一条该类型的转移指令在主存中的存储地址为 2008H，欲转移到 2001H 处。则该转移指令第二个字节的值为（　　）。

    A. 07H　　　　　　　B. F7H　　　　　　　C. 09H　　　　　　　D. 89H

9. 设变址寄存器为 X,形式地址为 D,某机具有先变址再间址的寻址方式,则这种寻址方式的有效地址 EA 为(　　　)。

A. (X)+D　　　　B. (X)+(D)　　　　C. ((X)+D)　　　　D. ((X)+(D))

10. 下列关于"零地址指令"的说法中,正确的是(　　　)。

A. 零地址指令不处理任何操作数

B. 零地址指令的操作数隐含在寄存器中

C. 零地址指令中不包含任何操作数或地址码

D. 零地址指令的操作数隐含在堆栈中

11. 下列关于"单地址指令"的说法中,正确的是(　　　)。

A. 单地址指令中只包含一个操作数或地址码

B. 单地址指令只处理一个操作数

C. 单地址指令中总有一个操作数采用隐含寻址

D. 单地址指令的长度大于零地址指令的长度

12. 把逻辑地址转化为物理地址的过程称为(　　　)。

A. 汇编　　　　B. 链接　　　　C. 装入　　　　D. 重定位

13. 下列关于"指令集体系结构(Instruction Set Architecture, ISA)"的说法,错误的是(　　　)。

A. 涉及浮点数处理的高级语言程序能够在没有浮点指令的机器上运行

B. 没有乘/除法指令的机器照样能够完成乘/除运算

C. 用户进程不能执行"特权"指令(也叫"管态"指令)

D. NOP(空操作)指令对汇编程序员是无用的

14. 下列关于"变址寻址"的说法中,错误的是(　　　)。

A. 变址寻址时,指令中的地址码与变址寄存器中的变址值相加,得到有效地址

B. 每次变址寻址结束后,应该配套地有一个修改变址寄存器中变址值的操作

C. 如果指定一个寄存器专门作为变址寄存器,则指令中无需表明寻址特征

D. 以变址寻址方式访问一个数组的多个元素的指令在循环过程中,保持不变

15. 下列关于"变址寻址"的说法中,正确的是(　　　)。

A. 变址寄存器中变址值是一个无符号数

B. 每次进行变址寻址后,变址寄存器中变址值都增 1 或减 1

C. 变址寄存器的位数必须支持它对整个存储空间寻址,即与 MAR 的位数相等

D. 变址寻址方式适合于以循环结构来访问不同数组的相同下标的元素

16. 下列关于基址寻址和变址寻址的说法中,错误的是(　　　)。

A. 基址寻址和变址寻址的计算有效地址的方式基本上相同

B. 采用基址寻址时,取出基址寄存器的基址值后,通常保持基址寄存器不变

C. 无法采用基址寻址来处理数组元素

D. 基址寻址主要用于程序的重定位(逻辑地址转换为物理地址)

17. 偏移寻址通过将某个寄存器内容与一个形式地址相加而生成有效地址。下列偏移寻址方式中,形式地址被认为带符号数的是(　　　)。

A. 变址寻址　　　　　B. 基址寻址　　　　　C. 相对寻址　　　　　D. 三个都不是

18．下列关于与寄存器有关的寻址方式的说法中，正确的是（　　）。

A. 采用寄存器寻址的好处是可以缩短程序的执行时间

B. 采用寄存器寻址方式的操作数一定在主存储器中

C. 采用寄存器直接寻址方式的操作数一定在寄存器中

D. 采用寄存器间接寻址方式的操作数一定在主存储器中

19．若指令中，地址码给出的就是操作数本身的数值，这种寻址方式称为（　　）方式。

A. 基址寻址　　　　　B. 立即寻址　　　　　C. 直接寻址　　　　　D. 间接寻址

20．若指令中，地址码给出的是操作数有效地址，这种寻址方式称为（　　）方式。

A. 基址寻址　　　　　B. 立即寻址　　　　　C. 直接寻址　　　　　D. 间接寻址

21．下列关于指令设计的说法中，正确的是（　　）。

A. 指令长度一般是 8 的整数倍

B. 一条指令只能有一种寻址方式

C. 在设计指令格式时，应留出一个字段表示下条指令的地址

D. 即便在不同的机器上，指令的操作码总是只有唯一一种解释

22．输入/输出指令的功能是（　　）。

A. 进行 CPU 与 I/O 端口之间的信息交换

B. 进行主存和 I/O 端口之间的信息交换

C. 进行 CPU 和 I/O 设备之间的信息交换

D. 进行主存和 I/O 设备之间的信息交换

23．根据指令的操作数是立即数（I）、来自通用寄存器（R）还是来自主存（S），将指令分成下列类型。其中不可能出现在 Load/Store 风格指令集中的是（　　）。

A. RI　　　　　　　　B. RR　　　　　　　　C. RS　　　　　　　　D. SS

24．有一个含有 100 个元素的数组 A，其在内存中的首地址存放在寄存器 $s3 中。已知编译器给变量 f 分配的寄存器为 $s1。则 C 语句 f = A[10] 编译后生成的汇编代码不可能是（　　）。

A. lw $s1, 10($s3)　　　　　　　　　　B. lw $s1, 20($s3)

C. lw $s1, 30($s3)　　　　　　　　　　D. lw $s1, 40($s3)

25．程序控制类指令可改变程序执行顺序。以下不属于程序控制类指令的是（　　）。

A. 调用指令　　　　B. 分支指令　　　　C. 无条件转移指令　　　D. 访存指令

26．寄存器中的值有时是数据，有时是指针（即内存地址），它们在形式上没有差别，区分它是数据还是地址的依据不可能是（　　）。

A. 指令的操作码　　　B. 指令的寻址方式字段　　C. 寄存器的编号　　　D. 时序信号

27．在 I/O 统一编址方式下，CPU 通过（　　）指令来访问 DMA 控制器。

A. 访存　　　　　　　B. I/O　　　　　　　　C. 中断指令　　　　　D. POP/PUSH

二、综合应用题

1．某指令系统采用扩展操作码编码，有二地址指令、一地址指令和零地址指令 3 种地址制。

已知该指令系统的定长指令字长 16 位,每个地址码长 6 位,有二地址指令 15 条,一地址指令 34 条。问:零地址指令最多有多少条?

2. 若基址寄存器的内容为 2000H,变址寄存器的内容为 26A2H,PC 的内容为 26B0H,指令的地址码部分为 003FH。若变址寻址用于取操作数,相对寻址用于实现条件转移,求出:

(1) 变址寻址和相对寻址的有效地址 EA;

(2) 操作数和转移目标地址。假设 26DEH ~ 26E2H 单元存储的内容依次是 F000H、F001H、F002H、F003H 和 F004H。

3. 某计算机设有 ACC、MAR、MDR、PC、IR 以及基址寄存器 Rb 等。这些寄存器均为 16 位。指令格式采用定长操作码、单地址制、设置寻址特征位,支持立即寻址(立即数为定点整数,以补码表示)、直接寻址、(一次)间接寻址和基址寻址。

(1) 若采用单字长指令,指令集中共包含 58 条指令。则指令可使用立即数的最大范围是多少? 直接寻址和间接寻址的最大范围又是多少?

(2) 可若想访问容量为 16 MB 的按字节编址的主存? 需在指令格式和计算机组成(硬件)上做何改动?

4. 为了减少指令条数,典型的面向定点数的 RISC 计算机不设置"清除寄存器(置 0)指令"和"寄存器之间的数据传送指令",也不设置"将操作数(存放于寄存器中)取反"的指令。设 RISC 计算机的算术运算指令均为"采用寄存器寻址的三操作数指令",格式为:

OP　R1,R2,R3。

它们的两个源操作数 R1 和 R2 必须来自不同的通用寄存器,运算结果(目的操作数)可以存入第 3 个通用寄存器 R3,也可以存入与某个源操作数相同的通用寄存器。

(1) 请问:这样的 RISC 计算机必须进行怎样特别的系统结构设计,才能用算术运算指令实现"清除寄存器 Ri"和"将寄存器 Ri 的值送入寄存器 Rj 中"以及"将操作数(存放于寄存器 Ri 中)取反"。

(2) 请依据设计结果,写出实现上述 3 项功能的具体办法。

第五章　中央处理器(CPU)

知识点概要

(一) CPU 的功能和基本结构

CPU 的功能就是周而复始地执行指令,并能够发现和处理"异常"和"中断"。CPU 由运算器和控制器组成,这两个部件通过内部的数据总线、地址总线和控制总线连接在一起。CPU 通过系统的(外部的)数据总线、地址总线和控制总线与主存储器及 I/O 接口相连。

(二) 指令执行过程

通常,一条指令的执行过程包含"取指令"、"指令译码"、"执行"3 个有序的阶段,或进一步细分为"指令地址计算"、"取指令"、"操作码译码"、"源操作数地址计算并取操作数"、"数据操作"和"目的操作数地址计算并存结果"六个有序的阶段。

(三) 数据通路的功能和基本结构

指令执行过程中,数据所经过的路径及路径上的部件称为数据通路。例如,通用寄存器、ALU 及浮点运算逻辑、状态寄存器、"异常"和"中断"处理逻辑、MMU 存储管理单元。

(四) 控制器的功能和工作原理

1. 硬布线控制器

控制器包含:程序计数器(PC)、指令寄存器(IR)、指令译码器(ID)、时序信号产生部件、操作控制信号形成部件、中断机构、脉冲源及启停控制线路、总线控制逻辑。依据操作控制信号形成部件实现原理的不同,控制器分为:硬布线控制器和微程序控制器。

多级时序系统:指令周期、机器周期、节拍、时钟周期(脉冲)。

单周期处理器与多周期处理器。

2. 微程序控制器

微程序、微指令和微命令,控制存储器。

微指令采用定长指令格式,包含"操作控制"和"顺序控制"两个字段。其中,"顺序控制"字段包含"条件测试(转移控制)"和"下地址"两个子字段。根据"操作控制"字段的编码方式不同,微指令分为:水平型微指令和垂直型微指令。

水平型微命令的编码方式有:直接控制法、字段直接编码法、字段间接编码法。

微地址的形成方式:增量计数器法,基于"条件测试"字段和"下地址"字段的断定法。

(五) 指令流水线

1. 指令流水线的基本概念

流水线的时钟周期。流水线的建立(装入)时间和排空时间。流水线的吞吐率、实际吞吐率和最大吞吐率,流水线的加速比、实际加速比和最大加速比,流水线的效率。

指令流水阻塞的原因:结构相关、结构冒险、资源冲突,数据相关、数据冒险,控制相关、分支相关、全局相关、控制冒险。

基于软件的解决数据相关的方法是:在编译时插入空指令(NOP)或者调整指令顺序;基于硬件的解决数据相关的方法是"插入气泡(流水线停顿)"和设置"数据旁路(转发)"。其中,"数据旁路"也称为"相关专用通路"。

2. 动态流水线和超标量的基本概念

两种高级流水线技术:超流水线(Superpipeline)和多发射流水线(超标量,Superscalar)。超流水线是通过将流水线划分得更细,引入更多的流水段和更短的时钟周期,来提高吞吐率和指令级并行(ILP)。超标量是通过引入更多的或重复的执行部件,构成多条流水线,来提高吞吐率和指令级并行(ILP)。理想情况下,超流水线的 CPI 仍为 1,超标量的 CPI 小于 1。

超标量又分为静态多发射和动态多发射。静态多发射也称为超长指令字技术(VLIW)。动态多发射采用动态流水线调度技术,被称为动态流水线。

一、单项选择题

1. 下列选项中,不属于 CPU 功能的是( )。

A. 执行指令　B. 控制执行指令的顺序　C. 执行 DMA 操作　D. 检测并响应中断

2. 已知一个多周期处理器各主要功能单元的操作时间如下:指令存储器和数据存储器 300 ps;ALU 200 ps;寄存器堆 100 ps,不考虑多路选择器(MUX)、控制单元(CU)、PC、扩展单元 和传输线路的延迟,则该 CPU 的时钟周期(机器周期)应确定为( )。

A. 300 ps　　　　　B. 200 ps　　　　　C. 100 ps　　　　　D. 600 ps

3. 一个单周期处理器有以下几类 MIPS 指令:R 型运算指令、I 型运算指令、Load/Store 指 令、分支指令 Beq、跳转指令 JMP。若多路选择器、控制单元、PC、扩展单元和传输线路都不考虑 延迟,各主要功能单元的操作时间为:指令存储器和数据存储器为 300 ps;ALU 为 200 ps;寄存器 文件为 100 ps,则该 CPU 的时钟周期最少应该是( )。

A. 400 ps　　　　　B. 300 ps　　　　　C. 200 ps　　　　　D. 1 ns

4. 已知一台时钟频率为 2 GHz 的计算机的 CPI 为 1.2。某程序 P 在该计算机上的指令条数 为 4×10^9。若在该计算机上,程序 P 从开始启动到执行结束所经历的时间是 4 s,则运行 P 所用 CPU 时间占整个 CPU 时间的百分比大约是( )。

A. 40%　　　　　B. 60%　　　　　C. 80%　　　　　D. 100%

5. 控制器的功能是( )。

A. 产生时序信号

B. 从主存取指令

C. 对指令操作码进行译码

D. 从主存取指令,并对指令操作码进行译码,生成相应的操作控制信号

6. 相对于硬布线控制器,微程序控制器的特点是( )。

A. 指令执行速度较快,修改指令的功能或扩展指令集难

B. 指令执行速度较快,修改指令的功能或扩展指令集容易

C. 指令执行速度较慢,修改指令的功能或扩展指令集难

D. 指令执行速度较慢,修改指令的功能或扩展指令集容易

7. 在遇到一些情况时,必须阻塞或停顿(Stall)指令流水线,否则后续指令将会被流水线错 误地执行。这种现象称为"流水线冒险(Hazard)"或"流水线相关"。下列选项中,不属于"流水 线冒险"的( )。

A. 结构冒险　　　　B. 数据冒险　　　　C. 指令冒险　　　　D. 控制冒险

8. 下列选项中,用来解决结构冒险(硬件资源冲突)的是( )。

A. 数据旁路(转发)　B. 插入空指令 nop　C. 延迟转移　　　　D. 分离型 Cache

9. 下列选项中,不是用来解决数据冒险(数据相关)的是( )。

A. 数据旁路(转发)　B. 分支预测　　　　C. 插入空指令 NOP　D. 插入空泡(停顿)

10. 下列选项中,不是用来解决分支相关(分支冒险)的是( )。

A. 数据旁路(转发)　B. 分支预测　　　　C. 插入空指令 NOP　D. 延迟转移

11. 下列特征中,不属于有利于实现指令流水线的是( )。

A. 指令字等长　　B. Load/Store 指令风格　　C. 寻址方式灵活多样　　D. 指令格式规整统一

12. 一个四级流水线的处理器,连续向此流水线输入 12 条指令,则在第 12 个时钟周期技术时,共执行完的指令条数为(　　)。

A. 7　　　　　　　　B. 8　　　　　　　　C. 9　　　　　　　　D. 10

13. 在微程序控制的机器中,机器指令与微指令的关系是(　　)。

A. 每条机器指令由一条微指令来执行

B. 每一条微指令由若干条机器指令组成

C. 每条机器指令由一段用微指令组成的微程序来解释执行

D. 一段机器指令组成的程序由一条微指令来执行

14. 通常情况下,微指令位数最长的编码方法是(　　)。

A. 直接表示法/直接控制法　　　　　　　　B. 字段直接编码表示法

C. 字段间接编码表示法　　　　　　　　　D. 混合表示法

15. 下列关于"水平型微指令与垂直型微指令"的说法中,正确的是(　　)。

A. 水平型微指令的执行速度要慢于垂直型微指令

B. 水平型微指令的长度要短于垂直型微指令

C. 水平型微指令的编码空间利用率高

D. 垂直型微指令中包含微操作码字段

16. 下列关于"指令流水线"的说法中,正确的是(　　)。

A. 指令流水线可以缩短一条指令的执行时间

B. 实现指令流水线并不需要增加额外的硬件

C. 指令流水线可以提高指令执行的吞吐率

D. 理想情况下,每个时钟内都有一条指令在指令流水线中完成

17. 下列关于"指令流水线"的说法中,错误的是(　　)。

A. 随着流水段个数的增加,流水段之间缓冲开销的比例增大

B. 每个流水段之间的流水段寄存器的位数一定相同

C. 指令流水线可以同时访问指令 Cache 和数据 Cache

D. 指令流水线可以在一个时钟周期内读/写不同的通用寄存器

18. 某包含 M 条指令的程序在一个五段的指令流水线上执行。假设流水线的时钟周期为 T,不考虑任何其他的额外开销和冲突,则执行完该程序所用的时间是(　　)。

A. $(5+M) \times T$　　　B. $(4+M) \times T$　　　C. $5+M \times T$　　　D. $4+M \times T$

19. 解决数据相关(数据冒险)的措施中,(　　)不涉及改动、增加硬件。

A. 数据旁路(转发)　　B. 插入空泡(停顿)　　C. 插入空指令(NOP)　　D. 没有

20. 已知条件转移指令(即所谓分支指令)在条件成立时将在流水线的第 4 段改变 PC 的值(从而改变执行指令的顺序),则该流水线的分支延迟槽数为(　　)。

A. 1　　　　　　　　B. 2　　　　　　　　C. 3　　　　　　　　D. 4

21. 下列各种指令流水线中,理想情况下,CPI 等于 1 的　(　　)。

A. 超流水线　　B. 超长指令字(VLIW)　　C. 超标量流水线　　D. 动态多发射流水线

22. 下列关于"动态流水线和超标量处理器"的说法中,错误的是(　　)。

A. 超标量处理器中一定有多个不同的指令执行单元

B. 动态流水线执行指令的顺序不一定是输入指令的顺序

C. 超标量处理器不一定都采用动态流水线

D. 超标量技术是指采用更多流水段个数的流水线技术

23. 以下是有关数据冒险和转发技术的叙述中,(　　)是正确的。

A. 所有数据冒险都能通过转发解决

B. 可以通过调整指令顺序和插入 nop 指令消除所有数据冒险

C. 五段流水线中 Load-Use 数据冒险不会引起一个时钟周期的阻塞

D. 一条分支指令与紧随其后的一条 ALU 运算指令肯定会发生数据冒险

24. 可改变程序执行顺序称为程序控制类指令。以下有关分支冒险和分支预测的叙述中,(　　)是正确的。

A. 程序控制类指令不会由于控制(分支)冒险而产生阻塞

B. 每次进行简单(静态)预测的预测结果可能是不一样的

C. 动态预测(根据分支指令历史记录进行预测)的成功率能达 90%

D. 如果预测错误,已取到流水线中的错取指令依然要在流水线中继续执行

25. 一个多周期处理器有以下 MIPS 指令:R 型运算指令、I 型运算指令、Load/Store 指令、分支指令 Beq、跳转指令 JMP。若多路选择器、控制单元、PC、扩展单元和传输线路都不考虑延迟,各主要功能单元的操作时间为:指令存储器和数据存储器为 300 ps;ALU 为 200 ps;寄存器文件为 100 ps,则该 CPU 的时钟周期最少可以是(　　)。

A. 400 ps　　　　　B. 300 ps　　　　　C. 200 ps　　　　　D. 100 ps

二、综合应用题

1. 某计算机的字长为 32 位,指令采用等长指令字格式,指令字长为 32 位。若 MAR 长 22 位,主存储器按字编址。

(1)指出主机中 ACC、IR、MDR、PC 等寄存器或部件的位数。

(2)该计算机支持的最大主存储器容量为多少?

(3)写出硬联线控制器完成 STA Y 指令需要发出的全部微操作命令及节拍安排。

(4)若采用微程序控制,还需要增加哪些微操作?

2. 某指令流水线分为五级,分别完成取址(IF)、译码并取数(ID)、执行(EX)、访存(MEM)、写结果(WR)。设完成各阶段操作的时间依次为 90 ns、60 ns、70 ns、100 ns、50 ns。试问流水线的时钟周期应取何值?若第一条和第二条指令发生数据相关,试问第二条指令需推迟多少时间才能不发生错误?若相邻两条指令发生数据相关,而不推迟第二条指令的执行可采取什么措施?

3. 现有一个三段的指令流水线,各段经过时间依次为 Δt、$2\Delta t$、Δt。请画出该流水线连续处理三条不相关指令的时空图,并计算流水线的吞吐率、加速比和效率。

第六章 总 线

知识点概要

（一）总线概述

1. 总线的基本概念

总线连接的特点,总线主设备和总线从设备。

2. 总线的分类

地址总线、数据总线、控制总线。并行总线、串行总线。单向总线、双向总线。

3. 总线的组成及性能指标

总线复用,多总线(系统总线,I/O 总线)与层次总线(处理器总线,主存总线,高速 I/O 总线),总线宽度,总线带宽,总线负载能力。

（二）总线仲裁

1. 集中仲裁方式

链式查询,计数器定时查询,独立请求。

2. 分布仲裁方式

自举分布仲裁,并行竞争分布仲裁,冲突检测分布仲裁(以太网协议)。

（三）总线操作和定时

（1）同步定时方式。

（2）异步定时方式。

（四）总线标准

ISA、EISA、VESA、PCI、PCI-Express、SCSI 、USB。

一、单项选择题

1. 相对于分散连接,总线连接的优点是( )。

A. 成本低
B. 带宽高
C. 不易扩展
D. 对接入设备的数量无限制

2. 总线的一次传输过程通常是( )。

A. 部件寻址→总线仲裁→数据传输→总线释放

B. 总线仲裁→部件寻址→数据传输→总线释放

C. 传输请求→部件寻址→总线仲裁→数据传输→总线释放

D. 传输请求→总线仲裁→部件寻址→数据传输→总线释放

3. 总线主设备是指( )。

A. 总线上优先级高的设备　　　　　　B. 总线驱动器

C. 总线上能申请并获得总线控制权的设备　D. 总线仲裁器

4. "总线忙"信号是由(　　　)建立的。

A. 总线仲裁器　　　B. 总线主设备　　　　C. 总线从设备　　　　D. CPU

5. 下列关于"总线主设备和总线从设备"的说法中,正确的是(　　　)。

A. 一次总线传输只能有一个主设备和一个从设备

B. 一次总线传输可以有多个主设备和多个从设备

C. 一次总线传输可以有多个主设备,但只能有一个从设备

D. 一次总线传输只能有一个主设备,但可以有多个从设备

6. 某宽度为32位的数据总线采用同步控制,其时钟频率为66 MHz,则该总线的最大数据传输率为(　　　)。

A. 64 MBps　　　　B. 132 MBps　　　　C. 264 MBps　　　　D. 528 MBps

7. 下列因素中,与总线带宽无关的是(　　　)。

A. 总线时钟频率　　　　　　　　　　B. 总线宽度

C. 支持的总线事务个数　　　　　　　D. 是否是突发传送

8. 若 CPU 要读取主存单元中的内容,那么在取得总线控制权后,CPU 将在第一个时钟周期内通过总线向主存发送(　　　)。

Ⅰ. "主存读"控制信号　　　Ⅱ. "地址"信息　　　Ⅲ. "应答(ACK)"控制信号

A. Ⅰ　　　　　B. Ⅱ　　　　　　　C. Ⅲ　　　　　　　D. Ⅰ、Ⅱ

9. 下列关于"集中式总线仲裁"的说法中,错误的是(　　　)。

A. 链式查询需要的信号线数最少,但对电路故障敏感,可靠性差

B. 计数器定时查询对电路故障不敏感,可靠性高

C. 独立请求响应速度最快,但需要的信号线数最多

D. 计数器定时查询中设备的优先级是固定的

10. 集中式总线仲裁方式中可能会发生"饥饿"现象的是(　　　)。

A. 链式查询　　　B. 计数器定时查询　　　C. 独立请求　　　　D. 3 种方式都可能

11. 下列关于"分布式总线仲裁"的说法中,错误的是(　　　)。

A. 每一个潜在的主设备拥有一个私有的仲裁逻辑电路

B. 自举分布仲裁和并行竞争分布仲裁的优先级是固定的

C. 并行竞争分布仲裁中,若仲裁号大于仲裁总线上的仲裁号,则总线请求成功

D. 并行竞争分布仲裁中,若仲裁号小于仲裁总线上的仲裁号,则撤销请求

12. 带有 N 根总线请求信号线的自举分布仲裁方案可以连接的最多设备数量是(　　　)。

A. $N-1$　　　　　B. N　　　　　　C. $N+1$　　　　　D. 2^N

13. 仲裁号为 N 位的并行竞争分布仲裁方案可以连接的最多设备数量是(　　　)。

A. $N-1$　　　　　B. N　　　　　　C. $N+1$　　　　　D. 2^N

14. 增加总线带宽的手段有很多,但是以下做法中不能提高总线带宽的是(　　　)。

A. 采用总线复用技术

B. 增加数据线的宽度

C. 采用突发传送(也叫猝发传送)方式,允许一次总线事务传送多个数据

D. 增高总线的时钟频率

15. 下列关于同步总线和异步总线的说法中,错误的是( )。

A. 同步总线的带宽比异步总线的带宽高

B. 同步总线有一个公共的时钟信号,总线事务过程中的所有操作都由时钟信号定时

C. 异步总线没有公共的时钟信号,设备间的通信过程都由握手信号进行定时

D. I/O 总线通常采用同步总线

16. 下列关于同步总线和异步总线的说法中,错误的是( )。

A. 同步总线适合于存取速度相差较大的设备之间的近距离的数据通信

B. 同步总线适合于存取速度相差较小的设备之间的近距离的数据通信

C. 异步总线适合于存取速度相差较大的设备之间的长距离的数据通信

D. 异步总线适合于存取速度相差较小的设备之间的长距离的数据通信

17. 下列关于"速度差别较大的设备间数据传输"的说法中,正确的是( )。

A. 只能采用同步定时方式

B. 只能采用异步定时方式

C. 既能采用同步定时方式,也能采用异步定时方式

D. 不能直接通信

18. 采用"双总线结构"的计算机系统中,"双总线"指的是( )。

A. 地址总线,数据总线　　　　　B. 系统总线,I/O 总线

C. PCI 总线,EISA 总线　　　　　D. 同步总线,异步总线

19. 采用"三总线结构"的计算机系统中,"三总线"指的是( )。

A. 地址总线,数据总线,控制总线

B. 系统总线,I/O 总线,控制总线

C. 处理器总线,主存总线,高速 I/O 总线

D. 数据总线,控制总线,局部总线。

20. 下列说法中,错误的是( )。

A. 同步总线的总线带宽=总线线宽×总线时钟频率/完成一次数据传送所需的时钟周期数

B. 串行总线的总线波特率=每秒钟通过信道传输的信息量(有效数据位数)

C. 串行总线的总线波特率=每秒钟通过信道传输的码元数(二进制位数)

D. 串行总线的总线比特率=每秒钟通过信道传输的信息量(有效数据位数)

21. 总线复用的目的是( )。

A. 提高总线的负载能力　　　　B. 提高总线带宽

C. 提高总线的可靠性　　　　　D. 在不增加总线线数的前提下,传输更多的信号

二、综合应用题

假定在 CPU 和主存之间有一个同步总线相连,其时钟周期为 50 ns,单独设有 32 位地址线和 32 位数据线。主存读传输时,首先要花 1 个时钟周期发送地址和读命令,最终从总线取数要花一个时钟周期,存储器的取数时间为 220 ns;主存写操作时,先花一个时钟周期送地址、数据和写命令,在随后的

两个时钟周期内写入数据。要求分别求出该存储器进行连续读和写操作时的总线带宽。

第七章　输入输出(I/O)系统

知识点概要

(一) I/O 系统的基本概念

I/O 技术的发展历程,I/O 接口,I/O 总线及相应标准(PCI、ISA/EISA、SCS I 、USB),I/O 设备及其带宽。

(二) 外部设备

1. 输入设备

键盘、鼠标。

2. 输出设备

显示器:分辨率,帧与帧频,屏幕刷新,颜色深度(表示一个像素点颜色的二进制位数),显示存储器/显存,显存总带宽。打印机。

3. 外存储器:硬盘存储器、磁盘阵列、光盘存储器,冗余磁盘阵列(RAID)。

(三) I/O 接口(I/O 控制器)

1. I/O 接口的功能和基本结构

I/O 接口的功能。I/O 接口的分类:串行接口与并行接口,可编程接口与不可编程接口。

2. I/O 端口及其编址

I/O 端口:数据端口、命令端口和状态端口。

I/O 端口的编址方式有两种:独立编址和统一编址。采用独立编址方式时,需要设置专门的 I/O 指令。

(四) I/O 方式

1. 程序查询方式

2. 程序中断方式

中断与中断系统的基本概念,中断源与中断的分类(外部中断和内部中断),"中断允许"触发器与"中断请求"触发器,"开中断"指令 STI 与"关中断"指令 CLI,"中断返回"指令 IRET。中断隐指令,中断响应过程,中断服务程序执行顺序,中断类型码、中断向量与中断向量表。多重中断和中断屏蔽的概念,可屏蔽中断与不可屏蔽中断。中断响应优先级与中断处理优先级,中断屏蔽字。

外设进行数据传输时请求中断的时间与目的。8259A 可编程中断控制器。

3. DMA 方式

DMA 控制器的组成,DMA 的传送过程,DMA 的 3 种工作方式:CPU 停止、周期挪用、分时交替,DMA 请求中断的时间与目的。

4. 通道方式

通道,I/O 指令,通道命令字(通道指令)CCW,通道程序。通道的分类:选择通道、字节多路通道和成组多路通道。通道请求中断的时间与目的。

一、单项选择题

1. 下列关于键盘的说法中,错误的是( )。
A. 键盘中没有可执行的程序,也就不存在任何的处理器
B. 编码键盘发给主机的是用户所敲键对应的 ASCII 码
C. 非编码键盘发给主机的是用户所敲键对应的位置码
D. 键盘与主机之间采用的是串行通信

2. 下列关于打印机的说法,正确的是( )。
A. 主机传送给打印机的 ASCII 码都对应用户可见的字符
B. 激光打印机属于喷墨打印机的一种
C. 彩色打印机需要把彩色图像分解成 R、G、B 三种单色图像
D. 点阵式串行打印机是逐列、逐行打印的

3. 分辨率为 1 024 像素×768 像素的逐行扫描的 CRT 显示器的帧频为 60 Hz,已知水平回扫期占水平扫描周期的 20%,则其每个像素点的读出时间是( )s。
A. 13.6   B. 24.6   C. 33.6   D. 57.6

4. 分辨率为 1 024 像素×768 像素的逐行扫描的 CRT,像素的颜色数为 256,则刷新存储器的容量至少应为( )。
A. 512 KB   B. 1 MB   C. 256 KB   D. 2 MB

5. 下列关于显示器的说法中,正确的是( )。
A. CRT 显示器的功耗比 LCD 显示器的功耗低
B. 只有 LCD 显示器存在"屏幕闪烁"现象,而 CRT 显示器不存在
C. CRT 显示器和 LCD 显示器都需要"刷新",刷新频率称为帧频
D. LCD 显示器分"逐行扫描"与"隔行扫描"两种,而 CRT 显示器无需"扫描"操作

6. 下列关于显示器的说法中,错误的是( )。
A. 图形显示卡(简称显卡)采用的是专用的图形处理器(Graphics Processing Unit, GPU)
B. 显示器有两种不同的工作模式——字符模式和图形模式
C. 显示器工作于"图形模式"时,不能显示字符
D. 若颜色深度为 24 位,则可表示 16 M 种颜色,称为真彩色

7. 下列关于磁盘的说法中,正确的是( )。
A. 在一个磁盘上可以同时采用"低密度存储方式"和"高密度存储方式"
B. "低密度存储方式"下,内道与外道的位密度都是相同的
C. "高密度存储方式"下,内道上的扇区数目比外道上的扇区数目多
D. 磁盘的存取时间由"寻道时间"、"旋转等待时间"和"数据传送时间"三部分组成

8. 下列关于磁盘的说法中,错误的是( )。
A. 本质上,优盘(U 盘)是一种只读存储器

B. 冗余磁盘阵列(RAID)不能应用于对数据可靠性要求高的场合

C. 未格式化的硬盘容量要大于格式化后的实际容量

D. 计算磁盘的存取时间时,"寻道时间"和"旋转等待时间"常取其平均值

9. 下列功能中,属于 I/O 接口的功能的是(　　　)。

Ⅰ. 数据缓冲　　　　　　Ⅱ. I/O 过程中错误与状态检测　　Ⅲ. I/O 操作的控制与定时

Ⅳ. 数据格式转换　　　　Ⅴ. 数据查找或排序　　　　　　　Ⅵ. 与主机和外设通信

A. Ⅰ、Ⅱ、Ⅲ、Ⅳ　　B. Ⅰ、Ⅱ、Ⅲ、Ⅳ、Ⅴ　　C. Ⅰ、Ⅱ、Ⅲ、Ⅳ、Ⅵ　　D. 全部

10. 下列关于 I/O 接口的说法中,正确的是(　　　)。

A. 对 I/O 的系统调用(如创建文件、读写文件等)是由 I/O 接口中的程序来完成的

B. 当 I/O 接口可以作为数据通信的主控设备时,它的地址总线是双向总线

C. 一个 I/O 接口只能连接一个外部设备

D. CPU 访问 I/O 接口时要给出 I/O 接口的地址

11. 下列关于 I/O 接口的说法中,错误的是(　　　)。

A. I/O 接口不会执行指令

B. 与 CPU 一样,I/O 接口的地址总线都是单向总线

C. 一个 I/O 接口可以连接多个外部设备

D. CPU 访问 I/O 接口时要给出 I/O 端口的地址

12. 下列关于 I/O 端口的说法中,正确的是(　　　)。

A. I/O 端口就是 I/O 接口中用户可访问的寄存器

B. I/O 端口以分时复用的形式依次充当命令(控制)端口、状态端口和数据端口

C. 一个 I/O 端口要么是输入端口,要么是输出端口

D. 无论采用何种 I/O 端口的编址方式,CPU 都需要提供专门的 I/O 指令

13. 下列关于 I/O 端口的说法中,错误的是(　　　)。

A. CPU 向 I/O 设备发出命令是通过对 I/O 接口中命令端口进行写操作来实现的

B. 一个 I/O 端口要么是命令/状态端口,要么是数据端口

C. 一个 I/O 端口或者是输入端口,或者是输出端口,或者是双向端口

D. 只有当 I/O 端口采用统一编址方式,CPU 才需要提供专门的 I/O 指令

14. 下列关于"I/O 端口的编址方式"的说法中,错误的是(　　　)。

A. 当 I/O 端口采用独立编址方式,I/O 端口的地址译码较简单,寻址速度快

B. 当 I/O 端口采用独立编址方式,CPU 需要设置专门的区分访问主存或 I/O 的信号引脚

C. 当 I/O 端口采用统一编址方式时,CPU 只能用访问主存的指令来访问 I/O 端口

D. 当 I/O 端口采用统一编址方式时,CPU 能够访问的主存空间变少

15. 下列关于"I/O 端口的编址方式"的说法中,正确的是(　　　)。

A. 只有当 I/O 端口采用独立编址方式,CPU 不需要提供专门的 I/O 指令

B. 采用统一编址方式时,CPU 还可以用 AND、OR 或 TEST 指令访问 I/O 端口

C. 采用独立编址方式时,CPU 需要为主存和 I/O 分别设置专门的地址总线

D. 无论采用何种 I/O 端口编址方式,CPU 能够访问的主存空间是一定的

16. 下列 I/O 接口中,属于并行接口的是(　　　)。

Ⅰ．Intel 8255　　Ⅱ．Intel 8251　　Ⅲ．USB　　Ⅳ．SCSI　　Ⅴ．IDE　　Ⅵ．IEEE 1394

A．Ⅰ、Ⅱ、Ⅲ、Ⅳ　　B．Ⅰ、Ⅳ、Ⅴ　　　　C．Ⅰ、Ⅲ、Ⅴ、Ⅵ　　D．全部。

17．下列关于"中断和异常"的说法中,正确的是(　　　　)。

A．在执行指令的过程中,CPU 时刻检测是否有中断请求

B．异常处理完毕后,CPU 重新执行引起异常的指令

C．中断处理程序的执行是不能被中断的

D．中断处理中的"断点"是指当前指令的存储地址

18．下列关于"中断和异常"的说法中,错误的是(　　　　)。

A．与"中断"一样,"异常"也要经过"请求"、"判优"、"响应"后才得到处理

B．当前指令执行完毕后,CPU 才去检测是否有中断请求

C．"中断返回"指令与"返回"指令是两条不同的指令

D．中断处理中的"断点"是指当前程序计数器 PC 中的值

19．要实现多重中断,中断服务程序执行顺序是(　　　　)。

Ⅰ．保护现场　　　Ⅱ．开中断　　　　Ⅲ．关中断　　　　Ⅳ．保存断点

Ⅴ．中断事件处理 Ⅵ．恢复现场　　　Ⅶ．中断返回

A．Ⅰ→Ⅱ→Ⅴ→Ⅲ→Ⅵ→Ⅱ→Ⅶ　　　B．Ⅲ→Ⅰ→Ⅱ→Ⅴ→Ⅲ→Ⅵ→Ⅱ→Ⅶ

C．Ⅳ→Ⅰ→Ⅱ→Ⅴ→Ⅲ→Ⅵ→Ⅱ→Ⅶ　D．Ⅲ→Ⅳ→Ⅰ→Ⅱ→Ⅴ→Ⅲ→Ⅵ→Ⅱ→Ⅶ

20．下列关于中断屏蔽的说法中,正确的是(　　　　)。

A．中断屏蔽字改变了不同中断请求的响应优先级

B．中断屏蔽字改变了不同中断请求的处理优先级

C．一个中断请求被屏蔽,意味着它的请求在得到响应后不能执行它对应的处理程序

D．对于一个特定计算机的中断系统,它的中断屏蔽字是固定不变的

21．下列条件不是中断响应的前提条件的是(　　　　)。

A．CPU 处于"开中断"状态　　　　　B．CPU 处于"空闲"状态

C．至少有一个未被屏蔽的中断请求　　D．当前指令执行完毕

22．下列操作不属于"中断隐指令"所完成的是(　　　　)。

A．关中断　　　　B．保存断点　　　　C．保护现场　　　D．将中断服务程序首地址送 PC

23．CPU 是通过(　　　　),将 DMA 欲传送数据块在内存中的首地址写入 DMA 控制器的地址寄存器的。

A．地址总线　　　B．控制总线　　　　C．数据总线　　　　D．I/O 总线

24．通道向 CPU 发出的信号是(　　　　)。

A．启动 I/O　　　B．中断请求　　　　C．总线请求　　　　D．I/O 就绪

25．下列关于中断与 DMA 的说法中,错误的是(　　　　)。

A．无论是外设还是 DMA 控制器,都向 CPU 发出"中断请求"信号

B．DMA 请求信号是外设发给 DMA 控制器的

C．中断请求的是 CPU 的时间

D．DMA 控制器向 CPU 请求的是总线控制权

26．下列关于 DMA 的说法中,错误的是(　　　　)。

A. DMA 方式适用于在高速外设和主存之间直接进行数据传送

B. DMA 方式用于传送成组数据

C. DMA 控制器申请总线使用权后,总是要等一批数据传送完成后才释放总线

D. 若 DMA 控制器与 CPU 同时请求总线,则 DMA 控制器将获得总线的使用权

27. 以下情况中,不会发出中断请求的是(　　　)。

A. Cache 失效　　　B. DMA 传送结束　　　C. 存储保护违例　　　D. 非法指令操作码

28. 下列说法中,正确的是(　　　)。

A. 每个外设用一个接口电路与主机连接,主机只能用唯一的地址来访问一个外设

B. 输入/输出指令实现的是主存和 I/O 端口之间的信息交换

C. 异步总线的带宽比同步总线的带宽高

D. 采用 MFM 记录方式的磁表面存储器的记录密度比 FM 方式的记录密度高一倍左右

29. 某转速为 7 200 rpm 的磁盘共有 1 024 个磁道,道间移动时间为 0.01 ms。则该磁盘的平均存取时间(Average Access Time)为(　　　)。

A. 13.45 ms　　　B. 9.28 ms　　　C. 19.56 ms　　　D. 14.4 ms

30. 中断隐指令负责保存存储在(　　　)中的信息。

A. 累加器(ACC)　B. 指令寄存器(IR)　　C. 程序计数器(PC)　D. 变址寄存器

31. 在(　　　)时,CPU 会自动查询有无中断请求,进而可能进入中断响应周期。

A. 一条指令执行结束　　　　　　　　B. 一次 I/O 操作结束

C. 机器内部发生故障　　　　　　　　D. 一次 DMA 操作结束

32. 采用"周期挪用"方式进行 DMA 传送时,每传送一个数据要挪用一个(　　　)。

A. 存储周期　　　B. 机器周期　　　C. 时钟周期　　　　D. 指令周期

二、综合应用题

1. 某计算机的 CPU 主频为 500 MHz,MIPS 为 50(即每秒钟平均执行 5 千万条指令)。假定某硬盘的数据传输率为 4 Mbps 且仅有 10% 的时间采用中断方式与主机进行数据传送,以 128 位为传输单位,要求没有任何数据被错传。对应的中断服务程序包含 19 条指令,中断服务的其他开销相当于 1 条指令的执行时间。请回答下列问题,要求给出计算过程。

(1) 在中断方式下,CPU 用于该硬盘数据传输的时间占整个 CPU 时间的百分比是多少?

(2) 现该硬盘改用 DMA 方式传送数据。假定每次 DMA 传送数据块的大小为 8 000 B,且 DMA 预处理和后处理的总开销为 1 000 个时钟周期,启动硬盘的开销为 500 个时钟周期。则在硬盘 100% 的时间处于工作状态时,CPU 用于该硬盘 I/O 的时间占整个 CPU 时间的百分比是多少(假设 DMA 和 CPU 之间没有访存冲突)?

2. 若机器共有 5 级中断,中断响应优先级由高到低的顺序为 1→2→3→4→5,现要求实际的中断处理优先级由高到低的顺序为 4→1→3→5→2。请设计各级中断的中断屏蔽字。若在运行用户程序(主程序)时,同时出现第 3、4 级中断请求,而在处理第 3 级中断未完成时,又同时出现第 1、2、5 级中断请求,请画出 CPU 完成中断服务程序过程的示意图。

第三部分　操作系统原理

从 2009 年、2010 年和 2011 年的考试情况来看,操作系统科目对知识点的考查大致可以分为三种情况:

(1) 了解操作系统在计算机系统中的作用、地位、发展和特点。

(2) 理解操作系统的基本概念、原理,掌握操作系统的设计方法与实现技术。

(3) 能够运用所学的操作系统原理、方法与技术来分析问题和解决问题。

考查的第一种情况主要集中在第一章操作系统引论中,它是对第一章操作系统引论的概括要求;考查的第二种情况是对操作系统原理中的有关进程管理、处理机调度、内存管理、文件管理和输入输出设备管理等相关具体知识的综合要求;考查的第三种情况则是对考生能否把所学的操作系统的原理、方法与技术等相关知识运用于分析和解决所面临问题能力的考查。从 2009 年以来近 3 年考试的题目来看,所涉及的各个部分的比例大致如下,2009 年的统考试卷当中,操作系统的内容占整个试卷内容的比例为 26%,其中填空题 22 分,应用题 15 分;2010 年的统考试卷当中,操作系统的内容占整个试卷内容的比例为 23.2%,其中填空题 20 分,应用题 15 分;2011年的统考试卷当中,操作系统的内容占整个试卷内容的比例为 32.6%,其中填空题 22 分,应用题 27 分。

从上面的分析,不难看出考试相关的重点和难点,考生可以合理地分配精力,力争取得较好的复习效果。

由于操作系统各个部分的知识相互关联性较强,在复习操作系统的时候要重视对于基础知识、基本原理的掌握与理解、特别是要注意总结各部分之间的相互关联关系、学会灵活地运用其中的原理、策略与算法等知识来分析和解决实际问题。

虽然操作系统里面出现的算法很多,但这些算法并不难理解,下一番工夫,是可以很好地掌握运用这些算法来解题和应用的方法的。

在操作系统参考教材选择方面,由于考试大纲给出的参考书包括汤子瀛教授编写的《计算机操作系统》,因而,建议大家选择西安电子科技大学出版社出版的《计算机操作系统(第三版)》(汤小丹、汤子瀛等主编),该教材适合于初学者,内容简单易懂,复习效果较好。

第一章　操作系统引论

知识点概要

(1) 操作系统在计算机系统中的地位、作用。

(2) 操作系统所具有的特征、功能。

(3) 操作系统的主要功能及其结构设计思想。

（4）操作系统的概念、作用及分类。

（5）操作系统设计的目标和作用。

（6）操作系统的发展过程：早期操作系统的计算机系统存在着的两个矛盾对计算机资源的利用率有何影响？单道批处理引入了什么技术来解决这两个矛盾？它有何不足？多道批处理如何解决了这个问题。

（7）实现分时系统技术的关键是什么？促成分时系统向实时系统发展的根本原因是什么？实时系统与分时系统的各自的特征是什么？要求能够进行比较。

（8）操作系统的四大基本特征及其之间的关系？最基本的特征是什么？

（9）操作系统的五大功能及其存在的必要性是什么？各个功能部分所具有的功能及其完成的主要任务是什么？

单项选择题

1. 操作系统的主要作用是（　　）。
A. 管理设备
B. 提供操作命令
C. 管理文件
D. 为用户提供使用计算机的接口，管理计算机的资源

2. 操作系统中，在用户态不能被执行的指令是（　　）。
A. 读时钟指令
B. 置时钟指令
C. 取数指令
D. 寄存器清零指令

3. 多道程序的基本特征是（　　）。
A. 制约性
B. 顺序性
C. 功能的封闭性
D. 运行过程的可再现性

4. 使用操作系统提供的（　　）接口，能在用户程序中将一个字符送到显示器上显示。
A. 系统调用
B. 函数
C. 原语
D. 子程序

5. 用户的应用程序是通过操作系统中所提供的（　　）来支持使用系统资源的。
A. 单击鼠标
B. 键盘命令
C. 系统调用
D. 图形用户界面

6. 现代计算机操作系统提供了两种不同的状态，即管态（系统态）和目态（用户态），在此约定下，（　　）必须在管态下执行。
A. 从内存中取数的指令
B. 把运算结果送内存的指令
C. 算术运算指令
D. 输入/输出指令

7. 当中断发生后，进入中断处理的程序属于（　　）。
A. 用户程序
B. 可能是用户程序，也可能是 OS 程序
C. OS 程序
D. 单独的程序，既不是用户程序，也不是 OS 程序

8. 某作业在执行中发生了缺页中断，经操作系统处理后，它应该执行（　　）指令。
A. 被中断的前一条
B. 被中断的那一条
C. 被中断的后一条
D. 启动时的第一条

9. 若分时操作系统的系统时间片长度一定，那么（　　）则响应时间越长。

A. 用户数越多　　　　　　　　　　　　B. 用户数越少

C. 内存越小　　　　　　　　　　　　　D. 内存越大

10. 系统调用是操作系统提供给编程人员的(　　)。

A. 一条机器指令　　　　　　　　　　B. 接口

C. 中断子程序　　　　　　　　　　　D. 用户子程序

11. UNIX 操作系统是(　　)。

A. 多道批处理系统　　　　　　　　　B. 分时系统

C. 实时系统　　　　　　　　　　　　D. 分布式系统

12. 操作系统中引入多道程序的最主要的目的在于(　　)。

A. 充分利用 CPU,减少 CPU 空闲时间　　　B. 提高实时响应速度

C. 有利于代码共享,减少主、辅存信息交换量　　D. 充分利用存储器

13. 在一段时间内,只允许一个进程排它地访问的资源被称之为(　　)。

A. 共享资源　　　　　　　　　　　　B. 独占资源

C. 临界资源　　　　　　　　　　　　D. 共享区

14. 操作系统中引入使用 SPOOLING 系统的根本目的在于提高(　　)的使用效率。

A. 操作系统　　　　　　　　　　　　B. 内存

C. CPU　　　　　　　　　　　　　　D. I/O 设备

15. 下面的描述中,(　　)不属于多道程序运行的特征。

A. 多道　　　　　　　　　　　　　　B. 运行速度快

C. 宏观上并行　　　　　　　　　　　D. 实际上多道程序是穿插运行的

16. 下列特性中,(　　)不是分时系统的特征。

A. 交互性　　　　　　　　　　　　　B. 多路性

C. 成批性　　　　　　　　　　　　　D. 独占性

17. 现代操作系统的两个基本特征是(　　)和资源共享。

A. 多道程序设计　　　　　　　　　　B. 中断处理

C. 程序的并发执行　　　　　　　　　D. 实现分时与实时处理

18. 从用户的观点看,操作系统是(　　)。

A. 用户与计算机之间的接口

B. 控制与管理计算机资源的软件

C. 合理地组织系统工作流程的软件

D. 由若干层次的程序按一定的结构组成的有机体

19. 所谓(　　),是指将一个以上的作业放入主存,并且同时处于工作未完结状态,这些作业共享处理机的时间和外围设备等各类系统资源。

A. 多重处理　　　　　　　　　　　　B. 多道程序设计

C. 实时处理　　　　　　　　　　　　D. 共行执行

20. 在(　　)操作系统控制下,计算机系统能及时处理由过程控制反馈的数据并做出响应。

A. 实时　　　　　　　　　　　　　　B. 分时

C. 分布式　　　　　　　　　　　　　D. 单用户

21. Windows 操作系统属于(　　)操作系统。

A. 单用户单任务　　　　　　　　B. 单用户多任务

C. 多用户　　　　　　　　　　　D. 批处理

22. 操作系统技术中临界区是指(　　)。

A. 一组临界资源的集合　　　　　B. 可共享的一块内存区

C. 访问临界资源的一段代码　　　D. 请求访问临界资源的代码

23. 设计批处理操作系统的主要目的是(　　)。

A. 提高系统与用户的交互性　　　B. 提高系统资源利用率

C. 降低用户作业的周转时间　　　D. 减少用户作业的等待时间

24. (　　)不是设计实时操作系统的主要追求目标。

A. 安全可靠　　　　　　　　　　B. 资源利用率

C. 及时响应　　　　　　　　　　D. 快速处理

25. 用户可以通过(　　)两种方式来使用计算机。

A. 命令方式和函数方式　　　　　B. 命令方式和系统调用方式

C. 命令方式和文件管理方式　　　D. 设备管理方式和系统调用方式

26. (　　)是操作系统必须提供的功能。

A. GUI　　　　　　　　　　　　B. 为进程提供系统调用命令

C. 处理中断　　　　　　　　　　D. 编译源程序

27. 操作系统中,中断向量地址指的是(　　)。

A. 子程序入口地址

B. 中断服务例行程序入口地址

C. 中断服务例行程序入口地址的地址

D. 例行程序入口地址

28. 批处理系统的主要缺点是(　　)。

A. CPU 的利用率不高　　　　　　B. 失去了交互性

C. 不具备并行性　　　　　　　　D. 以上都不是

29. 设计多道批处理系统时,主要考虑的因素有系统效率和(　　)。

A. 交互性　　　　　　　　　　　B. 及时性

C. 吞吐量　　　　　　　　　　　D. 实时性

30. 若中央处理机处于用户态,不可以执行昀指令有(　　)。

A. 读系统时钟　　　　　　　　　B. 清除整个内存

C. 读用户内存自身数据　　　　　D. 写用户的内存自身数据

第二章　进程管理

知识点概要

(1) 前趋图的基本概念;运用前趋图来描述进程间运行关系的方法;程序的顺序执行与并发

执行过程的特点。

（2）进程的定义与特征；进程控制块（PCB）的作用及其基本内容；进程的基本状态及其转换；引起转换的原因。

（3）进程同步与互斥的基本概念与实现原理；临界区、临界资源的概念及其对进程执行结果的影响。

（4）信号量机制以及运用该机制解决进程同步的经典问题方法。

（5）管程机制及用管程机制解决经典的进程同步问题的方法；进程间通信机制。

（6）线程的基本概念；线程与进程的比较；线程两种实现方式的比较。

一、单项选择题

1. 正在运行的进程，因某种原因而暂时停止运行，等待某个事件的发生，此时处于（　　）状态。

　A. 运行　　　　　　　B. 完成　　　　　　　C. 就绪　　　　　　　D. 阻塞

2. 在操作系统中，（　　）是资源分配、调度和管理的最小单位。

　A. 进程　　　　　　　B. 线程　　　　　　　C. 作业　　　　　　　D. 程序段

3. 在时间片轮转算法中，（　　）的大小对计算机性能有很大影响。

　A. 对换区　　　　　　B. 分页　　　　　　　C. 时间片　　　　　　D. 程序段

4. 如果有一个进程从运行状态变成等待状态，或完成工作后就撤消，则必定会发生（　　）。

　A. 进程切换　　　　　　　　　　　　　　　B. 存储器再分配

　C. 时间片轮转　　　　　　　　　　　　　　D. 死锁

5. 单处理机系统中，可并行的是（　　）。

　Ⅰ. 进程与进程　　Ⅱ. 处理机与设备　　Ⅲ. 处理机与通道　　Ⅳ. 设备与设备

　A. Ⅰ、Ⅱ和Ⅲ　　　　　　　　　　　　　　B. Ⅰ、Ⅱ和Ⅳ

　C. Ⅰ、Ⅲ和Ⅳ　　　　　　　　　　　　　　D. Ⅱ、Ⅲ和Ⅳ

6. 下列进程调度算法中，综合考虑进程等待时间和执行时间的是（　　）。

　A. 时间片轮转调度算法　　　　　　　　　　B. 最短进程优先调度算法

　C. 先来先服务调度算法　　　　　　　　　　D. 高响应比优先调度算法

7. 下列选项中，操作系统提供的给应用程序使用的接口是（　　）。

　A. 系统调用　　　　　　　　　　　　　　　B. 中断

　C. 库函数　　　　　　　　　　　　　　　　D. 原语

8. 下列选项中，导致创建新进程的操作是（　　）。

　Ⅰ. 用户登录成功　　Ⅱ. 设备分配　　Ⅲ. 启动程序执行

　A. 仅Ⅰ和Ⅱ　　　　　　　　　　　　　　　B. 仅Ⅱ和Ⅲ

　C. 仅Ⅰ和Ⅲ　　　　　　　　　　　　　　　D. Ⅰ、Ⅱ、Ⅲ

二、综合应用题

1. 什么是 AND 信号量？请利用 AND 信号量写出生产者-消费者问题的解法。

2. 在测量控制系统中的数据采集任务把所采集的数据送一个单缓冲区，计算任务从该单缓冲区中取出数据进行计算。试写出利用信号量机制实现两者共享单缓冲区的同步算法。

3. 试利用记录型信号量写出一个不会出现死锁的哲学家进餐问题的解决算法。

4. 为什么进程在进入临界区之前,应先执行"进入区"代码,在退出临界区后又执行"退出区"代码?

5. 我们为某临界区设置一把锁 W,当 W = 1 时,表示关锁;W = 0 时,表示锁已打开。试写出开锁原语和关锁原语,并利用它们去实现互斥。

6. 试修改下面生产者-消费者问题解法中的错误。

```
producer:
begin
    repeat
        .

        .

    producer an item in nextp;
        wait (mutex);
        wait (full);
            buffer (in) : = nextp;
        signal (mutex);
    until false;
end
consumer:
begin
    repeat
        wait (mutex);
        wait (empty);
            nextc: = buffer (out);
            out: = out+l;
        signal (mutex);
        consumer item in nextc;
    until false;
end
```

7. 如何利用管程来解决生产者-消费者问题?

8. 3 个进程 P1、P2、P3 互斥使用一个包含 N 个($N>0$)单元的缓冲区,P1 每次用 produce() 生成一个正整数并用 put() 送入缓冲区某一空单元中;P2 每次用 getodd() 从该缓冲区中取出一个奇数并用 countodd() 统计奇数个数;P3 每次用 geteven() 从该缓冲区中取出一个偶数并用 counteven() 统计偶数个数。请用信号量机制实现这 3 个进程的同步与互斥活动,并说明所定义的信号量的含义。要求用伪代码描述。

9. 假设程序 PA 和 PB 单独执行时所需的时间分别用 T_A 和 T_B 表示,并且假设,$T_A = 1$ h,$T_B = 1.5$ h,其中处理器工作时间分别为 $T_A = 18$ min,$T_B = 27$ min,如果采用多道程序设计方法,让 PA、

PB 并行工作,假定处理器利用率达到 50%,另加 15 min 系统开销,请问系统效率能提高百分之几?

第三章　处理机调度与死锁

知识点概要

(1) 处理机调度的类型和模型。

(2) 经典的处理机调度的算法。

(3) 死锁的基本概念及其引起的后果。

(4) 死锁的预防和避免措施。

(5) 死锁的检测和解除。

(6) 务必要求掌握调度的类型和模型、算法。死锁的基本概念、预防和避免。

(7) 了解实时系统中的调度。

(8) 多处理机中的调度。

(9) 死锁的检测和解除方法。

单项选择题

1. 假设与某类资源相关联的信号量初值为 3,当前值为 1,若 M 表示该资源的可用个数,N 表示等待该资源的进程数,则 M、N 分别是(　　)。

A. 0、1　　　　　　　　　　　　　B. 1、0

C. 1、2　　　　　　　　　　　　　D. 2、0

2. 下列选项中,降低进程优先权级的合理时机是(　　)。

A. 进程的时间片用完　　　　　　　B. 进程刚完成 I/O,进入就绪列队

C. 进程长期处于就绪列队　　　　　D. 进程从就绪状态转为运行状态

3. 进程 P0 和 P1 的共享变量定义及其初值如下:

```
booleam      flag[2];
int turn = 0;
flag[0] = false;
flag[1] = false;
```

若进程 P0 和 P1 访问临界资源的伪代码按照下面设计:

```
void   P0()//进程 P0              void P1()//进程 P1
{                                {
while (TRUE){                    while (TRUE){
     flag[0] = TRUE;                  flag[0] = TRUE;
     turn = 1;                        turn = 0;
     While (flag[1]&&(turn == 1))     While (flag[0]&&(turn == 0));
        临界区;                          临界区;
```

$$flag[0] = FALSE;\qquad\qquad\qquad flag[1] = FALSE;$$

　　　　}　　　　　　　　　　　　　　　　　　　　}

　　　}　　　　　　　　　　　　　　　　　　　　}

则并发执行进程 P0 和 P1 时产生的情况是(　　　)。

A. 不能保证进程互斥进入临界区,会出现"饥饿"现象

B. 不能保证进程互斥进入临界区,不会出现"饥饿"现象

C. 能保证进程互斥进入临界区,会出现"饥饿"现象

D. 能保证进程互斥进入临界区,不会出现"饥饿"现象

4. 某计算机系统中有 8 台打印机,有 K 个进程竞争使用,每个进程最多需要 3 台打印机。该系统可能会发生死锁的 K 的最小值是(　　　)。

A. 2　　　　　　　　　　　　　　　　B. 3

C. 4　　　　　　　　　　　　　　　　D. 5

5. 当计算机操作系统提供了管态(系统态)和目态(用户态)时,(　　　)必须在管态下执行。

A. 从内存中取数的指令　　　　　　　B. 把运算结果送内存的指令

C. 算术运算指令　　　　　　　　　　D. 输入/输出指令

6. 当中断发生后,进入中断处理的程序属于(　　　)。

A. 用户程序　　　　　　　　　　　　B. OS 程序

C. 可能是用户程序,也可能是 OS 程序

D. 单独的程序,既不是用户程序,也不是 OS 程序

7. 引入多道程序的目的在于(　　　)。

A. 充分利用 CPU,减少 CPU 等待时间

B. 提高实时响应速度

C. 有利于代码共享,减少主、辅存信息交换量

D. 充分利用存储器

8. 在一段时间内,只允许一个进程访问的资源称为(　　　)。

A. 共享资源　　　　　　　　　　　　B. 独占资源

C. 临界资源　　　　　　　　　　　　D. 共享区

9. 临界区是指(　　　)。

A. 一组临界资源的集合　　　　　　　B. 可共享的一块内存区

C. 访问临界资源的一段代码　　　　　D. 请求访问临界资源的代码

10. 死锁现象是由于(　　　)选成的。

A. CPU 数量不足　　　　　　　　　　B. 内存数量不足

C. 多个进程抢夺并独占资源　　　　　D. 作业批处理。

二、综合应用题

1. 某多道程序设计系统配有一台处理器和两台外设 IO1、IO2,现有 3 个优先级由高到低的作业 J1、J2、J3 都已装入了主存,它们使用资源的先后顺序和占用时间分别是:

　　　　J1:IO2(30 ms),CPU(10 ms);IO1(30 ms),CPU(10 ms);

J2：IO1(20 ms)，CPU(20 ms)；IO2(40 ms)；

J3：CPU(30 ms)，IO1(20 ms)。

处理器调度采用可抢占的优先数算法，忽略其他辅助操作时间，回答下列问题。

(1) 分别计算作业 J1、J2 和 J3 从开始到完成所用的时间。

(2) 3 个作业全部完成时 CPU 的利用率。

(3) 3 个作业全部完成时外设 IO1 的利用率。

2. 有 A、B 两个程序，程序 A 按顺序使用 CPU 10 s，使用设备甲 5 s，使用 CPU 5 s，使用设备乙 5 s，最后使用 CPU 10 s。程序 B 按顺序使用设备甲 10 s，使用 CPU 10 s，使用设备乙 5 s，使用 CPU 5 s，使用设备乙 10 s，试问：

(1) 在顺序环境下执行程序 A 和程序 B，CPU 的利用率是多少？

(2) 在多道程序环境下，CPU 的利用率是多少？

3. 何谓死锁？产生死锁的原因和必要条件是什么？在解决死锁问题的几个方法中，哪种方法最容易实现？哪种方法使资源的利用率最高？

4. 简述预防死锁的办法。

5. 在银行家算法的例子中，如果 P0 发出的请求向量由 Request0(0,2,0) 改为 Request0(0,1,0)，问系统可否将资源分配给它？

6. 为使用户进程互斥地进入临界区，可以把整个临界区实现成不可中断的过程，即用户有屏蔽所有中断的能力。每当用户程序进入临界区的时候，屏蔽所有中断；当出了临界区的时候，再开放所有中断。你认为这种方法有什么缺点？

第四章 存储器管理

知识点概要

(1) 准确掌握存储器管理过程中所采用的方式\方法以及算法的运用。

(2) 了解对换的概念，以及引起对换的原因及兑换的时机。

(3) 掌握分页存储管理方式，分段存储管理方式，并在此技术上掌握段页式管理的运用方法与优缺点。

(4) 了解虚拟存储器的基本概念，会运用请求分页存储管理方式及页面置换算法，并会进行请求分页(分段)系统的性能分析；掌握请求分段存储管理方式。

(5) 要求掌握连续分配存储管理方式，分页存储管理方式，分段存储管理方式。

(6) 请求分页存储管理方式及页面置换算法，请求分段存储管理的基本概念及分段共享与保护。

(7) 了解程序的装入和链接、对换、段页式存储管理方式；掌握对请求分页系统的性能分析方法。

一、单项选择题

1. 最佳适应算法的空闲区的排列方式是(　　)。

A. 按大小递减顺序排列　　　　　B. 按大小递增顺序排列

C. 按地址由小到大排列　　　　　D. 按地址由大到小排列

2. 分区分配内存管理方式的主要保护措施是（　　）。

A. 越界地址保护　　　　　　　　B. 程序代码保护

C. 数据保护　　　　　　　　　　D. 堆栈保护

3. 在下列选项中对分段式存储管理描述正确的是（　　）。

A. 每一段必须是连续的存储区　　B. 每一段不必是连续的存储区

C. 每个段必须是大小相等的　　　D. 段与段之间的存储区必须是连续的

4. 某基于动态分区存储管理的计算机的主存容量为 55 MB（初始为空），采用最佳适配（Best Fit）算法，分配和释放的顺序为：分配 15 MB，分配 30 MB，释放 15 MB，分配 6 MB，此时主存中最大空闲分区的大小是（　　）

A. 7 MB　　　　　　　　　　　　B. 9 MB

C. 10 MB　　　　　　　　　　　 D. 15 MB

5. 某计算机采用二级页表的分页存储管理方式，按字节编制，其页大小为 2^{10} 字节，页表项大小为 2 字节，逻辑地址结构为：

页目录号	页号	页内偏移量

逻辑地址空间大小为 2^{10} 页，则表示整个逻辑地址空间的页目录表中包含表项的个数至少是（　　）。

A. 64　　　　　　B. 128　　　　　　C. 256　　　　　　D. 512

二、综合应用题

1. 请求分页管理系统中，假设某进程的页表内容如下表所示。

某进程的页表在某时刻的内容

页	页框（Page Frame）号	有效位（存在位）
0	101	1
1	—	0
2	254	1

假没，页面大小为 4 KB，一次内存的访问时间是 100 ns，一次快表（TLB）的访问时间是 10 ns，处理一次缺页的平均时间为 108 ns（已含更新 TLB 和页表的时间），进程的驻留集大小固定为 2，采用最近最少使用置换算法（LRU）和局部淘汰策略。

假设　①TLB 初始为空；②地址转换时先访问 TLB，若 TLB 未命中，再访问页表（忽略访问页表之后的 TLB 更新时间）；③有效位为 0 表示页面不在内存，产生缺页中断，缺页中断处理后，返回到产生缺页中断的指令处重新执行。设有虚地址访问序列 2362H、1565H、25A5H，请问：

（1）依次访问上述 3 个虚地址，各需多少时间？给出计算过程。

（2）基于上述访问序列，虚地址 1565H 的物理地址是多少？请说明理由。

2. 在一个请求分页系统中，采用 LRU 页面置换算法时，假如一个作业的页面走向为 4,3,2,1,4,3,5,4,3,2,1,5，当分配给该作业的物理块数 M 分别为 3 和 4 时，试计算访问过程中所发生的缺页次数和缺页率？比较所得结果？

3. 设某计算机的逻辑地址空间和物理地址空间均为 64 KB，按字节编址。某个进程最多需要 4 页的数据存储空间，页的大小为 1 KB，操作系统采用固定分配局部置换策略为此进程分配 4 个页框，如下表所示。

某时刻某进程的页表

页　　号	页　框　号	装入时间	访　问　位
0	7	130	1
1	4	230	1
2	2	200	1
3	9	160	1

当该进程执行到时刻 260 时，要访问逻辑地址为 17CAH 的数据。请回答下列问题：

（1）该逻辑地址对应的页号是多少？

（2）若采用先进先出（FIFO）置换算法，该逻辑地址对应的物理地址？要求给出计算过程。

（3）采用时钟（Clock）置换算法，该逻辑地址对应的物理地址是多少？要求给出计算过程。（设搜索下一页的指针按顺时针方向移动，且指向当前 2 号页框，示意图如右）

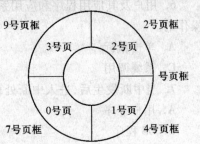

第五章　设　备　管　理

知识点概要

（1）I/O 系统组成，外设的控制方式。

（2）缓冲区及其管理。

（3）设备分配及其处理。

（4）要求掌握 I/O 系统组成、控制方式，缓冲管理，设备分配及其处理。

（5）了解 SPOOLING 技术（假脱机操作）。

一、单项选择题

1. 操作系统中设备管理部分的主要作用是（　　）。

A. 管理设备　　　　　　　　　B. 提供操作命令

C. 管理文件　　　　　　　　　D. 为用户提供使用计算机的接口，管理计算机的资源

2. 本地用户通过键盘登录系统时，首先获得键盘输入信息的程序是（　　）。

A. 命令解释程序　　　　　　　B. 中断处理程序

C. 系统调用程序　　　　　　　D. 用户登录程序

3. 程序员利用系统调用打开 I/O 设备时，通常使用的设备标志是（　　）。

A. 逻辑设备名　　　　　　　　　B. 物理设备名

C. 主设备号　　　　　　　　　　D. 从设备号

4. 在用户程序中要将一个字符送到显示器上显示,使用操作系统提供的(　　)接口。

A. 系统调用　　　　　　　　　　B. 函数

C. 原语　　　　　　　　　　　　D. 子程序

5. 为解决计算机与打印机之间速度不匹配的问题,通常设置一个打印数据缓冲区,主机将要输出的数据依次写入该缓冲区,而打印机则依次从该缓冲区中取出数据。该缓冲区的逻辑结构应该是(　　)。

A. 栈　　　　　　　　　　　　　B. 队列

C. 树　　　　　　　　　　　　　D. 图

6. 用户及其应用程序和应用系统是通过(　　)提供的支持和服务来使用系统资源完成其操作的。

A. 单击鼠标　　　　　　　　　　B. 键盘命令

C. 系统调用　　　　　　　　　　D. 图形用户界面

7. 当中断发生后,进入中断处理的程序属于(　　)。

A. 用户程序　　　　　　　　　　B. 可能是用户程序,也可能是 OS 程序

C. OS 程序　　　　　　　　　　 D. 单独的程序,既不是用户程序,也不是 OS 程序

8. 使用 SPOOLing 系统的目的是为了提高(　　)的使用效率。

A. 操作系统　　　　　　　　　　B. 内存

C. CPU　　　　　　　　　　　　D. I/O 设备

9. 用户可以通过(　　)两种方式来使用计算机。

A. 命令方式和函数方式　　　　　B. 命令方式和系统调用方式

C. 命令方式和文件管理方式　　　D. 设备管理方式和系统调用方式

二、综合应用题

1. 分别对字节多路通道、数据选择通道和数组多路通道进行解释。

2. 试分析说明因通道不足而产生的瓶颈问题如何解决?

3. 试说明 DMA 的工作流程。

4. 说明为什么在单缓冲情况下,系统对一块数据的处理时间为 $\max(C,T)+M$? 而在双缓冲情况下,系统对一块数据的处理时间为 $\max(C,T)$?

5. 计算机系统中,断点、恢复点与 PC 寄存器之间的关系是什么? 特殊的中断处理程序不一定从恢复点位置开始执行,举例说明为什么?

6. 试说明收容输入工作缓冲区和提取输出工作缓冲区的工作过程。

7. 假设计算机系统采用 CSCAN(循环扫描)磁盘调度策略,使用 2 KB 的内存空间记录 16384 个磁盘的空闲状态。

(1) 请说明在上述条件如何进行磁盘块空闲状态的管理。

(2) 设某单面磁盘的旋转速度为 6 000 rpm,每个磁道有 100 个扇区,相临磁道间的平均移动的时间为 1 ms。

若在某时刻,磁头位于 100 号磁道处,并沿着磁道号增大的方向移动(如下图所示),磁道号的请求队列为 50,90,30,120,对请求队列中的每个磁道需读取 1 个随机分布的扇区,则读完这个扇区点共需要多少时间? 需要给出计算过程。

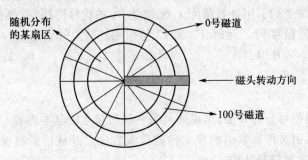

随机分布
的某扇区

0号磁道

磁头转动方向

100号磁道

第六章 文件管理

知识点概要

(1) 文件系统的基本概念、文件的逻辑结构与物理结构。

(2) 文件组织方式、操作原理与过程。

(3) 文件目录的作用及其组织方式与管理技术。

(4) 文件共享和文件保护。

(5) 要求掌握全部内容。

一、单项选择题

1. 假设文件索引节点中有 7 个地址项,其中 4 个地址为直接地址索引,1 个地址项是二级间接地址索引,每个地址项的大小为 4 字节,若磁盘索引块和磁盘数据块大小均为 256 字节,则可表示的单个文件最大长度是(　　)。

A. 33 KB　　　　　　　　　　　　B. 519 KB

C. 1 057 KB　　　　　　　　　　 D. 16 513 KB

2. 设立当前工作目录的主要目的是(　　)。

A. 节省外存空间　　　　　　　　 B. 节省内存空间

C. 加快文件的检索速度　　　　　 D. 加快文件的读写速度

3. 下列文件物理结构中,适合随机访问且易于文件扩展的是(　　)。

A. 连续结构　B. 索引结构　C. 链式结构且磁盘块定长　D. 链式结构且磁盘块变长

4. 假设磁头当前位于第 105 道,正在向磁道序号增加的方向移动。现有一个磁道访问请求序列为 35,45,12,68,110,180,170,195,采用 SCAN 调度(电梯调度)算法得到的磁道访问序列是(　　)。

A. 110,170,180,195,68,45,35,12　　B. 110,68,45,35,12,170,180,195

C. 110,170,180,195,12,35,45,68　　D. 12,35,45,68,110,170,180,195

5. 文件系统中,文件访问控制信息存储的合理位置是(　　　)。

A. 文件控制块 　　　　　　　　 B. 文件分配表

C. 用户口令表 　　　　　　　　 D. 系统注册表

6. 假设文件 F1 的当前引用计数值为 1,先建立 F1 的符号链接(软链接)文件 F2,再建立 F1 的硬链接文件 F3,然后删除 F1。此时,F2 和 F3 的引用计数值分别是(　　　)。

A. 0,1 　　　　　　 B. 1,1 　　　　　　 C. 1,2 　　　　　　 D. 2,1

二、综合应用题

1. 文件系统的模型可分为 3 层,试说明其每一层所包含的基本内容。

2. 试说明关于索引文件和索引顺序文件的检索方法。并从检索速度和存储费用两方面对索引文件和索引顺序文件进行比较。

3. 解释关于树形目录结构采用线性检索法的检索过程。

4. 空闲磁盘空间的管理常采用哪几种方式? UNIX 系统采用的是何种方式?

5. 试分析在第一级磁盘容错技术和第二级磁盘容错技术中,各采取了包括那些容错措施?什么是写后读校验?

第七章　　操作系统接口

知识点概要

(1) 掌握命令接口、程序接口、图形接口等操作系统提供的接口的作用于表现形式。

(2) 要求掌握命令接口、程序接口的设计原理及其使用方式。

一、单项选择题

1. 操作系统提供的各类接口的主要作用是(　　　)。

A. 管理设备 　　　　　　　　 B. 提供操作命令

C. 管理文件 　　　　　　　　 D. 为用户提供使用计算机的接口,方便用户管理计算机的资源

2. 在操作系统中,程序接口只能由用户在(　　　)中使用。

A. 程序中调用 　　　　　　　 B. 键盘操作

C. 语音命令 　　　　　　　　 D. 图形方式使用

3. 系统调用是操作系统提供给用户的(　　　)接口。

A. 程序类操作 　　　　　　　 B. 命令方式操作

C. 图形方式的操作 　　　　　 D. 操作系统程序

4. 在用户程序中要将一个字符送到显示器上显示,使用操作系统提供的(　　　)接口。

A. 系统调用 　　　　　　　　 B. 函数

C. 原语 　　　　　　　　　　 D. 子程序

5. 用户的应用程序是通过(　　　)提供的支持和服务来使用系统资源完成其操作的。

A. 单击鼠标　　　　　　　　　　　　B. 键盘命令

C. 系统调用　　　　　　　　　　　　D. 图形用户界面

6. 系统调用是(　　)。

A. 一条机器指令　　　　　　　　　　B. 提供给编程人员的接口

C. 中断子程序　　　　　　　　　　　D. 用户子程序

7. 当中断发生后,进入中断处理的程序属于(　　)。

A. 用户程序

B. OS 程序

C. 可能是用户程序,也可能是 OS 程序

D. 单独的程序,既不是用户程序,也不是 OS 程序

8. 下列选项中,操作系统提供的给予程序的接口是(　　)。

A. 系统调用　　　　　　　　　　　　B. 中断

C. 库函数　　　　　　　　　　　　　D. 原语

9. 本地用户通过键盘登录系统时,首先获得键盘输入信息的程序是(　　)。

A. 命令解释程序　　　　　　　　　　B. 中断处理程序

C. 系统调用程序　　　　　　　　　　D. 用户登录程序

10. 计算机联机命令由(　　)组成。

A. 一组联机命令　　　　　　　　　　B. 终端处理程序

C. 命令解释程序　　　　　　　　　　D. 以上 3 个部分

11. 操作系统与用户的接口包括(　　)和系统调用。

A. 编译程序　　　　　　　　　　　　B. 作业调度

C. 进程调度　　　　　　　　　　　　D. 作业控制

二、综合应用题

1. 请举例说明什么是输入/输出重定向。

2. 请举例说明什么是管道联结。

3. 请给出 MS DOS 的命令解释程序 COMMAND. COM 的工作流程。

4. 请比较系统调用与一般过程调用之间相同与不同之处。

5. 系统调用包括哪些类型?

6. 试说明系统调用的一般处理过程。

第四部分　计算机网络

第一章　计算机网络体系结构

知识点概要

1. 计算机网络概述

计算机网络的概念、组成与功能;计算机网络的分类;计算机网络与互联网的发展历史;计算机网络的标准化工作及相关组织。

2. 计算机网络体系结构与参考模型

计算机网络分层结构;计算机网络协议、接口、服务等概念;ISO/OSI 参考模型和 TCP/IP 模型。

一、单项选择题

1. 网络硬件中,通信子网的主要组成是( )。

A. 主机和局域网　　　　　　　　　B. 网络节点和通信链路

C. 网络体系结构和网络协议　　　　D. 通信链路和终端

2. 下列说法中,正确的是( )。

A. 网络层的协议是网络层内部处理数据的规定

B. 接口实现的是人与计算机之间的交互

C. 在应用层与网络层之间的接口上交换的是包

D. 上一层的协议数据单元就是下一层的服务数据单元

3. 为了使两个采用不同高层协议的主机能通信,在两个网络之间要采用( )。

A. 交换机　　　　B. 网桥　　　　C. 网关　　　　D. 路由器

4. 在 TCP/IP 协议栈中,解决主机之间通信问题的是( )。

A. 网络接口层　　B. 网络层　　　C. 传输层　　　D. 应用层

5. 中继器属于( )。

A. 数据链路层　　　　　　　　　　B. 网络层

C. 介质访问控制子层　　　　　　　D. 物理层

6. 在网络的分类标准中,影响网络传输技术、组网方式以及管理和运营方式的标准是( )。

A. 拓扑结构　　B. 使用目的　　　C. 传输技术　　　D. 物理范围

7. 在制定网络标准的组织当中,负责因特网域名和地址管理的机构是( )。

A. ISO　　　　　　B. IEEE　　　　　C. IANA　　　　　D. ISOC

8. 分组交换技术首先出现在(　　)。

A. ARPANET　　　　B. MILNET　　　　C. NSFNET　　　　D. Internet

9. 在分层的网络体系结构中,下一层实体向上一层实体提供服务是通过(　　)。

A. 接口　　　　　　B. SDU　　　　　　C. SAP　　　　　　D. PCI

10. 在下列关于分层体系结构的说法中,不正确的是(　　)。

A. 各层之间只要接口关系不变,某一层改变时,其上下层不受影响

B. 结构分离使得实现和维护变得容易

C. 层次越多越灵活,效率越高

D. 各层功能的定义独立于具体实现的方法

11. 在计算机网络协议中(　　)规定了数据和控制信息的格式。

A. 语义实体　　　　B. 语法　　　　　C. 服务　　　　　D. 词法

12. 对于可靠服务和不可靠服务,正确的理解是(　　)。

A. 可靠服务是通过高质量的连接线路来保证数据可靠传输

B. 如果网络是不可靠的,那么用户只能冒险使用并无更好的办法

C. 可靠性是相对的,也不一定完全保证数据准确传输到目的地

D. 对于不可靠的网络,可以通过应用或用户来保障数据传输的正确性

13. 在 OSI 参考模型中,完成数据压缩的层是(　　)。

A. 网络层　　　　　B. 传输层　　　　C. 会话层　　　　D. 表示层

14. 在 OSI 参考模型中,负责数据从源节点到目的节点传输的层是(　　)。

A. 网络层　　　　　B. 传输层　　　　C. 会话层　　　　D. 表示层

15. 对于 OSI 参考模型的低三层,TCP/IP 参考模型内对应的层次有(　　)。

A. 传输层、互联网层、网络接口层

B. 互联网层、网络接口层

C. 网络层、数据链路层、物理层

D. 传输层、网络接口层、物理层

16. 下列协议中,不属于 TCP/IP 参考模型中互联网层的协议有(　　)。

A. IP　　　　　　　B. SNMP　　　　　C. ICMP　　　　　D. RARP

17. 在 OSI 参考模型中,当数据从一个系统上的用户 A 传递到远程另外一个系统的用户 B 时,不对数据进行封装的层次是(　　)。

A. 物理层　　　　　　　　　　　B. 数据链路层

C. 网络层　　　　　　　　　　　D. 传输层

18. 当两台计算机进行文件传输时,为了中间出现网络故障而重传整个文件的情况,可以通过在文件中插入同步点来解决,这个动作发生在(　　)。

A. 表示层　　　　　B. 会话层　　　　C. 网络层　　　　D. 应用层

19. 对于 OSI 参考模型和 TCP/IP 参考模型在网络层和传输层的提供的服务,正确的说法是(　　)。

A. OSI 模型在传输层提供无连接和面向连接的服务,在网络层提供无连接服务

B. TCP/IP 模型在网络层提供无连接服务,在传输层提供无连接和面向连接的服务

C. OSI 模型在网络层和传输层均可提供无连接和面向连接的服务

D. TCP/IP 模型在网络层和传输层均可提供无连接和面向连接的服务

20. 下列关于 TCP/IP 参考模型的说法中,不正确的是(　　　)。

A. TCP/IP 参考模型是因特网事实上的标准

B. TCP/IP 参考模型是在 OSI 参考模型基础之上发展起来的,是一个协议的集合

C. TCP/IP 参考模型对其中 4 个层次都定义了相应的协议和功能

D. TCP/IP 参考模型可以实现异构网络之间的数据通信

二、综合应用题

在网络中提供的服务有可靠服务和不可靠服务,请评述如何理解这两种服务在网络数据传输中的作用。

第二章　物　理　层

知识点概要

1. 通信基础

信道、信号、带宽、码元、波特、速率、时延、多路复用等基本概念;奈奎斯特定理与香农定理;编码与调制;电路交换、报文交换与分组交换;数据报与虚电路。

2. 传输介质

双绞线、同轴电缆、光纤与无线传输介质;物理层接口的特性。

3. 物理层设备

中继器、集线器。

一、单项选择题

1. 关于数据和信号,正确的说法是(　　　)。

A. 模拟数据和数字数据只能分别用模拟信号和数字信号来传输

B. 模拟数据和数字数据可以既用模拟信又用数字信号来传输

C. 计算机网络中只能传输数字数据不能传输模拟数据

D. 模拟信号和数字信号不能互相转换

2. 如果要实现半双工的通信,那么通信双方之间至少需要(　　　)。

A. 1 条信道　　　　B. 2 条物理线路　　　　C. 2 条信道　　　　D. 1 条物理线路

3. 带宽的单位是(　　　)。

A. 赫兹　　　　B. 波特　　　　C. 比特　　　　D. 码元

4. 某信道带宽为 10 kHz,编码采用 32 种不同的物理状态来表示数据,则无噪声环境下,该信道的最大数据传输速率是(　　　)。

A. 50 kbps　　　　B. 100 kbps　　　　C. 200 kbps　　　　D. 400 kbps

5. 在带宽为 4 kHz 的信道上,如果有 4 种不同的物理状态来表示数据,若信噪比 S/N 为 30 dB,按香农定理,最大限制的数据速率为(   )。

A. 6 kbps   B. 16 kbps   C. 40 kbps   D. 56 kbps

6. 如果有 2000 比特的数据通过一个 1 Mbps 的网卡进行传输,所产生的发送时延是(   )。

A. 2 s   B. 0.2 s   C. 0.02 s   D. 0.002 s

7. 如果采用同步 TDM 方式通信,为了区分不同数据源的数据,发送端应该采取的措施是(   )。

A. 在数据中加上数据源标志   B. 在数据供加上时间标志
C. 各数据源使用固定的时间片   D. 个数据源使用随机时间片

8. 与同步 TDM 相比,统计 TDM 需要解决的特殊问题是(   )。

A. 性能问题   B. 线路利用率问题   C. 成帧与同步   D. 差错控制

9. 在脉冲起始时刻,有无跳变来表示"0"和"1",在脉冲中间时刻始终发生跳变的编码是(   )。

A. 非归零码   B. 曼彻斯特编码   C. 差分曼彻斯特编码   D. 8B/10B

10. 两台计算机利用电话线路传输数据时,必备的设备是(   )。

A. 调制解调器   B. 网卡   C. 中继器   D. 集线器

11. 可以将模拟数据编码为数字信号的方法有(   )。

A. PCM   B. PSK   C. QAM   D. 曼彻斯特编码

12. 调制解调器使用幅移键控和相移键控,在波特率 1 000 波特的情况下数据速率达 4 000 bps,若采用 4 种相位,则每种相位有(   )个幅值。

A. 2   B. 3   C. 4   D. 5

13. 在通信子网中,不采用"存储-转发"的交换技术是(   )。

A. 电路交换   B. 报文交换   C. 虚电路   D. 数据报

14. 在数据交换过程中,报文的内容不按顺序到达目的节点的是(   )。

A. 电路交换   B. 报文交换   C. 虚电路   D. 数据报

15. 下列关于虚电路的说法中,错误的是(   )。

A. 数据传输过程中,所有分组均按照相同路径传输
B. 资源利用率高
C. 每个分组的占用线路的开销比数据报方式要小
D. 存在一定的延迟,主要原因是在交换机之间分组存储-转发造成的延迟

16. 超 5 类双绞线可提供的带宽是(   )。

A. 10 MHz   B. 20 MHz   C. 100 MHz   D. 1 000 MHz

17. 多模光纤的特点不包括(   )。

A. 光源为发光二极管,定向性差   B. 导光原理为光的全反射特性
C. 光以不同的角度在其纤芯中反射   D. 纤芯的直径比光波的波长还要细

18. 物理层规程特性描述的是(   )。

A. 接口的形状和尺寸、引线的数目和排列等信息

B. 接口电缆的各条线上出现的电压范围

C. 某条线上出现的某一电平表示的意义

D. 对不同功能的各种可能时间的出现顺序进行描述

19. 下列关于 RS-449 接口的说法中,不正确的是(　　　)。

A. RS-449 增加了新的非平衡型和新的平衡型两种电气特性

B. RS-449 只是用了一种 37 针的连接器

C. RS-449 定义了 30 条信号线

D. RS-449 的规程特性以 EIA-232-E 的基本规程特性为基础

20. 下列关于中继器和集线器的说法中,不正确的是(　　　)。

A. 二者都工作在 OSI 参考模型的物理层

B. 二者都可以对信号进行放大和整形

C. 通过中继器或集线器互联的网段数量不受限制

D. 中继器通常只有 2 个端口,而集线器通常有 4 个或者更多端口

二、综合应用题

1. 如果一个二进制比特序列为 11001,若定义码元 1 在时钟周期内为前低后高,请画出其曼彻斯特编码和差分曼彻斯特编码。

2. 在一个网络中,采用虚电路的方式传输数据,分组的头部长度为 x 位,数据部分长度为 y。现在若有 $L(L \gg y)$ 位的报文通过该网络传送。信源和信宿之间的物理线路数为 k,每条线路上的传输时延为 d s,数据传输率为 s bps,虚电路的建立时间为 t s,每个中间节点有 m s 的平均处理时延。请问从信源开始发送分组直到信宿全部收到全部分组所需要的时间是多少?

第三章　数据链路层

知识点概要

1. 数据链路层基本概念

数据链路层功能;组帧方法。

2. 差错控制

检错编码;纠错编码。

3. 流量控制与可靠传输机制

流量控制、可靠传输与滑轮窗口机制;停止-等待协议;后退 N 帧协议;选择重传协议。

4. 介质访问控制

信道划分介质访问控制;随机访问介质访问控制;轮询访问介质访问控制。

5. 局域网

局域网的基本概念与体系结构;以太网与 IEEE802.3;IEEE802.11;令牌环网的基本原理。

6. 广域网

广域网的基本概念;PPP 协议;HDLC 协议。

7. 数据链路层设备

网桥的概念及基本原理;局域网交换机及其工作原理。

一、单项选择题

1. 下列服务中(　　)不属于数据链路层为网络层提供的服务中。

A. 有确认的面向连接的服务　　　　B. 无确认的面向连接的服务

C. 有确认的无连接服务　　　　　　D. 无确认的无连接服务

2. 下列功能中不属于数据链路层功能的是(　　)。

A. 组帧　　　　　B. 差错控制　　　　C. 流量控制　　　　D. 拥塞控制

3. 接收方收到一个帧的比特序列为 011111101011111010101111110,如果采用比特填充法进行组帧,则原始的数据比特流为(　　)。

A. 01111110　　　B. 10111111　　　C. 101111101　　　D. 0101111110

4. 组帧的最主要目的是(　　)。

A. 可以提高传输效率　　　　　　　B. 进行拥塞控制

C. 进行差错控制　　　　　　　　　D. 进行寻址

5. 在数据帧的传输过程中,如果出现个别位的传输错误,可以采用的检验方式是(　　)。

A. 计时器　　　　B. 编号　　　　C. 自动重传　　　　D. CRC 校验码

6. 已知信息字段为 1101001,生成多项式为 $G(x) = x^4 + x + 1$,则对应的 CRC 校验码为(　　)。

A. 11001　　　　B. 1011　　　　C. 0011　　　　D. 10010

7. 流量控制实际上是对(　　)的控制。

A. 发送方的数据流量　　　　　　　B. 接收方的数据流量

C. 发送方、接收方的数据流量　　　D. 链路上任意两节点间的数据流量

8. 若数据链路的发送窗口尺寸为 3,在发送 2 号帧,并且得到 1 号帧的确认帧之后,发送方还可以连续发送(　　)帧。

A. 1 个　　　　B. 2 个　　　　C. 3 个　　　　D. 4 个

9. 在局域网中广泛使用的差错控制方法是循环冗余编码,在接收端发现错误后采取的措施是(　　)。

A. 自动纠错　　　B. 自动请求重发　　C. 不发送任何帧　　D. 返回错误帧

10. 一个信道的数据传输率为 8 kbps,单向传播时延为 30 ms,如果使停止-等待协议的信道最大利用率达到 80%,要求的数据帧长度至少为(　　)。

A. 160 b　　　　B. 320 b　　　　C. 560 b　　　　D. 960 b

11. 在后退 N 帧协议中,当帧序号为 4 比特,发送窗口的最大尺寸为(　　)。

A. 13　　　　B. 14　　　　C. 15　　　　D. 16

12. 在选择重传协议中,当帧序号字段为 4 比特,且接收窗口与发送窗口尺寸相同时,发送窗口的最大尺寸为(　　)。

A. 5　　　　B. 6　　　　C. 7　　　　D. 8

13. 表面上看,FDM 比 TDM 能更好地利用信道的传输能力,但是计算机网络中更多地使用

TDM 而不是 FDM,其主要原因是( )。

　　A. FDM 实际信道利用率并不高　　　　　B. TDM 更适合传输数字信号

　　C. FDM 传输错误较多　　　　　　　　　D. TDM 能更充分利用带宽

14. 下列不属于随机访问介质访问控制的是( )。

　　A. 时隙 ALOHA　　　B. CSMA　　　　C. CSMA/CD　　　D. 令牌传递

15. 无线局域网不使用 CSMA/CD,而使用 CSMA/CA 的原因是( )。

　　A. 不能同时收发,无法在发送时接收信号

　　B. 不需要在发送过程中进行冲突检测

　　C. 无线信号的广播特性,使得不会出现冲突

　　D. 覆盖范围很小,不进行冲突检测不影响正确性

16. 下列功能中不属于 LLC 子层功能的是( )。

　　A. 数据帧编号　　　　　　　　　　　　B. 提供与网络层的接口

　　C. 媒体的访问控制　　　　　　　　　　D. 逻辑链路建立

17. 以太网交换机根据( )转发数据帧。

　　A. IP 地址　　　　B. MAC 地址　　　C. LLC 地址　　　D. 端口号

18. 下列标准中,关于千兆位以太网的标准是( )。

　　A. 802.3i　　　B. 802.3u　　　C. 802.3z　　　D. 802.3ae

19. IEEE 802.11 标准中使用的直接序列扩频(DSSS)和跳频扩频(FHSS)技术可以工作在( )的 ISM 频段。

　　A. 800 MHz　　　B. 2.4 GHz　　　C. 4.8 GHz　　　D. 19.2 GHz

20. 下列关于令牌环网的说法中,不正确的是( )。

　　A. 媒体的利用率比较公平

　　B. 重负载下信道利用率高

　　C. 节点可以一直持有令牌直至所要发送的数据传输完毕

　　D. 令牌是指一种特殊的控制帧

21. HDLC 的帧格式中,帧校验序列字段占( )。

　　A. 1 比特　　　B. 8 比特　　　C. 16 比特　　　D. 24 比特

22. 为实现透明传输,PPP 协议使用的填充方法是( )。

　　A. 位填充

　　B. 字符填充

　　C. 对字符数据使用字符填充,对非字符数据使用位填充

　　D. 对字符数据使用位填充,对非字符数据使用字符填充

23. 广域网中,转发分组的设备是( )。

　　A. 路由器　　　B. 中继器　　　C. 节点交换机　　D. 网桥

24. 不同网络设备传输数据的延迟时间是不同的,下面设备中,传输延迟时间最大的是( )。

　　A. 局域网交换机　　B. 路由器　　　C. 集线器　　　D. 网桥

25. 下列选项中,参与网桥转发数据帧的( )。

A. 源地址和目的地址

B. 目的地址和端口-节点地址表

C. 端口-节点地址表

D. 源地址、目的地址和端口-节点地址表

26. 局域网交换机首先完整地接收数据帧,并进行差错检测。如果没有差错,则根据帧的目的地址确定输出端口号再转发出去。这种交换方式是(　　　)。

A. 直接交换　　　　　　　　　B. 改进的直接交换

C. 存储转发交换　　　　　　　D. 查询交换

二、综合应用题

1. 设 A、B 两站相距 4 km,使用 CSMA/CD 协议,信号在网络上的传播速度为 200 000 km/s,两站发送速率为 100 Mbps,A 先发送数据,如果发生碰撞,则:

(1) 最先发送数据的 A 站最晚经过多长时间才检测到发生了碰撞?

(2) 检测到碰撞后,A 已经发送了多少位(假设 A 要发送的帧足够长)?

2. 若采用滑动窗口进行数据发送,发送窗口 $S_w = 5$,接收窗口 $R_w = 3$。并假设在传输过程中不会发生分组失序。则:

(1) 给出求帧序列号个数 SeqNum 最小值的方法。

(2) 给出一个例子,说明序列号个数为 SeqNum-1 是不够的。

第四章　网　络　层

知识点概要

1. 网络层的功能

异构网络互联;路由与转发;拥塞控制。

2. 路由算法

静态路由与动态路由;距离-向量路由算法;链路状态路由算法;层次路由。

3. IPv4

IPv4 分组;IPv4 地址与 NAT;子网划分与子网掩码、CIDR;ARP 协议、DHCP 协议与 ICMP 协议。

4. IPv6

IPv6 的主要特点;IPv6 地址。

5. 路由协议

自治系统;域内路由与域间路由;RIP 路由;OSPF 路由;BGP 路由。

6. IP 组播

组播的概念;移动 IP;移动 IP 的通信过程。

7. 网络层设备

路由器的组成和功能;路由表与路由转发。

一、单项选择题

1. 路由器连接的异构网络指的是( )。

A. 网络拓扑结构不同　　　　　　　　B. 网络中计算机操作系统不同

C. 数据链路层和物理层均不同　　　　D. 数据链路层协议相同,物理层协议不同

2. 路由器转发 IP 数据报而进行路由选择时,依据的是( )。

A. 源 IP 地址　　　B. 目的 IP 地址　　　C. 源硬件地址　　　D. 目的硬件地址

3. 下列因素中,不属于导致拥塞错误的原因是( )。

A. 网络负载太大　　　　　　　　　　B. 路由器处理速度慢

C. 路由器缓冲区不足　　　　　　　　D. 网桥转发速度慢

4. 关于静态路由选择和动态路由选择,错误的说法是( )。

A. 动态路由使用路由表,静态路由只需使用转发表

B. 动态路由能够较好地适应网络状态的变化,但是开销比较大

C. 静态路由通过人工来配置路由信息,动态路由使用路由选择协议来发现和维护路由信息

D. 静态路由适合在负荷稳定、拓扑结构变化不大的网络中运行

5. 下列路由选择协议中属于距离-向量协议的是( )。

A. OSPF　　　　　B. BGP　　　　　　C. RIP　　　　　　D. ICMP

6. IP 分组中的校验字段检查范围是( )。

A. 整个 IP 分组　　　　　　　　　　B. 仅检查分组首部

C. 仅检查数据部分　　　　　　　　　D. 以上皆检查

7. 在因特网中,B 类地址用几位表示网络号( )。

A. 2　　　　　　　B. 7　　　　　　　C. 14　　　　　　　D. 16

8. 若子网掩码是 255.255.192.0,那么下列主机必须通过路由器才能与主机 129.23.144.16 通信的是( )。

A. 129.23.191.21　　　　　　　　　B. 129.23.127.222

C. 129.23.130.33　　　　　　　　　D. 129.23.148.127

9. CIDR 协议的优点是( )。

A. IP 地址利用率高　　　　　　　　B. 子网划分更加灵活

C. 不仅可以划分子网,也能够合并超网　D. 以上均正确

10. 在 IP 数据报进行路由转发时,用来发现"下一跳"物理地址的协议是( )。

A. ARP　　　　　　B. ICMP　　　　　C. RIP　　　　　　D. IGP

11. 下列关于 ICMP 报文的说法中,错误的是( )。

A. ICMP 报文封装在 LLC 帧中发送　　B. ICMP 报文用于报告 IP 数据报发送错误

C. ICMP 报文封装在 IP 数据报中发送　D. ICMP 报文本身出错将不再处理

12. 如果 IPv4 的地址为 202.118.224.1,其对应的 IPv6 地址表示为( )。

A. ∷∷:202.118.224.1　　　　　　　B. ∷:202.118.224.1

C. .202.118.224.1　　　　　　　　D. 202.118.224.1∷

13. 自治系统 AS 内部使用的路由协议必须是( )。

A. OSPF   B. EGP   C. IGP   D. BGP

14. 某自治系统采用 RIP 协议,若该自治系统内的路由器 R1 收到其邻居路由器 R2 的距离矢量中包含的信息<net1,16>,则可能得出的结论是( )。

A. R2 可以经过 R1 到达 net1,跳数为 17

B. R2 可以经过 R1 到达 net1,跳数为 16

C. R1 可以经过 R2 到达 net1,跳数为 16

D. R1 不能经过 R2 到达 net1

15. BGP 称为外部网关协议的主要特征是( )。

A. 采用静态路由算法   B. 采用链路状态路由算法

C. 支持策略路由   D. 将每个 AS 视为一个节点

16. 下列地址中( )是 IPv4 组播地址。

A. 127.1.1.1   B. 130.251.24.32

C. 202.118.224.1   D. 232.152.49.18

17. 移动 IP 为移动主机设置了两个 IP 地址,分别称为( )。

A. 源地址和目的地址   B. 主地址和辅地址

C. 固定地址和移动地址   D. 永久地址和临时地址

18. 移动 IP 主机返回本地网时,必须( )。

A. 重新申请一个 IP 地址   B. 向本地代理注销辅地址

C. 撤销本地网的主地址,获取一个辅地址   D. 同时保留本地网主地址和辅地址

19. 路由器中计算路由信息的是( )。

A. 输入端口   B. 输出端口   C. 路由选择处理机   D. 交换结构

20. 下面的网络设备中,能够抑制网络风暴的是( )。

A. 中继器和集线器 B. 网桥   C. 网桥和路由器   D. 路由器

二、综合应用题

1. 一个 IP 数据报的总长度为 1 420 字节(固定首部长度)。经过一个网络传输,该网络的最大传输单元 MTU=532 字节。问该数据报应该划分成几个分段? 每个分段的数据字段长度、分段偏移和 MF 标志值分别是多少?

2. 设有 A、B、C、D 4 台主机处于同一物理网络中,主机 A 的 IP 地址为 192.155.12.112,主机 B 的 IP 地址为 192.155.12.120,主机 C 的 IP 地址为 192.155.12.176,主机 D 的 IP 地址为 192.155.12.222。共同的子网掩码是 255.255.255.224。请回答下列问题:

(1) A、B、C、D 4 台主机之间哪些可以直接通信? 哪些需要设置路由器才能通信,请画出网络连接示意图,并标注各个主机的子网地址和主机地址。

(2) 如果需要加入第 5 台主机 E,使其能与主机 D 直接通信,其 IP 地址的设定范围是多少?

(3) 不改变主机 A 的物理地址,将其 IP 地址改为 192.155.12.168,请问它的直接广播地址是多少?

第五章　传　输　层

知识点概要

1. 传输层提供的服务

传输层的功能;传输层寻址与端口;无连接服务与面向连接服务。

2. UDP 协议

UDP 数据报;UDP 校验。

3. TCP 协议

TCP 段;TCP 连接管理;TCP 可靠传输;TCP 流量控制与拥塞控制。

一、单项选择题

1. 传输层的作用是向源主机和目的主机之间提供"端对端"的逻辑通信,其中"端对端"的含义是(　　　)。

A. 源主机网卡到目的主机网卡之间

B. 操作源主机的用户和目的主机的用户之间

C. 源主机和目的主机的进程之间

D. 源主机所在网络和目的主机所在网络之间

2. 传输层通信中,关于端口正确的理解是(　　　)。

A. 网卡接口　　　　　　　　　　　　B. 传输层的服务访问点

C. 应用程序接口　　　　　　　　　　D. 路由器的端口

3. 传输层通过(　　　)来标示不同的应用进程。

A. 物理地址　　　　B. 端口号　　　　C. IP 地址　　　　D. 逻辑地址

4. 传输层中,"熟知端口号"的范围是(　　　)。

A. 0 ~ 127　　　　B. 0 ~ 255　　　　C. 0 ~ 511　　　　D. 0 ~ 1023

5. 面向连接的服务特性是(　　　)。

A. 不保证可靠和顺序　　　　　　　　B. 不保证可靠,但保证顺序

C. 保证可靠,但不保证顺序　　　　　D. 保证可靠和顺序

6. 对于无连接服务,说法错误的是(　　　)。

A. 信息的传递在网上是尽力而为的方式

B. 相比面向连接的服务,效率和实时性更好

C. 由于会出现传输错误,因此几乎不被采用

D. 常用在通信子网可靠的环境中,开销小、效率高

7. 下列选项中,(　　　)是用于计算 UDP 检验和字段值的,不属于 UDP 数据报的内容。

A. UDP 伪首部　　　B. UDP 数据部分　　C. UDP 长度字段　　D. UDP 源端口号

8. 下列协议中使用 UDP 作为传输层协议的是(　　　)。

A. SMTP　　　　　B. TELNET　　　　C. FTP　　　　　　D. SNMP

9. UDP 数据报的最短长度是(　　　)。

A. 2 B　　　　　　B. 6 B　　　　　　C. 8 B　　　　　　D. 16 B

10. 建立 TCP 连接时,需要通信双方之间交换(　　　)个数据段。

A. 1　　　　　　B. 2　　　　　　C. 3　　　　　　D. 4

11. TCP 协议传输数据的单位是(　　　)。

A. IP 数据报　　　B. 报文段　　　　C. 字节流　　　　D. 比特流

12. 如果 TCP 报文段中(　　　)字段为 1,则说明此报文段有紧急数据,需要尽快被传送。

A. ACK　　　　　B. RST　　　　　C. FIN　　　　　D. URG

13. TCP 协议为了解决端对端的流量控制,引入了(　　　)来解决。

A. 差错控制　　　B. 滑动窗口协议　　C. 超时重传　　　D. 重复确认

14. TCP 协议中,发送双方发送报文的初始序号分别为 X 和 Y,发送方发送给接收方报文中,正确的字段是(　　　)。

A. SYN = 1,序号 = X　　　　　　B. SYN = 1,序号 = X+1,ACK_X = 1

C. SYN = 1,序号 = Y　　　　　　D. SYN = 1,序号 = Y,ACK_{Y+1} = 1

15. 下列协议中只以 TCP 作为传输层协议的是(　　　)。

A. SNMP　　　　B. POP3　　　　C. TFTP　　　　D. DNS

16. 主机甲和主机乙之间已经建立了一个 TCP 连接,TCP 最大段的长度为 1 000 字节,若主机甲当前的拥塞窗口为 4 000 字节,在主机甲向主机乙连续发送 2 个最大段后,成功收到主机乙发送的第一段的确认段,确认段中通告的接收窗口大小为 2 000 字节,则此时主机甲还可以向主机乙发送的最大字节数是(　　　)。

A. 1 000　　　　B. 2 000　　　　C. 3 000　　　　D. 4 000

17. 一个 TCP 连接总是以 1 KB 的最大段长度发送 TCP 段,发送方有足够多的数据要发送。当拥塞窗口为 16 KB 是发生了超时,如果接下来的 4 个 RTT 时间内的 TCP 段的传输都成功,那么当第 4 个 RTT 时间内发送的所有 TCP 段都得到肯定应答时,拥塞窗口大小是(　　　)。

A. 7 KB　　　　B. 8 KB　　　　C. 9 KB　　　　D. 16 KB

二、综合应用题

1. 设想从主机 A 到主机 B 发送一个长度为 L 字节的大文件,假设最大报文段长度为 1 460 字节。

(1) 使得 TCP 顺序号不被耗尽的 L 的最大值是多少?

(2) 对于(1)中的 L 找出要传送这个文件需要花费的时间长度。假设最后的分组在通过 10 Mbps 的链路发送出去之前,每个数据段都被加入总共 66 字节的传输、网络和数据链路的首部。

2. 一个 TCP 连接下面使用 256 kbps 的链路,其端对端的时延为 128 ms。经测试,发现吞吐量只有 120 kbps。请问发送窗口是多少?

第六章　应　用　层

知识点概要

1. 网络应用模型

客户机/服务器模型；P2P 模型。

2. DNS 系统

层次域名空间；域名服务器；域名解析过程。

3. FTP

FTP 协议的工作原理；控制连接与数据连接。

4. 电子邮件

电子邮件系统的组成结构；电子邮件格式与 MIME；SMTP 协议与 POP3 协议。

5. WWW

WWW 的概念与组成结构；HTTP 协议。

一、单项选择题

1. 客户端/服务器模型的主要优点是（　　）。

A. 网络传输线路上只传送请求命令和执行结果，从而降低通信开销

B. 数据的安全性得到保障

C. 数据的完整性得到保障

D. 网络传输线路上只传输数据，降低了通信开销

2. 目前，P2P 网络存在 4 种主要的结构类型，其中集中目录式 P2P 网络结构的代表性软件是（　　）。

A. Bit torrent　　　　B. Guntella　　　　C. Napster　　　　D. Pastry

3. 网络中，各种资源被存放在网络的所有参与的结点中，每个结点在获得服务的同时，也为其他结点提供服务，这种网络应用模型称为（　　）。

A. 客户机/服务器模式　　　　　　　　B. P2P 模式

C. SMA/CD 模式　　　　　　　　　　D. 令牌模式

4. DNS 是基于（　　）模式的分布式系统。

A. C/S　　　　　B. P2P　　　　　C. B/S　　　　　D. 以上均不是

5. 下列选项中，不属于 DNS 系统的组成部分是（　　）。

A. 域名空间　　B. 域名服务器　　C. 解析器　　　　D. 浏览器

6. 对于下列域名，说法错误的是（　　）。

A. .com 指商业机构　　　　　　　　B. .net 指网络服务机构

C. .mil 指政府部门　　　　　　　　D. .edu 指教育及研究机构

7. 下列选项中不属于域名服务器类型的是（　　）。

A. 本地域名服务器　　　　　　　　B. 根域名服务器

C. 授权域名服务器　　　　　　　　　　D. 远程域名服务器

8. 关于对域名的理解,错误的是(　　　　)。

A. 域名可以方便记忆服务器的地址

B. 域名是按照层次树状结构来组织的

C. 因特网上每个组织都可以维护自己的域名及域名服务器

D. 域名代表了计算机所在的物理地点

9. 如果本地域名服务器无缓存,当采用递归方法解析另一个网络的某主机域名时,用户主机本地域名服务器发送的域名请求条数分别为(　　　　)。

A. 1 条,1 条　　　　B. 1 条,多条　　　　C. 多条,1 条　　　　D. 多条,多条

10. FTP 客户机和服务器之间一般需要建立(　　　　)个连接。

A. 1　　　　　　　B. 2　　　　　　　C. 3　　　　　　　D. 4

11. 下列关于 FTP 和 TFTP 的描述中,正确的是(　　　　)。

A. FTP 和 TFTP 都基于 TCP 协议

B. FTP 和 TFTP 都基于 UDP 协议

C. FTP 基于 TCP 协议,TFTP 基于 UDP 协议

D. FTP 基于 UDP 协议,TFTP 基于 TCP 协议

12. 在 FTP 会话中,当用户请求传送文件时,FTP 将在服务器的(　　　　)端口上打开一个数据 TCP 连接。

A. 20　　　　　　　B. 21　　　　　　　C. 22　　　　　　　D. 23

13. 下列功能中不属于电子邮件系统中用户代理的功能是(　　　　)。

A. 撰写　　　　　　B. 显示　　　　　　C. 处理　　　　　　D. 监控

14. 电子邮件目前广泛采用的协议主要有 3 种,下列哪个协议不在其中(　　　　)。

A. SMTP　　　　　B. POP3　　　　　C. IMAP　　　　　D. SNMP

15. 电子邮件的首部中包含一些关键字,其中哪一个关键字是必不可少的(　　　　)。

A. To　　　　　　　B. Subject　　　　　C. Cc　　　　　　　D. Reply-to

16. 如果用户想通过电子邮件发送一个图片,那么除了 SMTP 协议外,还需增加的协议是(　　　　)。

A. IMAP　　　　　　　　　　　　　B. MIME

C. POP3　　　　　　　　　　　　　D. 不需要增加任何协议

17. Internet 上,实现超文本传输的协议是(　　　　)。

A. Hypertext　　　　B. FTP　　　　　C. WWW　　　　　D. HTTP

18. 从协议分析的角度,WWW 服务的第一步操作是 WWW 浏览器对 WWW 服务器(　　　　)。

A. 请求地址解析　　　　　　　　　　B. 传输连接建立

C. 请求域名解析　　　　　　　　　　D. 会话连接建立

19. 下列哪种技术可以有效地降低访问 WWW 服务器的时延(　　　　)。

A. 高速传输线路　　　　　　　　　　B. 更快的 WWW 服务器 CPU 速度

C. WWW 高速缓存　　　　　　　　　D. SNMP

二、综合应用题

如果配置一个 DNS 服务器,必须考虑哪几个因素?

第一部分答案及解析

第一章 线 性 表

一、单项选择题

1.【答案】B

【解析】此题考查的知识点是语句执行的次数,即 i 的循环次数,设次数为 t,也就是 $2^t < n, t < \log_2 n$,所以选 B。A、C、D 均错。

2.【答案】C

【解析】此题考查的知识点是算法时间复杂度的定义。算法的时间复杂度取决于输入问题的规模和待处理数据的初态,所以选 C、A 和 B 都不全面。

3.【答案】B

【解析】此题考查的知识点是算法的定义。一个算法应该是问题求解步骤的描述,所以选 B。算法必须有结束,而程序不一定,所以 A 错,C 描述的是算法的特征不是定义,也错,D 自然错了。

4.【答案】C

【解析】此题考查的知识点是算法时间复杂度的理解。算法原地工作的含义是指需要额外的辅助空间为常量,所以 I 错,$O(n)$ 运行时间比 $O(2n)$ 好,所以 II 是正确的,算法的执行效率与语言级别无关,所以 IV 是错误的,III 描述的是时间复杂度的上限定义,正确。根据题意选 C。

5.【答案】C

【解析】此题考查的知识点是基本的数据结构。从逻辑上可以把数据结构分为线性数据结构、非线性数据结构两大类,所以选 C。A、B 描述的均为物理结构,而 D 描述的不是数据结构的内容。

6.【答案】D

【解析】此题考查的知识点是数据结构和存储结构的理解。A、B、C 描述的均为物理结构即数据的存储结构,D 是逻辑结构,所以选 D。

7.【答案】D

【解析】此题考查的知识点是线性结构的定义。线性结构的定义可简单地理解为元素只有一个前导,一个后继,而 A、B、C 有多个后继,均错,所以选 D。

8.【答案】A

【解析】此题考查的知识点是非线性数据结构的定义。A 是层次结构,为非线性数据结构;B、C、D 均为线性数据结构,所以选 A。

9.【答案】A

【解析】此题考查的知识点是存储单元问题。连续的存储单元一定连续,所以选 A。B、C、D 都错。

10.【答案】C

【解析】此题考查的知识点是对数据结构的逻辑结构理解。数据结构的逻辑结构是指数据之间的逻辑关系,不涉及存储结构。A、B、D 都是存储结构、C 是逻辑结构,所以选 C。

11.【答案】B

【解析】此题考查的知识点是线性表的存储结构及基本操作。线性表的顺序存储必须占用一片连续的存储单元,不利于进行插入和删除操作,A 描述正确,B 不正确;而链式存储不一定占连续的存储单元,利于插入和删除操作,所以 C、D 描述正确。根据题意选 B。

12.【答案】A

【解析】此题考查的知识点是线性表的存储结构对基本操作的时间影响。根据题意用 B、C、D 三种方法存储,在存取任一指定序号的元素时,要从头向后找,在最后进行插入和删除运算,B、D 可以直接操作,C 也要从头找。而 A 两种操作都可以直接操作,最省时间。所以选 A。

13.【答案】B

【解析】此题考查的知识点是线性表的存储结构对基本操作的时间影响。A、B、D 每次都要从头向后找到相应结点,而 C 就标识在最后一个结点,所以选 C。

14.【答案】B

【解析】此题考查的知识点是静态链表的定义。静态链表存储结构实际就是结构体数组,所以其指针表示的就是数组下标。A、C、D 描述的不准确,所以选 B。

15.【答案】C

【解析】此题考查的知识点是线性表基本操作的时间复杂性。顺序存储的线性表插入元素时需要从插入位置开始向后移动元素,腾出位置以便插入,平均移动次数为 $(n+1)/2$,所以复杂性为 $O(n)$,选 C。

16.【答案】C

【解析】此题考查的知识点是线性表基本操作的时间复杂度。链式存储的线性表访问第 i 个位置的元素时需要从头开始向后查找,平均查找次数为 $(n+1)/2$,所以复杂性为 $O(n)$,选 C。

17.【答案】A

【解析】此题考查的知识点是循环单链表的存储定义。非空的循环单链表的尾结点的指针指向头结点,所以选 A。B、C、D 均不能构成非空的循环单链表。

18.【答案】A

【解析】此题考查的知识点是双向链表的插入操作。在 p 前插入要修改 p 的 prior 指针,p 的 prior 所指结点的 next 指针,所以选 A。B、C、D 都将使地址丢失,连接失败。

19.【答案】B

【解析】此题考查的知识点是单链表的插入操作。要先保存 p 的后继结点,再连入 s 结点,所以选 B。A、C、D 都将使地址丢失,连接失败。

20.【答案】B

【解析】此题考查的知识点是带头结点的单链表操作。带头结点的单链表空的时候表示只有一个结点存在,但没有存信息。所以选 B。A 表示没有结点,C 表示循环单链表,D 表示有一个指针不为空,所以都不对。

二、综合应用题

1.【答案】栈和队列的逻辑结构相同,其存储表示也可相同(顺序存储和链式存储),但由于其运算集合不同而成为不同的数据结构。

【解析】此问题考查的知识点是数据结构的逻辑结构、物理结构的意义。

2.【答案】从小到大排列为:$\log_2 n$, $n^{1/2} + \log_2 n$, n, $n\log_2 n$, $n^2 + \log_2 n$, n^3, $n - n^3 + 7n^5$, $2^{n/2}$, $(3/2)^n$, $n!$。

【解析】此问题考查的知识点是算法时间复杂度的表示。其中常量阶<对数阶<线性阶<指数阶<幂次阶<阶乘阶。

3.【答案】单链表不可以,其他可以。双链表时间复杂度为 $O(1)$,单循环链表时间复杂度为 $O(n)$。

【解析】此问题考查的知识点是各类链表的基本操作。需要了解各类链表的存储结构,单链表只知 p 结点地址,无法知道其前驱地址,无法删除;双链表可以找到前驱地址为 p->prior,能删除;循环链表可以循环找到 p 的前驱,也能删除。

4.【答案】

```
typedef struct node
    {   int data;
        struct node * next;
    } lklist;
void intersection ( lklist * ha, lklist * hb, lklist * &hc)
{
    lklist * p, * q, * t;
    for ( p=ha, hc=NULL;p! =NULL; p=p->next )
    {   for ( q=hb; q! =NULL;q=q->next)
        if ( q->data = = p->data) break;
    if ( q! =NULL)
    {
    t=( lklist * ) malloc( sizeof( lklist ) );
    t->data = p->data;
    t->next=hc; hc=t;
    }}}
```

【解析】顺序扫描在链表 A 和链表 B 中找出相同元素,逐个插入到链表 C 中。

5.【答案】

```
struct node{
    Datatype  data;
    struct node * next;
```

```
} ListNode ;
typedef  ListNode  * LinkList;
void DeleteList ( LinkList L, DataType min , DataType max )
{    ListNode * p , * q , * h;
     p=L->next; //采用代表头结点的单链表
     while( p && p->data <=min) //找比 min 大的前一个元素位置
     {
          q=p;
          p=p->next;
     }
     p=q;     //保存这个元素位置
     while( q && q->data <max) //找比 max 小的最后一个元素位置
     {
          q=q->next;
     }
     while( p->next! =q)
     {h=p->next;
      p=p->next;
      free(h); //释放空间
     }
     p->next=q;//把断点链上
}
```

【解析】首先想到的是拿链表中的元素一个个地与 max 和 min 比较,然后删除这个结点。其实因为已知其是有序链表,所以只要找到大于 min 的结点的直接前趋结点,再找到小于 max 的结点,然后一并把中间的全部摘掉就可以了。

6.【答案】typedef struct node

```
{
     int data;
     node * next;
} node;
void locate(node  * l, int x)
{
 int p=1 ,found=0;
 node * q, * t;
 q=l;
 while( q->next! =null)
 {
     if( q->data = =x)
```

```
              { cout<<p;    found = 1; }
              else
              { q = q->next; p++; }
          }
      if( ! found )
      {
          t = new node;
          t->data = x;
          t->next = null;
          q->next = t;
      }
  } //locate
```

【解析】顺序扫描单链表,找到返回,否则在尾部申请结点插入。

7. 【答案】

```
    DList locate( DList L,ElemType x)
      // L 是带头结点的按访问频度递减的双向链表
    { DList p = L->next,q;      //p 为 L 表的工作指针,q 为 p 的前驱,用于查找插入位置
    while( p && p->data ! = x) p = p->next;   // 查找值为 x 的结点
      if( ! p) {printf("不存在所查结点\n"); exit(0);}
      else { p->freq++;                    // 令元素值为 x 的结点的 freq 域加 1
          p->next->pred = p->pred;         // 将 p 结点从链表上摘下
          p->pred->next = p->next;
          q = p->pred;                     // 以下查找 p 结点的插入位置
          while( q ! = L && q->freq<p->freq) q = q->pred;
          p->next = q->next; q->next->pred = p; // 将 p 结点插入
          p->pred = q; q->next = p;
          }
      return( p);       //返回值为 x 的结点的指针
  } // 算法结束
```

【解析】在算法中先查找数据 x,查找成功时结点的访问频度域增1,最后将该结点按频度递减插入链表中

8. 【答案】

```
int Pattern( LinkedList A,B)
```

// A 和 B 分别是数据域为整数的单链表,本算法判断链表 B 是否是链表 A 的子序列。如是,返回 1;否则,返回 0 表示失败。

```
{p = A;    //p 为链表 A 的工作指针,本题假定链表 A 和链表 B 均无头结点
pre = p;   //pre 记住每趟比较中链表 A 的开始结点
q = B;     //q 是链表 B 的工作指针
```

```
while( p && q)
    if( p->data = = q->data)    {p = p->next;q = q->next;}
    else{ pre = pre->next;p = pre;    //链表 A 新的开始比较结点
        q = B;}//q 从链表 B 第一结点开始。
if( q = = null) return(1);    //链表 B 是链表 A 的子序列
else return(0);    //链表 B 不是链表 A 的子序列
}//算法结束
```

【解析】本题实质上是一个模式匹配问题,这里匹配的元素是整数而不是字符。因两整数序列已存入两个链表中,操作从两链表的第一个结点开始,若对应数据相等,则后移指针;若对应数据不等,则链表 A 从上次开始比较结点的后继开始,链表 B 仍从第一结点开始比较,直到链表 B 到尾表示匹配成功。链表 A 到尾链表 B 未到尾表示失败。操作中应记住链表 A 每次的开始结点,以便下趟匹配时好从其后继开始。

9.【答案】

```
LinkedList Common( LinkedList A,B,C)
//链表 A、链表 B 和链表 C 是三个带头结点且结点元素值非递减排列的有序表。本算法使
链表 A 仅留下三个表均包含的结点,且结点值不重复,释放所有结点
    {pa = A->next;pb = B->next;pc = C->next;//pa、pb 和 pc 分别是链表 A、B 和 C 的工作指针。
pre = A;//pre 是链表 A 中当前结点的前驱结点的指针
while( pa && pb && pc)//当链表 A、B 和 C 均不空时,查找三链表共同元素
{ while( pa && pb)·
    if( pa->data<pb->data) {u = pa;pa = pa->next;free( u) ;} //结点元素值小时,后移指针
    else if( pa->data> pb->data)pb = pb->next;
        else if ( pa && pb) //处理链表 A 和 B 元素值相等的结点
            {while( pc && pc->data<pa->data)pc = pc->next;
             if( pc)
            {if( pc->data>pa->data) //pc 当前结点值与 pa 当前结点值不等,pa 后移指针
{u = pa;pa = pa->next;free( u) ;}
            else//pc、pa 和 pb 对应结点元素值相等
            {if( pre = = A) { pre->next = pa;pre = pa;pa = pa->next} //结果表中第一个结点
            else if( pre->data = = pa->data) //(处理)重复结点不链入链表 A
{u = pa;pa = pa->next;free( u) ;}
            else {pre->next = pa;pre = pa;pa = pa->next;} //将新结点链入链表 A
            pb = pb->next;pc = pc->next;//链表的工作指针后移
            } }//else pc、pa 和 pb 对应结点元素值相等
if( pa = = null)pre->next = null;//原链表 A 已到尾,置新链表 A 表尾
else//处理原链表 A 未到尾而链表 B 或链表 C 到尾的情况
    {pre->next = null; //置链表 A 表尾标记
    while(pa! = null) //删除原链表 A 剩余元素
```

　　{u = pa; pa = pa->next; free(u) ; }

　　【解析】留下 3 个链表中的公共数据,首先查找链表 A 和链表 B 中公共数据,再去链表 C 中找有无该数据。要消除重复元素,应记住前驱,要求时间复杂度 $O(m+n+p)$,在查找每个链表时,指针不能回溯。

　　算法实现时,链表 A、链表 B 和链表 C 均从头到尾(严格地说链表 B、链表 C 中最多一个到尾)遍历一遍,算法时间复杂度符合 $O(m+n+p)$ 。算法主要有 while(pa && pb && pc) 。

第二章　栈与队列、数组

一、单项选择题

　　1.【答案】B

　　【解析】此题考查的知识点是栈的后进先出特点。若输出序列的第一个元素是 n ,说明前 $n-1$ 个元素均入栈,出栈时只能按入栈顺序后进先出,所以选 B。因为是从后向前数,所以出栈的第 i 个元素并不是入栈时的 i ,而 $n-i$ 是第 $i-1$ 元素,所以 C、D 都错,因为能确定出栈元素,所以 A 也错。

　　2.【答案】D

　　【解析】此题考查的知识点是栈的后进先出特点。若输出序列的第一个元素是 i ,只能说明前 $i-1$ 个元素均入栈,而第 j 个元素何时入、出栈并不能确定,所以选 D。

　　3.【答案】D

　　【解析】此题考查的知识点是栈的后进先出特点。输出序列的最后一个元素是 n ,其前面的序列是不确定的。比如入栈序列为 1,2,3,出栈序列可以是 1,2,3,也可以是 2,1,3,所以 p_i 不确定,应选 D。

　　4.【答案】C

　　【解析】此题考查的知识点是栈的后进先出特点。考查出栈序列,要保证先入栈的一定不能在后入栈的前面出栈,C 选项中的 6 在 5 前入栈,5 没有出栈,6 却出栈了,所以不合法。其他都符合规律。所以选 C。

　　5.【答案】C

　　【解析】此题考查的知识点是入栈的具体操作。操作时要看栈顶的地址,先取得空间,再入栈。本题栈顶为 $n+1$,应该用减法,所以选 C。D 是先存入,破坏原有数据,所以错。

　　6.【答案】B

　　【解析】此题考查的知识点是入栈的具体操作。判断栈是否满要看两个栈顶是否相邻,当 $top[1]+1=top[2]$,或 $top[2]-1=top[1]$ 时都表示栈满,所以选 B,而 A、C 没有任何意义。D 表示已经出现覆盖了,也是错的。

　　7.【答案】D

　　【解析】此题考查的知识点是栈的应用。由于栈的特殊性质,所以在递归调用、子程序调用、表达式求值时都要用到,所以选 D。A、B、C 不全面。

8. 【答案】B

【解析】此题考查的知识点是递归算法的组成部分。一个递归算法主要包括终止条件和递归部分,所以选 B。A 不全面,C、D 不是递归算法。

9. 【答案】B

【解析】此题考查的知识点是递归算法的分析。根据题意可计算 $f(0)=2,f(1)=2,f(2)=4$,所以选 B。

10. 【答案】B

【解析】此题考查的知识点是利用栈完成表达式的中后缀转换。顺序扫描表达式,操作数顺序输出,而运算符的输出顺序根据算术运算符的优先级确定。保证栈外运算符优先级比栈内低,若高则入栈,否则出栈输出。本题中输出顺序为 a 输出,$*$ 进栈,(进栈,b 输出,+ 进栈,c 输出,此时) 低于 +,所以"+"输出。")"与"("相等,出栈删除,$-$ 低于 $*$,所以 $*$ 出栈,此时输出序列为 $abc+*$,$-$ 入栈,输出 d,输出 $-$,结束。所以选 B。

11. 【答案】C

【解析】此题考查的知识点是栈的应用。要处理参数及返回地址,需要后进先出规则,应选 C。A 是先进先出规则,B 是普通的存储结构,D 是普通的逻辑结构。

12. 【答案】B

【解析】此题考查的知识点是队列的特征。此题考查顺序存取时的位置计算,按顺时针计算,所以删除 front+1,插入 rear+1,计算后 rear = 2,front = 4,应选 B。

13. 【答案】B

【解析】此题考查的知识点是顺序存储数组的地址计算。从 0 存起时,公式为 $a_{ij}=i×(i-1)/2+j-1$ $(i≥j)$,本题从 1 开始存,通过计算 $a_{85}=33$,应选 B。

14. 【答案】B

【解析】此题考查的知识点是顺序存储数组的地址计算。从 0 存起时,$a[i][j]$ 对应的 $T[k]=j×(j-1)/2+i-1$ $(i<j)$,从 1 存起时 $T[k]=j×(j-1)/2+i(i<j)$,应选 B。

15. 【答案】A

【解析】此题考查的知识点是顺序存储数组的地址计算。要先计算前 $i-1$ 行的个数为 $(i-1)×n$,再加上第 i 行的 j 个元素即为所求。所以应选 A。

16. 【答案】B

【解析】此题考查的知识点是稀疏矩阵的压缩存储。按三元组的定义,该矩阵大小为 11×3,每个整型数占 2 字节,总字节数为 33×2 = 66,应选 B。

二、综合应用题

1. 【答案】3 个:$C,D,E,B,A;C,D,B,E,A;C,D,B,A,E$。

【解析】此题考查的知识点是栈的后进先出特点。按题意,C 先出,说明 A、B 已入栈,D 出栈,再出栈,E 可以入栈就出栈,可以有序列 C,D,E,B,A;也可以 B 先出"E"再入,再出,得序列 C,D,B,E,A;还可以 B、A 都出栈后,E 再入栈出栈,得序列 C,D,B,A,E。只有这三种情况。

2. 【答案】只能得到序列 1,3,5,4,2,6,原因见解析。

【解析】此问题考查的知识点是栈的后进先出特点。

输入序列为1,2,3,4,5,6,不能得出4,3,5,6,1,2,其理由是,输出序列最后两元素是1,2,前面4个元素(4,3,5,6)得到后,栈中元素剩1,2两个元素,且2在栈顶,不可能栈底元素1在栈顶元素2之前出栈。得到1,3,5,4,2,6的过程如下:1入栈并出栈,得到部分输出序列1;然后2和3入栈,3出栈,部分输出序列变为:1,3;接着4和5入栈,5,4和2依次出栈,部分输出序列变为1,3,5,4,2;最后6入栈并退栈,得最终结果为:1,3,5,4,2,6。

3.【解析】此问题考查的知识点是栈的后进先出特点,队列的先进先出特点及它们的基本操作。队列的插入在队尾,删除在队首,可以用栈s1的栈顶作为队尾,另一个栈s2的栈顶作为对首。s1和s2容量之和是队列的最大容量。其操作是,s1栈满后,全部退栈并压栈入s2(设s1和s2容量相等)。再入栈s1直至s1满。这相当队列元素"入队"完毕。出队时,s2退栈完毕后,s1栈中元素依次退栈到s2,s2退栈完毕,相当于队列中全部元素出队。

在栈s2不空情况下,若要求入队操作,只要s1不满,就可压入s1中。若s1满和s2不空状态下要求队列的入队时,按出错处理。

4.【答案】栈的特点是后进先出,队列的特点是先进先出。初始时设栈s1和栈s2均为空。

(1)用栈s1和s2模拟一个队列的输入。设s1和s2容量相等。分以下三种情况讨论:若s1未满,则元素入s1栈;若s1满,s2空,则将s1全部元素退栈,再压栈入s2,之后元素入s1栈;若s1满,s2不空(已有出队列元素),则不能入队。

(2)用栈s1和s2模拟队列出队(删除)。若栈s2不空,退栈,即是队列的出队;若s2为空且s1不空,则将s1栈中全部元素退栈,并依次压入s2中,s2栈顶元素退栈,这就是相当于队列的出队。若栈s1为空并且s2也为空,队列空,不能出队。

(3)判队空。若栈s1为空,并且s2也为空,才是队列空。

【解析】此问题考查的知识点是顺序存放的队列数据量问题。循环队列解决了用向量表示队列所出现的"假溢出"问题,但同时又出现了如何判断队列的满与空问题。例如:在队列长10的循环队列中,若假定队头指针front指向队头元素的前一位置,而队尾指针指向队尾元素,则front=3,rear=7的情况下,连续出队4个元素,则front==rear为队空;如果连续入队6个元素,则front==rear为队满。如何判断这种情况下的队满与队空,一般采取牺牲一个单元的做法或设标记法。即假设front==rear为队空,而(rear+1)%表长==front为队满,或通过设标记tag。若tag=0,front==rear则为队空;若tag=1,因入队而使得front==rear,则为队满。本题中队列尾指针rear,指向队尾元素的下一位置,listarray[rear]表示下一个入队的元素。在这种情况下,我们可规定,队头指针front指向队首元素。当front==rear时为队空,当(rear+1)%n=front时为队满。出队操作(在队列不空情况下)队头指针是front=(front+1)%n。

5.【答案】$n(n+1)/2$(压缩存储)或n^2(不采用压缩存储)。

【解析】此问题考查的知识点是数组的存放问题。对称矩阵可以只存上三角或下三角。所用空间为$1,2,3,\cdots,n$之和。

6.【答案】上三角矩阵第1行有n个元素,第$i-1$行有$n-(i-1)+1$个元素,第1行到第$i-1$行是等腰梯形,而第i行上第j个元素(即a_{ij})是第i行上第$j-i+1$个元素,故元素a_{ij}在一维数组中的存储位置(下标k)为:

$$k=(n+(n-(i-1)+1))(i-1)/2+(j-i+1)=(2n-i+2)(i-1)/2+j-i+1$$

进一步整理为:$k=(n+1/2)i-i^2/2+j-n$。则得$f_1(i)=(n+1/2)i-i^2/2,f_2(j)=j,c=-n$。

【解析】此问题考查的知识点是上三角矩阵的存储方式。

7.【答案】

```
#define maxsize 两栈共享顺序存储空间所能达到的最多元素数
#define elemtp int //假设元素类型为整型
typedef struct
{elemtp stack[maxsize];//栈空间
int top[2];//top 为两个栈顶指针
}stk;
stk s;//s 是如上定义的结构类型变量,为全局变量
```

（1）入栈操作

```
int push(int i,int x)
//入栈操作。i 为栈号,i=0 表示左边的栈 s1,i=1 表示右边的栈 s2,x 是入栈元素。
入栈成功返回1,否则返回0
{if(i<0 || i>1){printf("栈号输入不对");exit(0);}
if(s.top[1]-s.top[0]==1){printf("栈已满\n");return(0);}
switch(i)
{case 0: s.stack[++s.top[0]]=x; return(1); break;
case 1: s.stack[--s.top[1]]=x; return(1);
}
}//push
```

（2）退栈操作

```
elemtp pop(int i)
//退栈算法。i 代表栈号,i=0 时为 s1 栈,i=1 时为 s2 栈。退栈成功返回退栈元素,否
则返回-1
{if(i<0 || i>1){printf("栈号输入错误\n");exit(0);}
switch(i)
{case 0: if(s.top[0]==-1) {printf("栈空\n");return(-1);}
else return(s.stack[s.top[0]--]);
case 1: if(s.top[1]==maxsize {printf("栈空\n"); return(-1);}
else return(s.stack[s.top[1]++]);
}
}//算法结束
```

【解析】此问题考查的知识点是栈的基本操作。两栈共享向量空间,将两栈栈底设在向量两端,初始时,s1 栈顶指针为-1,s2 栈顶为 maxsize。两栈顶指针相邻时为栈满。两栈顶相向,迎面增长,栈顶指针指向栈顶元素。实现时请注意算法中两栈入栈和退栈时的栈顶指针的计算,可以用两栈共享空间示意图表示,s1 栈是通常意义下的栈,而 s2 栈入栈操作时,其栈顶指针左移(减1),退栈时,栈顶指针右移(加1)。

8.【答案】

（1）int enqueue(stack s1,elemtp x)

　　//s1 是容量为 n 的栈,栈中元素类型是 elemtp。本算法将 x 入栈,若入栈成功返回1,否则返回 0

　　　　{if(top1 = =n && ! Sempty(s2)) //top1 是栈 s1 的栈顶指针,是全局变量

　　　　{printf("栈满");return(0);} //s1 满 s2 非空,这时 s1 不能再入栈

if(top1 = =n && Sempty(s2))//若 s2 为空,先将 s1 退栈,元素再压栈到 s2

{while(! Sempty(s1)) {POP(s1,x);PUSH(s2,x);}

　　　　PUSH(s1,x); return(1) ; //x 入栈,实现了队列元素的入队

　　　　}

（2）void dequeue(stack s2,s1)

　　　//s2 是输出栈,本算法将 s2 栈顶元素退栈,实现队列元素的出队

　　　{if(! Sempty(s2))//栈 s2 不空,则直接出队

　　　{POP(s2,x); printf("出队元素为",x);}

　　　else//处理 s2 空栈

　　　if(Sempty(s1)) {printf("队列空");exit(0);}//若输入栈也为空,则判定队空

　　　else//先将栈 s1 倒入 s2 中,再作出队操作

　　　{while(! Sempty(s1)) {POP(s1,x);PUSH(s2,x);}

　　　　POP(s2,x);//s2 退栈相当队列出队

　　　　printf("出队元素",x);

　　　　}

　　　}//结束算法 dequue

（3）int q_empty()

　　　　//本算法判用栈 s1 和 s2 模拟的队列是否为空

　　　　{if(Sempty(s1)&&Sempty(s2)) return(1) ;//队列空

　　　　else return(0);//队列不空

　　　　}

　　【解析】此问题考查的知识点是栈、队列的基本操作。用两个栈 s1 和 s2 模拟一个队列时,s1 作输入栈,逐个元素压栈,以此模拟队列元素的入队。当需要出队时,将栈 s1 退栈并逐个压入栈 s2 中,s1 中最先入栈的元素,在 s2 中处于栈顶。s2 退栈,相当于队列的出队,实现了先进先出。显然,只有栈 s2 为空且 s1 也为空,才算是队列空。

　　实现时可以假定栈 s1 和栈 s2 容量相同。出队从栈 s2 出,当 s2 为空时,若 s1 不空,则将 s1 倒入 s2 再出栈。入队在 s1,当 s1 满后,若 s2 空,则将 s1 倒入 s2,之后再入队。因此队列的容量为两栈容量之和。元素从栈 s1 倒入 s2,必须在 s2 空的情况下才能进行,即在要求出队操作时,若 s2 空,则不论 s1 元素多少(只要不空),就要全部倒入 s2 中。

　　9.【答案】

int add (eque Qu, datatype x, int tag)

//在双端队列 Qu 中插入元素 x,若插入成功,返回插入元素在 Qu 中的下标;插入失败返回 −1。tag=0 表示在 end1 端插入;tag=1 表示在 end2 端插入

```
｛ if Qu. end1 = Qu. end2　　｛prinft（"队满"）；return（-1）；｝
switch（tag）
    case 0：//在 end1 端插入
        ｛Qu. end1 = x；//插入 x
        Qu. end1 =（Qu. end1-1）MOD maxsize；//修改 end1
        return（Qu. end1+1）MOD maxsize）；//返回插入元素的下标
    case 1：//在 end2 端插入
        ｛Qu. end2 = x；
        Qu. end2 =（Qu. end2+1）MOD maxsize；
        return（Qu. end2-1）MOD maxsize；
        ｝
    ｝ //add
int delete（eque Qu，datatype x，int tag 1）
//本算法在双端队列 Qu 中删除元素 x，tag = 0 时从 end1 端删除，tag = 1 时从 end2 端删除。
    删除成功返回 1，否则返回 0
｛ if （Qu. end1+1）MOD maxsize = Qu. end2　　｛printf（"队空"）；return（0）；｝
    switch（ tag）
        case 0：//从 end1 端删除
            ｛ i =（Qu. end1+1）MOD maxsize；//i 是 end1 端最后插入的元素下标
                while（i! = Qu. end2）&& （Qu. elem[i]! = x）
                    i =（i+1）MOD maxsize；//查找被删除元素 x 的位置
        if （Qu. elem[i] = x）&& （i! = Qu. end2）
            ｛ j = i；
        while（（j-1+maxsize）MOD maxsize ! = Qu. end1）
        Qu. elem[j] = Qu. elem[（j-1+maxsize）MOD maxsize；
        j =（j-1+maxsize）MOD maxsize；//移动元素，覆盖达到删除
        Qu. end1 =（Qu. end1+1）MOD maxsize；//修改 end1 指针
        return（1）；
            ｝
        else return（0）；
            ｝//结束从 end1 端删除
        case 1：//从 end2 端删除
            ｛ i =（Qu. end2-1+maxsize）MOD maxsize；//i 是 end2 端最后插入的元素下标
                while（i! = Qu. end1）&& （Qu. elem[i]! = x）
                    i =（i-1+maxsize）MOD maxsize；//查找被删除元素 x 的下标
                if （Qu. elem[i] = x）&& （i! = Qu. end1）　//被删除元素找到
                    ｛ j = i；
                        while（（j+1）MOD maxsize ! = Qu. end2）
```

Qu. elem[j] = Qu. elem[(j+1) MOD maxsize;

j = (j+1) MOD maxsize; //移动元素,覆盖达到删除

Qu. end2 = (Qu. end2－1+maxsize) MOD maxsize; //修改 end2 指针

return(1) ;//返回删除成功的信息

}

else return(0);//删除失败

}//结束在 end2 端删除

}//结束 delete

【解析】此问题考查的知识点是队列的基本操作,只是变了一个形态。

双端队列示意图如下:

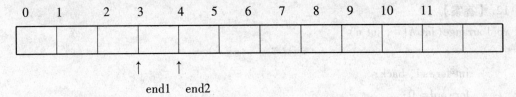

用上述一维数组作存储结构,把它看作首尾相接的循环队列。可以在任一端(end1 或 end2)进行插入或删除。初始状态 end1+1 = end2 被认为是队空状态;end1 = end2 被认为是队满状态。(左端队列)end1 指向队尾元素的前一位置。end2 指向(右端队列)队尾元素的后一位置。入队时判队满,出队(删除)时判队空。删除一个元素时,首先查找该元素,然后,从队尾将该元素前的元素依次向后或向前(视 end1 端或 end2 端而异)移动。

实现时请注意下标运算。(i+1) MOD maxsize 容易理解,考虑到 i－1 可能为负的情况,所以求下个 i 时用了(i－1+maxsize) MOD maxsize。

10.【答案】

void invert(queue q)

//q 是一个非空队列,本算法利用空栈 s 和已给的几个栈和队列的 ADT() 函数,将队列 q 中的元素逆置

{makeEmpty(s); //置空栈

while (! isEmpty(q)) //队列 q 中元素出队

{value = deQueue(q); push(s,value); }//将出队元素压入栈中

while(! isEmpty(s)) //栈中元素退栈

{value = pop(s); enQueue(q,value); }//将出栈元素入队列 q

}//算法 invert 结束

【解析】此问题考查的知识点是队列和栈的特点和操作。根据队列先进先出和栈后进先出的性质,先将非空队列中的元素出队,并压入初始为空的栈中。这时栈顶元素是队列中最后出队的元素。然后将栈中元素出栈,依次插入到初始为空的队列中。栈中第一个退栈的元素成为队列中第一个元素,最后退栈的元素(出队时第一个元素)成了最后入队的元素,从而实现了原队列的逆置。

11.【答案】

```
int MinMaxValue(int A[ ],int n,int * max,int * min)
    //一维数组 A 中存放有 n 个整型数,本算法递归地求出其中的最小数
{   if (n>0)
    {if( * max<A[n]) * max=A[n];
    if( * min>A[n]) * min=A[n];
    MinMaxValue(A,n-1,max,min);
}//算法结束
```

【解析】此问题考查的知识点是递归算法的编写。主要特点是数组的划分及递归结束的条件。本算法函数调用的格式是 MinMaxValue(arr,n,&max,&min);其中,arr 是具有 n 个整数的一维数组,max=-32768 是最大数的初值,min=32767 是最小数的初值。

12.【答案】

```
void arrange(int A[ ], int n)
{
        int forwad, back;
        forward = 0;
        back = 2 * n-1;
        while(forward < 2 * n - 1 && back > 0)
        {
                while(forward < 2 * n - 1 && A[forward] < 0)
                        forward += 2;
                while(back > 0 && A[back] > 0)
                        back -= 2;
                if(back > 0)
                {
                        int temp;
                        temp = A[forward];
                        A[forward] = A[back];
                        A[back] = temp;
                }
        }
}
```

【解析】此问题考查的知识点是顺序存放数据的查找问题。相间存放,说明如果所有负数在奇数位置上,则所有正数在偶数位置上,反之亦然。假设把所有负数都在奇数位置上,所有正数都在偶数位置上,则 A[0],A[2],…,A[2n-2]位置应该都存放负数,A[1],A[3],…,A[2n-1]位置上应该存放正数。可以设计两个索引 forward 和 back,初始分别执行第一个位置和最后一个位置,forward 每次都递增 2,back 每次都递减 2,直到 forward 所指位置的元素为正数,back 所指元素为负数,然后交换 forward 和 back 所指元素。一直到遍历完数组中的所有元素。

13.【答案】

```
void sorder( int A[ ] ,int B[ ])
  {int i, j=0; stack s;
  for( i=0 ;i<n;i++)
  {push( A[ i] ,s);
    if ( A[ i] = =0)
    {pop( s,B[ j]) ;J++;}
  }
    while( ! empty( s) )
    {pop( s,B[ j]) ;j++;}
  }
```

【解析】此问题考查的知识点是栈的操作问题。通过对栈顶元素的判断,决定是否出栈。

14. 【答案】
```
      void Platform（int B[ ]，int N)
       //求具有 N 个元素的整型数组 B 中最长平台的长度
       {t=1 ;k=0 ;j=0 ;i=0;
         while( i<n-1)
         {while( i<n-1 && B[ i] = =B[ i+1]) i++;
          if( i-j+1>t) {t=i-j+1 ;k=j;} //局部最长平台
         i++; j=i; }//新平台起点
         printf( " 最长平台长度%d,在 B 数组中起始下标为%d" ,t,k);
        }// Platform
```

【解析】此问题考查的知识点是线性结构的查找问题。可以用 t 代表最长平台的长度,用 k 指示最长平台在数组 B 中的起始位置(下标)。用 j 记住局部平台的起始位置,用 i 指示扫描 b 数组的下标,i 从 0 开始,依次和后续元素比较,若局部平台长度(i-j)大于 1 时,则修改最长平台的长度 k(l=i-j)和其在 B 中的起始位置(k=j),直到 B 数组结束,t 即为所求。

15. 【答案】
```
      void search( datatype A[ ] [ ] , int a,b,c,d, datatype x)
      //n×m 矩阵 A,行下标从 a 到 b,列下标从 c 到 d,本算法查找 x 是否在矩阵 A 中
       {i=a; j=d; flag=0; //flag 是成功查到 x 的标志
       while( i<=b && j>=c)
       if( A[ i] [ j] = =x) {flag=1 ;break;}
          else if ( A[ i] [ j] >x) j--; else i++;
          if( flag) printf( " A[ %d] [ %d] =%d" ,i,j,x); //假定 x 为整型
          else printf( " 矩阵 A 中无%d 元素" ,x);
       }//算法 search 结束
```

【解析】此问题考查的知识点是矩阵的查找。由于矩阵中元素按行和按列都已排序,要求查找时间复杂度为 $O(m+n)$,因此不能采用常规的二层循环的查找。可以先从右上角($i=a,j=d$)元素与 x 比较,只有三种情况:一是 $A[i,j]$>x,这情况下向 j 小的方向继续查找;二是 $A[i,j]$<x,

下一步应向 i 大的方向查找;三是 $A[i,j]=x$,查找成功。否则,若下标已超出范围,则查找失败。

算法中查找 x 的路线从右上角开始,向下(当 $x>A[i,j]$)或向左(当 $x<A[i,j]$)。向下最多是 m,向左最多是 n。最佳情况是在右上角比较一次成功,最差是在左下角($A[b,c]$),比较 $m+n$ 次,故算法最差时间复杂度是 $O(m+n)$。

16.【答案】(1)

```
int JudgEqual(ing A[m][n],int m,n)
//判断二维数组中所有元素是否互不相同,如是,返回1;否则,返回0
{for(i=0;i<m;i++)
(
for(j=0;j<n-1;j++)
| for(p=j+1;p<n;p++) //和同行其他元素比较
if(A[i][j]==A[i][p]) {printf("no"); return(0); |
//只要有一个相同的,就结论不是互不相同
for(k=i+1;k<m;k++) //和第i+1 行及以后元素比较
for(p=0;p<n;p++)
if(A[i][j]==A[k][p]) {printf("no"); return(0); |
}// for(j=0;j<n-1;j++)
printf("yes"); return(1) ; //元素互不相同
}//算法 JudgEqual 结束
```

(2) 二维数组中的每一个元素同其他元素都比较一次,数组中共 $m×n$ 个元素,第 1 个元素同其他 $m×n-1$ 个元素比较,第 2 个元素同其他 $m×n-2$ 个元素比较,$\cdots$,第 $m×n-1$ 个元素同最后一个元素($m×n$)比较一次,所以在元素互不相等时总的比较次数为

$$(m×n-1)+(m×n-2)+\cdots+2+1=(m×n)(m×n-1)/2$$

在有相同元素时,可能第一次比较就相同,也可能最后一次比较时相同,设在 $(m×n-1)$ 这个位置上均可能相同,这时的平均比较次数约为 $(m×n)(m×n-1)/4$,总的时间复杂度是 $O(n^4)$。

【解析】此问题考查的知识点是矩阵的查找。要判断二维数组中元素是否互不相同,只有逐个比较,找到一对相等的元素,就可得结论:不是互不相同。如何达到每个元素同其他元素比较一次且只一次? 在当前行,每个元素要同本行后面的元素比较一次(下面第一个循环控制变量 p 的 for 循环),然后同第 $i+1$ 行及以后各行元素比较一次,这就是循环控制变量 k 和 p 的二层 for 循环。

17.【答案】

```
void ReArranger (int A[],B[],m,n)
//A 和 B 是各有 m 个和 n 个整数的非降序数组,本算法将 B 数组元素逐个插入到 A
   中,使 A 中各元素均不大于 B 中各元素,且两数组仍保持非降序排列
{ while (A[m-1]>B[0])
{x=A[m-1];A[m-1]=B[0]; //交换 A[m-1]和 B[0]
j=1;
while(j<n && B[j]<x) B[j-1]=B[j++]; //寻找 A[m-1]的插入位置
```

```
        B[j-1]=x;
        x=A[m-1];i=m-2;
        while(i>=0 && A[i]>x) A[i+1]=A[i--];  //寻找 B[0]的插入位置
        A[i+1]=x;
    }
}//算法结束
```

【解析】此问题考查的知识点是线性结构的查找。题目要求调整后数组 A 中所有数均不大于数组 B 中所有数。因两数组分别有序,实际是要求数组 A 的最后一个数 $A[m-1]$ 不大于数组 B 的第一个数 $B[0]$。由于要求将数组 B 的数插入到数组 A 中。因此比较 $A[m-1]$ 和 $B[0]$,如 $A[m-1]>B[0]$,则交换。交换后仍保持数组 A 和数组 B 有序。重复以上步骤,直到 $A[m-1]\leqslant B[0]$ 为止。

18.【答案】

```
    void adjust( int A[],int n)
    //数组 A[n-2k+1..n-k]和[n-k+1..n]中元素分别升序,算法使 A[n-2k+1..n]
      升序
    {i=n-k;j=n-k+1;
        while(A[i]>A[j])
        {x=A[i]; A[i]=A[j];  //值小者左移,值大者暂存于 x
            k=j+1;
    while (k<n && x>A[k]) A[k-1]=A[k++];  //调整后段有序
    A[k-1]=x;
    i--;j--;  //修改前段最后元素和后段第一元素的指针
    }
}//算法结束
```

【解析】此问题考查的知识点是合并两个有序序列。题目中数组 A 的相邻两段分别有序,要求将两段合并为一段有序。由于要求附加空间复杂度为 $O(1)$,所以将前段最后一个元素与后段第一个元素比较,若正序,则算法结束;若逆序则交换,并将前段的最后一个元素插入到后段中,使后段有序。重复以上过程直到正序为止。

最佳情况出现在数组第二段 $[n-k+1..n]$ 中值最小元素 $A[n-k+1]$ 大于等于第一段值最大元素 $A[n-k]$,只比较一次无须交换。最差情况出现在第一段的最小值大于第二段的最大值,两段数据间发生了 k 次交换,而且每次段交换都在段内发生了平均 $(k-1)$ 次交换,时间复杂度为 $O(n)$。

19.【答案】

```
    void CountSort ( rectype A[],int B[])
    //A 是 100 个记录的数组,B 是整型数组,本算法利用数组 B 对 A 进行计数排序
    {int i,j,n=100;
        i=1;
        while(i<n)
```

```
         {if(B[i]！=i) //若 B[i]=i 则 A[i]正好在自己的位置上,则不需要调整
          { j=i;
             while (B[j]！=i)
              { k=B[j]; B[j]=B[k]; B[k]=k; // B[j]和 B[k]交换
                 r0=A[j];A[j]=A[k];A[k]=r0; } //r0 是数组 A 的元素类型,A[j]和
                 A[k]交换
          i++;} //完成了一个小循环,第 i 个已经安排好
          }//算法结束
```

【解析】此问题考查的知识点是线性结构的查找。题目要求按数组 B 内容调整数组 A 中记录的次序,可以从 $i=1$ 开始,检查是否 $B[i]=i$。如是,则 $A[i]$ 恰为正确位置,不需再调;否则,$B[i]=k\neq i$,则将 $A[i]$ 和 $A[k]$ 对调,$B[i]$ 和 $B[k]$ 对调,直到 $B[i]=i$ 为止。

20.【答案】

```
    void union( int A[ ],B[ ],C[ ],m,n)
    //整型数组 A 和 B 各有 m 和 n 个元素,前者递增有序,后者递减有序,本算法将 A 和
        B 归并为递增有序的数组 C
    {i=0; j=n−1; k=0;// i,j,k 分别是数组 A、B 和 C 的下标,因用 C 描述,下标从 0
开始
    while(i<m && j>=0)
    if(a[i]<b[j]) c[k++]=a[i++] else c[k++]=b[j--];
    while(i<m) c[k++]=a[i++];
    while(j>=0) c[k++]=b[j--];
    }//算法结束
```

【解析】此问题考查的知识点是线性结构的查找。数组 A 和数组 B 的元素分别有序,欲将两数组合并到数组 C,使数组 C 仍有序,应将数组 A 和数组 B 复制到数组 C,只要注意数组 A 和数组 B 数组指针的使用,以及正确处理一个数组读完数据后将另一个数组余下的元素复制到数组 C 中即可。

因为不允许另辟空间,而是利用数组 A(空间足够大),则初始 $k=m+n-1$。

第三章　树与二叉树

一、单项选择题

1.【答案】D

【解析】此题考查的知识点是树的应用及遍历。用树表示表达式,前缀是前序遍历,中缀是中序遍历,后缀是后序遍历,本题就是已知中序遍历和后序遍历,求前序遍历的问题。按规则后缀最后一个元素"−"是树的根结点,在中缀中"−"的左边($A+B\times C$)为左子树,右边(D/E)为右子树,据此再查后缀的倒数第二个元素"/",其为右子树的根,再到中缀中"/"左 D 是左子树,右 E 是右子树,以此类推即可构造出该树,前序遍历序列即为所求。所以选择 D。

2.【答案】D

【解析】此题考查的知识点是树的结点个数与分支数的关系。设 B 为分支数，N 为结点总数，则 $B=N-1$，$N=n_0+n_1+n_2+n_3+n_4$，$n_1+n_2+n_3+n_4=8$，$B=4\times1+2\times2+3\times1+4\times1=15$，所以 $n_0=8$，应选 D。

3.【答案】D

【解析】此题考查的知识点是二叉树的定义与性质。在二叉树中没有分支的结点度数为 0，二叉树最大度数为 2，左右子树不可以任意交换，完全二叉树与满二叉树的区别就是完全二叉树最后一层结点不满，且若有一个结点应是左子树，所以应选 D。

4.【答案】A

【解析】此题考查的知识点是二叉树与森林的转换。根据转换规则，森林中的第一棵树为二叉树的左子树，其余为右子树，所以应选 A。

5.【答案】B

【解析】此题考查的知识点是二叉树的性质。$n_0=n_2+1$，$n_0=10+1=11$，所以选 B。

6.【答案】C

【解析】此题考查的知识点是树的结点个数与分支数的关系。设 B 为分支数，N 为结点总数，则 $B=N-1$，$N=n_0+n_1+n_2+n_3$，已知 $n_3+n_2+n_1=2+1+2=5$，$B=3\times2+2\times1+1\times2=10$，所以 $n_0=11-5=6$，应选 C。

7.【答案】D

【解析】此题考查的知识点是二叉树与森林的转换。根据转换规则，森林中的第一棵树为二叉树的左子树，其余为右子树，所以应选 D。

8.【答案】D

【解析】由二叉树结点的公式：$n=n_0+n_1+n_2=n_0+n_1+(n_0-1)=2n_0+n_1-1$，因为 $n=1001$，所以 $1002=2n_0+n_1$，在完全二叉树树中，n_1 只能取 0 或 1，在本题中只能取 0，故 $n=501$，因此选 D。

9.【答案】D

【解析】此题考查的知识点是哈夫曼树的定义。没有特殊说明表示该树只有高度为 0 和 2 的结点，且满足 $n_0=n_2+1$，总数 $=n_0+n_2$，给定的权值个数 n 即为叶结点数，所以应选 D。

10.【答案】C

【解析】此题考查的知识点是哈夫曼树的定义。哈夫曼树都是 m 叉正则树。可以这样计算：设分支节点数为 i，则总结点数 $=i\times m+1$（$i\times m$ 没有带根结点，所以加 1）又总结点数 $=i+n$ 两式相减就能得到 $i=(n-1)/(m-1)$。应选 C。

11.【答案】C

【解析】此题考查的知识点是二叉树的性质。根据题意二叉树最高是单链树，高度为 1025，最矮为 $h=\log n+1$，$n=1025$，$h=11$，应选 C。

12.【答案】B

【解析】此题考查的知识点是二叉树的结点个数与高度的关系。根据题意当 $h=1$ 时，一个结点，$h=2$ 时，最少 3 个，$h=3$ 时，最少 5 个，$\cdots$，最少结点为 $2\times h-1$，应选 B。

13.【答案】D

【解析】此题考查的知识点是二叉树的性质。根据题意二叉树最高是单链树，高度为 n，最

矮为 $h = 1 + \log_2 n$，所以不确定,应选 D。

14. 【答案】C

【解析】此题考查的知识点是对四种遍历算法的理解。前序遍历是"根左右";后序遍历是"左右根";中序遍历是"左根右";层序遍历是"从上到下从左到右"。后序遍历符合题意,所以选 C。

15. 【答案】B

【解析】此题考查的知识点是对前序遍历、中序遍历算法的理解。据题意,根为 A、B 或为左子树,或为右子树,中序遍历的序列前两个字符要么 AB,要么 BA,所以选项 A、C、D 均错。应选选项 B,即为右单链树。

16. 【答案】B

【解析】参照第 1 题。

17. 【答案】B

【解析】此题考查的知识点是对后序遍历、中序遍历算法的理解。根据序列构造出二叉树,按转换规则,二叉树的根结点的右子树,及右子树的右子树等个树为森林中树的个数。构造方法参见第 1 题。应选择 B。

18. 【答案】C

【解析】此题考查的知识点是对后序遍历、前序遍历算法的理解。前序序列是"根左右",后序序列是"左右根",若要这两个序列相反,只有单支树,所以本题的选项 A 和选项 B 均对,单支树的特点是只有一个叶子结点,故选项 C 是最合适的,故选 C。选项 A 或选项 B 都不全。

19. 【答案】B

【解析】此题考查的知识点是对二叉树遍历算法的理解。前序序列是"根左右",后序序列是"左右根",中序序列是"左根右",所以叶结点顺序不变,应选 B。

20. 【答案】C

【解析】此题是第 18 题的另一种说法。

21. 【答案】D

【解析】此题考查的知识点是线索二叉树的定义。根据二叉树线索化的概念,其先序序列中的第一个为根结点,最后一个结点为其最右下的叶结点。左子树为空的二叉树的根结点的左线索为空(无前驱),先序序列的最后结点的右线索为空(无后继),共 2 个空链域,应选 D。

22. 【答案】B

【解析】此题考查的知识点是线索二叉树的定义。根据二叉树线索化的概念,其先序序列中的第一个为根结点,最后一个结点为其最右下的叶结点。因为其左、右子树都不为空,所以该结点无空指针域;而对最后一个结点,该结点为叶子结点,即左、右子树都为空,那么该结点在先序序列中必然有一个前驱,因此该结点就只有一个空指针域。共 1 个空链域,应选 B。

23. 【答案】C

【解析】后序线索二叉树仍需要栈的支持。因后序遍历先访问子树,后访问根,本质上要求运行栈中存放祖先信息,故即使对二叉树进行了后序线索化,仍然不能脱离栈的支持独立遍历。而前序线索和中序线索不用。所以应选 C。

24. 【答案】C

【解析】此题考查的知识点是线索二叉树的定义。根据二叉树线索化的概念,只有空链才是线索,n 个结点有 $n-1$ 个实链,$2n$ 个链,空链数为 $n+1$,所以有 $n+1$ 个线索。应选 C。

25.【答案】B

【解析】此题考查的知识点是前缀编码的定义。前缀编码就是任一字符的编码不能是另一字符编码的前缀,选项 B 中 10 是 101 的前缀。应选 B。

二、综合应用题

1.【答案】树的孩子兄弟链表表示法和二叉树二叉链表表示法,本质是一样的,只是解释不同,也就是说树(树是森林的特例,即森林中只有一棵树的特殊情况)可用二叉树唯一表示,并可使用二叉树的一些算法去解决树和森林中的问题。

树和二叉树的区别有三:一是二叉树的度至多为 2,树无此限制;二是二叉树有左右子树之分,即使在只有一个分支的情况下,也必须指出是左子树还是右子树,树无此限制;三是二叉树允许为空,树一般不允许为空(个别书上允许为空)。

【解析】此问题考查的知识点是树、二叉树的定义及区别。

2.【答案】(1) k^l(l 为层数,按题意,根结点为 0 层)。

(2) 因为该树每层上均有 k_l 个结点,从根开始编号为 1,则结点 i 的从右向左数第 2 个孩子的结点编号为 k_l。设 n 为结点 i 的子女,则关系式 $(i-1)k+2 \leq n \leq i_k+1$ 成立,因 i 是整数,故结点 i 的双亲的编号为 $\lfloor (i-2)/k \rfloor + 1$。

(3) 结点 $i(i>1)$ 的前一结点编号为 $i-1$(其最右边子女编号是 $(i-1) \times k+1$),故结点 i 的第 m 个孩子的编号是 $(i-1) \times k+1+m$。

(4) 根据以上分析,结点 i 有右兄弟的条件是,它不是双亲的从右数的第一个子女,即 $(i-1) \% k! =0$,其右兄弟编号是 $i+1$。

【解析】此问题考查的知识点是树中的一些基本术语。

3.【答案】设 n 个结点的二叉树的最低高度是 h,则 n 应满足 $2^{h-1} \leq n \leq 2^h-1$ 关系式。解此不等式,并考虑 h 是整数,则有 $h=\lfloor \log_2 n \rfloor +1$,即任一结点个数为 n 的二叉树的高度至少为 $O(\log_2 n)$。

【解析】此问题考查的知识点是二叉树的性质。最低高度二叉树的特点是,除最下层结点个数不满外,其余各层的结点数都应达到各层的最大值。

4.【答案】其叶子数是 16。

【解析】此问题考查的知识点是满二叉树的性质。结点个数在 20～40 的满二叉树且结点数是素数的数是 31,即满二叉树结点数为 31,根据其性质知 $n_0+n_2=31$,$n_0=n_2+1$,$n_0=16$。

5.【答案】树中叶子结点的个数为 $n_0=n-n_k=(n(K-1)+1)/K$。

【解析】此问题考查的知识点是 K 叉树的性质。设分支结点和叶子结点数分别是为 n_k 和 n_0,因此有

$$n=n_0+n_k \tag{1}$$

另外,从树的分支数 B 与结点的关系有

$$n=B+1=K \times n_k+1 \tag{2}$$

由式(1) 和式(2)有 $n_0=n-n_k=(n(K-1)+1)/K$

6.【答案】结点数 $n_0 = 1+n_2+2n_3+\cdots+(m-1)n_m$

【解析】此问题考查的知识点是树的度数与叶结点的关系。利用二叉树的性质,推广到树。设树的结点数为 n,分支数为 B,则下面二式成立

$$n = n_0+n_1+n_2+\cdots+n_m \tag{1}$$
$$n = B+1 = n_1+2n_2+\cdots+mn_m \tag{2}$$

由式(1)和式(2)得叶子结点数 $n_0 = 1+n_2+2n_3+\cdots+(m-1)n_m$

7.【答案】叶结点的个数是即 2^{k-2} 个。

【解析】此问题考查的知识点是完全二叉树的性质。当高度为 k 的完全二叉树的第 k 层只有一个结点时,结点数达到最少,这也是高度为 k 的完全二叉树具有的最少叶结点数,所以,第 $k-1$ 层有 $2^{k-2}-1$ 个叶结点,第 k 层只有一个叶结点,所以总的叶结点的个数是即 2^{k-2} 个。

8.【答案】见解析。

【解析】此问题考查的知识点是树的存储方法。n 个结点的 m 次树,共有 $n\times m$ 个指针。除根结点外,其余 $n-1$ 个结点均有指针所指,故空指针数为 $n\times m-(n-1) = n\times(m-1)+1$。证毕。

9.【答案】见解析。

【解析】此问题考查的知识点是二叉树的性质。

设度为 1 和 2 及叶子结点数分别为 n_0、n_1 和 n_2,则二叉树结点数 n 为

$$n = n_0+n_1+n_2 \tag{1}$$

再看二叉树的分支数,除根结点外,其余结点都有一个分支进入,设 B 为分支总数,则 $n = B+1$。度为 1 和 2 的结点各有 1 个和 2 个分支,度为 0 的结点没有分支,故

$$n = n_1+2n_2+1 \tag{2}$$

由式(1)和式(2),得 $n_0 = n_2+1$。

10.【答案】n 个叶结点的非满的完全二叉树的高度是 $\lceil \log_2 n \rceil +1$。(最下层结点数 $\geqslant 2$)。

【解析】此问题考查的知识点是完全二叉树的性质。设完全二叉树中叶子结点数为 n,则根据完全二叉树的性质,度为 2 的结点数是 $n-1$,而完全二叉树中,度为 1 的结点数至多为 1,所以具有 n 个叶子结点的完全二叉树结点数是 $n+(n-1)+1 = 2n$ 或 $2n-1$(有或无度为 1 的结点)。由于具有 $2n$(或 $2n-1$)个结点的完全二叉树的深度是 $\lfloor \log_2(2n) \rfloor +1$(或 $\lfloor \log_2(2n-1) \rfloor +1$,即 $\lceil \log_2 n \rceil +1$),故 n 个叶结点的非满的完全二叉树的高度是 $\lceil \log_2 n \rceil +1$。(最下层结点数 $\geqslant 2$)。

11.【答案】见解析。

【解析】此问题考查的知识点是二叉树的遍历思想。由于二叉树前序遍历序列和中序遍历序列可唯一确定一棵二叉树,因此,若入栈序列为 $1,2,3,\cdots,n$,相当于前序遍历序列是 $1,2,3,\cdots,n$,出栈序列就是该前序遍历对应的二叉树的中序序列的数目。因为中序遍历的实质就是一个结点进栈和出栈的过程,二叉树的形态确定了结点进栈和出栈的顺序,也就确定了结点的中序序列。当结点入栈序列为 $\{1,2,3\}$ 时,出栈序列可能为:$\{3,2,1\}$,$\{2,3,1\}$,$\{2,1,3\}$,$\{1,3,2\}$,$\{1,2,3\}$。

12.【答案】见解析。

【解析】此问题考查的知识点是二叉树的遍历思想。给定二叉树结点的前序序列和对称序(中序)序列,可以唯一确定该二叉树。因为前序序列的第一个元素是根结点,该元素将二叉树中序序列分成两部分,左边(设 l 个元素)表示左子树,若左边无元素,则说明左子树为空;右边

(设 r 个元素)是右子树,若为空,则右子树为空。根据前序遍历中"根—左子树—右子树"的顺序,则由从第二元素开始的 l 个结点序列和中序序列根左边的 l 个结点序列构造左子树,由前序序列最后 r 个元素序列与中序序列根右边的 r 个元素序列构造右子树。

由二叉树的前序序列和后序序列不能唯一确定一棵二叉树,因无法确定左右子树两部分。例如,任何结点只有左子树的二叉树和任何结点只有右子树的二叉树,其前序序列相同,后序序列相同,但却是两棵不同的二叉树。

13.【答案】HIDJKEBLFGCA

【解析】此问题考查的知识点是二叉树的遍历。完全二叉树的数组存放形式可以按从左到右,从上到下画出该二叉树,对其进行后序遍历即可得到后序序列。

14.【答案】前序序列:ABCDEFGHIJKL

中序序列:CBEDFGAJIHKL

后序序列:CEGFDBJILKHA

【解析】此问题考查的知识点是二叉树的遍历。由题意在后续序列中找到根结点为 A,在中序中知左子树的序列,在前序中知左子树的根为 B,以此不断重复推导可以得到结论。

15.【答案】见解析。

【解析】此问题考查的知识点是二叉树的遍历及祖先的定义。采用前序和后序两个序列来判断二叉树上结点 n_1 必定是结点 n_2 的祖先。在前序序列中某结点的祖先都排在其前。若结点 n_1 是 n_2 的祖先,则 n_1 必定在 n_2 之前。而在后序序列中,某结点的祖先排在其后,即若结点 n_1 是 n_2 的祖先,则 n_1 必在 n_2 之后。根据这条规则来判断若结点 n_1 在前序序列中在 n_2 之前,在后序序列中又在 n_2 之后,则它必是结点 n_2 的祖先。

16.【答案】见解析。

【解析】前缀码是一编码,不是任何其他编码前缀的编码。例如,0 和 01 就不是前缀码,因为编码 0 是编码 01 的前缀。仅从编码来看,0 和 01 是前缀码,但因历史的原因,它不被称为前缀码,而是把一编码不是另一编码前缀的编码称为前缀码。利用二叉树可以构造前缀码,例如,以 A、B、C、D 为叶子可构成二叉树,将左分支解释为 0,右分支解释成 1,从根结点到叶子结点的 0、1 串就是叶子的前缀码。用哈夫曼树可构造出最优二叉树,使编码长度最短。

17.【答案】见解析。

【解析】此问题考查的知识点是哈夫曼树的性质。哈夫曼树只有度为 0 的叶子结点和度为 2 的分支结点,设数量分别为 n_0 和 n_2,则树的结点数 $n = n_0 + n_2$。另根据二叉树性质:任意二叉树中度为 0 的结点数 n_0 和度为 2 的结点数 n_2 间的关系是 $n_2 = n_0 - 1$,代入上式,则 $n = n_0 + n_2 = 2n_0 - 1$。

18.【答案】见解析。

【解析】此问题考查的知识点是哈夫曼树构造过程。假设有 n 个权值,则构造出的哈夫曼树有 n 个叶子结点。n 个权值分别设为 $w_1, w_2, \cdots, w_n$,则哈夫曼树的构造规则为:

(1) 将 $w_1, w_2, \cdots, w_n$ 看成是有 n 棵树的森林(每棵树仅有一个结点)。如下图所示。

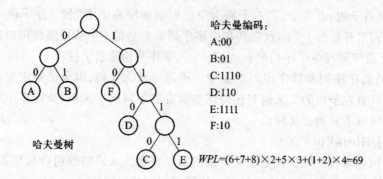

哈夫曼编码：
A:00
B:01
C:1110
D:110
E:1111
F:10

哈夫曼树

$WPL=(6+7+8)\times2+5\times3+(1+2)\times4=69$

（2）在森林中选出两个根结点的权值最小的树合并，作为一棵新树的左、右子树，且新树的根结点权值为其左、右子树根结点权值之和。如下图所示。

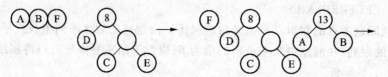

（3）从森林中删除选取的两棵树，并将新树加入森林。如下图所示。

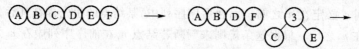

（4）重复（2）、（3）步，直到森林中只剩一棵树为止，该树即为所求得的哈夫曼树。如下图所示。

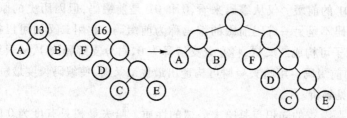

19. 【答案】　　typedef struct BiNode{
　　　　　ElemType data;
　　　　BiNode ＊ lchild;
　　　　BiNode ＊ rchild;
　　} ＊ BiTree;
　　BiTree Creat( ) //建立二叉树的二叉链表形式的存储结构
　　{ElemType x;BiTree bt;
　　scanf("％d",&x); //本题假定结点数据域为整型
　　if(x==0) bt=null;
　　else if(x>0)

```
            {bt = (BiNode * )malloc(sizeof(BiNode));
             bt->data = x; bt->lchild = creat( ); bt->rchild = creat( );
            }
        else error("输入错误");
        return(bt);
    }//结束 BiTree
```

int JudgeComplete(BiTree bt) //判断二叉树是否是完全二叉树,如是,返回1,否则,
返回0

```
{int tag = 0; BiTree p = bt, Q[ ]; // Q 是队列,元素是二叉树结点指针,容量足够大
if( p = = null) return (1);
QueueInit(Q); QueueIn(Q,p); //初始化队列,根结点指针入队
while (! QueueEmpty(Q))
{p = QueueOut(Q); //出队
 if (p->lchild && ! tag) QueueIn(Q,p->lchild); //左子女入队
 else {if (p->lchild) return 0; //前边已有结点为空,本结点不空
       else tag = 1; //首次出现结点为空
 if (p->rchild && ! tag) QueueIn(Q,p->rchild); //右子女入队
 else if (p->rchild) return 0; else tag = 1;
} //while
return 1; } //JudgeComplete
```

【解析】此问题考查的知识点是二叉树的建立算法。二叉树是递归定义的,以递归方式建立最简单。判定是否是完全二叉树,可以使用队列,在遍历中利用完全二叉树"若某结点无左子女就不应有右子女"的原则进行判断。完全二叉树证明还有很多方法。判断时易犯的错误是证明其左子树和右子数都是完全二叉树,由此推出整棵二叉树必是完全二叉树的错误结论。

20. 【答案】

int Depth(Ptree t) //求以双亲表示法为存储结构的树的深度

```
{int maxdepth = 0;
  for(i = 1; i < = t. n; i++)
{temp = 0; f = i;
while(f>0) {temp++; f = t. nodes[f]. parent;} // 深度加1,并取新的双亲
         if(temp>maxdepth) maxdepth = temp; //最大深度更新
         }
return(maxdepth); //返回树的深度
} //结束 Depth
```

【解析】此问题考查的知识点是树的不同形式的存储结构,求树的高度。由于以双亲表示法作树的存储结构,找结点的双亲容易。因此我们可求出每一结点的层次,取其最大层次就是树有深度。对每一结点,找其双亲,双亲的双亲,直至(根)结点双亲为0为止。

21. 【答案】见解析。

【解析】此问题考查的知识点是二叉树的递归算法。二叉树高度可递归计算如下:若二叉树为空,则高度为 0,否则,二叉树的高度等于左右子树高度的大者加 1。这里二叉树为空的标记不是 null 而是 0。设根结点层号为 1,则每个结点的层号等于其双亲层号加 1。

二叉树的存储结构定义如下:

```
typedefstruct node
{ int L[ ];//编号为 i 的结点的左儿子
  int R[ ];//编号为 i 的结点的右儿子
  int D[ ];//编号为 i 的结点的层号
  int i;//存储结点的顺序号(下标)
  }tnode;
```

(1) int Height(tnode t,int i)//求二叉树高度,调用时 i=1

```
    {int lh,rh;
    if (i==0) return (0);
    else
      {lh=Height(t,t.L[i]); rh=Height(t,t.R[i]);
      if(lh>rh) return(lh+1); else   return(rh+1);
       }
    }//结束 Height
```

求最大宽度可采用层次遍历的方法,记下各层结点数,每层遍历完毕,若结点数大于原先最大宽度,则修改最大宽度。

(2) int Width(BiTree bt)//求二叉树 bt 的最大宽度

```
{if (bt==null) return (0); //空二叉树宽度为 0
  else
    {BiTree Q[ ];//Q 是队列,元素为二叉树结点指针,容量足够大
    front=1;rear=1;last=1;//front 队头指针,rear 队尾指针,last 同层最右结点在队列中的
                          位置
    temp=0; maxw=0; //temp 记局部宽度, maxw 记最大宽度
     Q[rear]=bt;//根结点入队列
    while(front<=last)
     {p=Q[front++]; temp++; //同层元素数加 1
      if (p->lchild!=null) Q[++rear]=p->lchild; //左子女入队
      if (p->rchild!=null) Q[++rear]=p->rchild; //右子女入队
       if (front>last) //一层结束
    {last=rear;
    if(temp>maxw) maxw=temp;//last 指向下层最右元素, 更新当前最大宽度
       temp=0;
     }//if
     }//while
```

```
        return (maxw);
    }//结束 width
```

22.【答案】

```
void Ancestor(ElemType A[], int  n, int i, int j)//二叉树顺序存储在数组 A[n]中,求下标
分别为 i 和 j 的结点的最近公共祖先结点的值。
   {while(i! =j)
   if(i>j) i=i/2;//下标为 i 的结点的双亲结点的下标
    else j=j/2;//下标为 j 的结点的双亲结点的下标
    printf("所查结点的最近公共祖先的下标是%d,值是%d",i,A[i]);//设元素类型整型
   }// Ancestor
```

【解析】此问题考查的知识点是二叉树顺序存储相应算法。该题是按完全二叉树的格式存储,利用完全二叉树双亲结点与子女结点编号间的关系,求下标为 i 和 j 的两结点的双亲,双亲的双亲,等等,直至找到最近的公共祖先。

23.【答案】

```
void Search(BiTree bt, ElemType x)
//在二叉树 bt 中,查找值为 x 的结点,并打印其所有祖先
{    typedef struct { BiTree t;
                      int tag;
    }stack;//tag 标志
    stack s[];//栈容量足够大
    top=0;
    while ( bt ! = null || top>0)
      {while( bt! =null && bt->data! =x)
        {s[++top].t=bt; s[top].tag=0; bt=bt->lchild;} //结点入栈,沿左分支向下
        if( bt->data==x){ printf("所查结点的所有祖先结点的值为:\n");//找到 x
        for(i=1;i<=top;i++) printf(s[i].t->data);return;} //输出祖先值后结束
        while(top! =0 && s[top].tag==1) top--;//退栈(空遍历)
        if(top! =0) {s[top].tag=1;bt=s[top].t->rchild;}//沿右分支向下遍历
      }// while(bt! =null||top>0)
}结束 Search
```

因为查找的过程就是后序遍历的过程,使用的栈的深度不超过树的深度,算法复杂度为 $O(\log_2 n)$。

【解析】此问题考查的知识点是后序遍历的思想。后序遍历最后访问根结点,当访问到值为 x 的结点时,栈中所有元素均为该结点的祖先。

第四章　图

一、单项选择题

1. 【答案】B

【解析】此题考查的知识点是完全无向图的定义。具有 n 个结点的无向图边最多的图是无向完全图，设 n 阶无向完全图的边数为 m，则图中所有点的度数和为 $2m$。而 n 阶无向完全图的每个顶点都与其他顶点相邻，故图中每个点度数都为 $n-1$，进而所有点的度数为 $n(n-1)$。因此 $2m=n(n-1)$，故 $m=n(n-1)/2$。所以选 B。

2. 【答案】A

【解析】此题考查的知识点是无向图的性质。根据无向图的性质可知，对于一个有 n 个顶点的连通无向图，只需要 $n-1$ 条边即可成为连通无向图。

3. 【答案】B、D

【解析】此题考查的知识点是连通分量的定义。在无向图中，如果从顶点 v_i 到顶点 v_j 有路径，则称 v_i 和 v_j 连通。如果图中任意两个顶点之间都连通，则称该图为连通图，否则，将其中的极大连通子图称为连通分量。本题中最少的连通分量个数就是 n 个顶点均连通，只有 1 个。最多是 n 个顶点都不连通，有 n 个。所以选 B、D。

4. 【答案】A

【解析】此题考查的知识点是有向无环图的定义。有向无环图是一个无环的有向图，可以用来表示公共子表达式，本题中出现的 5 个字符作为 5 个顶点，其中 $A+B$ 和 A 可共用，所以至少 5 个即可，选 A。

5. 【答案】A

【解析】此题考查的知识点是图 DFS 的遍历及拓扑分类。在 DFS 算法退栈返回时，输出的是出度为 0 的顶点，所以为逆拓扑有序，应选 A。

6. 【答案】C

【解析】此题考查的知识点是图的邻接矩阵存储。在图的邻接矩阵中，两点之间有边，则值为 1，否则为 0。本题只要考虑 $A^m=A\times A\times\cdots\times A$（$m$ 个 A 矩阵相乘后的乘积矩阵）中 (i,j) 的元素值是否为 0 就行了。

7. 【答案】A

【解析】此题考查的知识点是图的 BFS 算法。BFS 是从根结点开始，沿着树的宽度遍历树的结点，如果所有结点均被访问，则算法中止。当各边上的权值相等时，计算边数即可，所以选 A。

8. 【答案】D

【解析】此题考查的知识点是图的拓扑排序。根据拓扑排序的定义，若顶点 v_i 与顶点 v_j 有一条弧，则拓扑序列中顶点 v_i 必在顶点 v_j 之前。若有一条从 v_j 到 v_i 的路径，则顶点 v_i 不可能在顶点 v_j 之前。所以应选 D。

9. 【答案】D

【解析】此题考查的知识点是图的关键路径。在 AOE 网中，从始点到终点具有最大路径长度(该路径上的各个活动所持续的时间之和)的路径称为关键路径,并且不只一条。关键路径上的活动称为关键活动。A、B、C的说法都正确。但任何一个关键活动提前完成,不一定会影响关键路径,所以B不正确。根据题意,应选B。

10.【答案】B

【解析】此题考查的知识点是二部图的定义与存储。二部图定义为:若能将无向图 G = <V,E>的顶点集 V 划分成两个子集 V1 和 V2(V1∩V2 = φ),使得 G 中任何一条边的两个端点一个属于 V1,另一个属于 V2,则称 G 为二部图。由于其特点,其存储矩阵必为分块对称的,所以选B。

二、综合应用题

1.【答案】见解析。

【解析】此问题考查的知识点是图的定义。具有 n 个顶点 $n-1$ 条边的无向连通图是自由树,即没有确定根结点的树,每个结点均可当根。若边数多于 $n-1$ 条,因一条边要连接两个结点,则必因加上这一条边而使两个结点多了一条通路,即形成回路。形成回路的连通图不再是树(在图论中树定义为无回路的连通图)。

2.【答案】见解析。

【解析】此问题考查的知识点是无环图的定义。据题意该有向图顶点编号的规律是让弧尾顶点的编号大于弧头顶点的编号。由于不允许从某顶点发出并回到自身顶点的弧,所以邻接矩阵主对角元素均为0。先证明该命题的充分条件。由于弧尾顶点的编号均大于弧头顶点的编号,在邻接矩阵中,非零元素($A[i][j] = 1$)自然是落到下三角矩阵中;命题的必要条件是要使上三角为0,则不允许出现弧头顶点编号大于弧尾顶点编号的弧,否则,就必然存在环路。(对该类有向无环图顶点编号,应按顶点出度顺序编号。)

3.【答案】(1) $n(n-1)$, n

(2) 10^6,不一定是稀疏矩阵

(3) 同解析。

【解析】此问题考查的知识点是图的相关术语。(1)在有向图 G 中,如果对于每一对 v_i,v_j 属于 V,v_i 不等于 v_j,从 v_i 到 v_j 和从 v_j 到 v_i 都存在路径,则称 G 是强连通图。最多边是所有的顶点每对之间都有边,边数为 $n(n-1)$,最少只有一个方向有边为 n。(2)元素个数为矩阵的大小,即 10^6,稀疏矩阵的定义是非零个数远小于该矩阵元素个数,且分布无规律,不一定稀疏。(3)使用深度优先遍历,按退出 DFS 过程的先后顺序记录下的顶点是逆向拓扑有序序列。若在执行 DFS(v)未退出前,出现顶点 u 到 v 的回边,则说明存在包含顶点 v 和顶点 u 的环。

4.【答案】见解析。

【解析】此问题考查的知识点是图顶点度数。可以按各顶点的出度进行排序。n 个顶点的有向图,其顶点最大出度是 $n-1$,最小出度为0。这样排序后,出度最大的顶点编号为1,出度最小的顶点编号为 n。之后,进行调整,即若存在弧<i,j>,而顶点 j 的出度大于顶点 i 的出度,则将把 j 编号在顶点 i 的编号之前。

5.【答案】见解析。

【解析】此问题考查的知识点是图的遍历。采用深度优先遍历算法,在执行 DFS(v)时,若在退出 DFS(v)前,碰到某顶点 u,其邻接点是已经访问的顶点 v,则说明 v 的子孙 u 有到 v 的回边,即说明有环;否则,无环。

6. 【答案】见解析。

【解析】此问题考查的知识点是图的遍历。遍历不唯一的因素有:开始遍历的顶点不同;存储结构不同;在邻接表情况下邻接点的顺序不同。

7. 【答案】

(1) 无向连通图的生成树包含图中全部 n 个顶点,以及足以使图连通的 $n-1$ 条边。而最小生成树则是各边权值之和最小的生成树。

(2) 最小生成树有两棵。下面给出顶点集合和边集合,边以三元组 (V_i, V_j, W) 形式,其中 W 代表权值。

$V(G) = \{1, 2, 3, 4, 5\}$

$E1(G) = \{(4, 5, 2), (2, 5, 4), (2, 3, 5), (1, 2, 7)\}$;

$E2(G) = \{(4, 5, 2), (2, 4, 4), (2, 3, 5), (1, 2, 7)\}$

【解析】此问题考查的知识点是最小生成树的定义。该题说明图的最小生成树不唯一,但权值和唯一,出现两个或以上的情况是因为有权值相同的边。牢记 Prim(选图的顶点),Kruscal(选图的边,边上权值排序))两种算法的区别及算法步骤。

8. 【答案】顶点 A 到顶点 B、C、D、E 的最短路径依次是 3、18、38、43,按 Dijkstra 所选顶点过程是 B、C、D、E。支撑树的边集合为 $\{<A, B>, <B, C>, <C, D>, <B, E>\}$

具体分析如表所示。

表　Dijkstra 算法的执行过程

循环	S	W	D[2]	D[3]	D[4]	D[5]
初态	$\{A\}$	-	3	20	∞	45
1	$\{A, B\}$	B	3	18	38	43
2	$\{A, B, C\}$	C	3	18	38	43
3	$\{A, B, C, D\}$	D	3	18	38	43
4	$\{A, B, C, D, E\}$	E		18	38	43

【解析】此问题考查的知识点是最短路径。

9. 【答案】

(1) 对有向图,求拓扑序列步骤为:

① 在有向图中选一个没有前驱(即入度为零)的顶点并输出。

② 在图中删除该顶点及所有以它为尾的弧。

重复①和②步,直至全部顶点输出,这时拓扑排序完成;否则,图中存在环,拓扑排序失败。

(2) 从入度为 0 的顶点开始,当有多个顶点可以输出时,将其按序从上往下排列,这样不会丢掉一种拓扑序列。从顶点 1 开始的所有可能的拓扑序列为 12345678,12354678,13456278,13546278。

【解析】此问题考查的知识点是拓扑排序。

10. 【答案】算法1:

```
int visited[ ] =0; //全局变量,访问数组初始化
int dfs( AdjList g , vi)
//以邻接表为存储的有向图 g,判断 vi 到 vj 是否有通路,返回 1 或无 0
{ visited[ vi] =1; //visited 是访问数组,设顶点的信息就是顶点编号
p=g[ vi]. firstarc; //第一个邻接点
while ( p! =null)
{ j=p->adjvex;
if ( vj= =j) { flag=1; return(1) ;} //vi 和 vj 有通路
if ( visited[ j] = =0)
dfs(g,j);
p=p->next;
}//while
if ( ! flag) return(0);
}//结束
```

算法 2:输出 v_i 到 v_j 的路径,其思想是用一个栈存放遍历的顶点,遇到顶点 v_j 时输出路径。

```
void dfs( AdjList g , int i )
  //顶点 vi 和顶点 vj 间是否有路径,如有,则输出
{   int top=0, stack[ ]; //stack 是存放顶点编号的栈
  visited[ i] =1;//visited 数组在进入 dfs 前已初始化
  stack[ ++top] =i;
   p=g[ i]. firstarc; /求第一个邻接点
while ( p)
  {if ( p->adjvex= =j)
  {stack[ ++top] =j; printf( "顶点 vi 和 vj 的路径为:\n");
   for ( i=1; i<=top; i++) printf( "%4d",stack[ i]); exit(0);
  }//if
else if ( visited[ p->adjvex] = =0) {dfs(g,g->adjvex); top--; p=p->next;}
  }//while
}//结束算法 2
```

算法 3:非递归算法求解。

```
int Judge ( AdjList g , int i , j )
  //判断 n 个顶点以邻接表示的有向图 g 中,顶点 vi 各 vj 是否有路径,有则返回 1,否则
  返回 0。
{ for ( i=1;i<=n;i++) visited[ i] =0; //访问标记数组初始化
  int stack[ ],top=0;stack[ ++top] =vi;
  while( top>0)
  {k=stack[ top--]; p=g[ k]. firstarc;
  while( p! =null && visited[ p->adjvex] = =1) p=p->next;
```

```
                    //查第 k 个链表中第一个未访问的弧结点
       if(p = = null) top--;
     else {i=p->adjvex;
     if(i = = j) return(1) ; //顶点 vi 和 vj 间有路径
     else {visited[i] =1; stack[++top] =i;}//else
     }//else
     } while
     return(0) ; } //顶点 vi 和 vj 间无通路
```

【解析】此问题考查的知识点是图的遍历。在有向图中,判断顶点 v_i 和顶点 v_j 间是否有路径,可采用搜索的方法,从顶点 v_i 出发,不论是深度优先搜索(DFS)还是宽度优先搜索(BFS),在未退出 DFS 函数或 BFS 函数前,若访问到 v_j,则说明有通路,否则无通路。设一全程变量 flag。初始化为 0,若有通路,则 flag = 1。

11.【答案】用邻接矩阵存储

```
void Print(int v,int start ) //输出从顶点 start 开始的回路
{
for(i=1;i<=n;i++)
if(g[v][i]! =0 && visited[i] ==1 ) //若存在边(v,i),且顶点 i 的状态为 1
{printf("% d",v); if(i ==start) printf("\n"); else Print(i,start);break;}//if
}//Print
void dfs(int v)
{
visited[v] =1;
for(j=1;j<=n;j++ )
if (g[v][j]! =0) //存在边(v,j)
  if (visited[j]! =1) {if(! visited[j]) dfs(j); }//if
  else {cycle =1; Print(j,j);}
  visited[v] =2;
}//dfs
void find_cycle( )
//判断是否有回路,有则输出邻接矩阵。visited 数组为全局变量
{
    for (i=1;i<=n;i++) visited[i] =0;
    for (i=1;i<=n;i++ ) if (! visited[i]) dfs(i);
}//find_cycle
```

【解析】此问题考查的知识点是图的遍历。有向图判断回路要比无向图复杂。利用深度优先遍历,将顶点分成三类:未访问;已访问但其邻接点未访问完;已访问且其邻接点已访问完。下面用 0、1、2 表示这三种状态。前面已提到,若 dfs(v)结束前出现顶点 u 到 v 的回边,则图中必有包含顶点 v 和 u 的回路。对应程序中 v 的状态为 1,而 u 是正访问的顶点,若找出 u 的下一邻接

点的状态为 1,就可以输出回路了。

12.【答案】

```
void Allpath( AdjList g,vertype u,vertype v)
    //求有向图 g 中顶点 u 到顶点 v 的所有简单路径,初始调用形式
{
int top=0,s[ ];
s[ ++top]=u; visited[ u]=1;
while ( top>0 || p)
{p=g[ s[ top]].firstarc; //第一个邻接点
while ( p! =null && visited[ p->adjvex] = =1) p=p->next;
//下一个访问邻接点表
if ( p= =null) top--; //退栈
    else { i=p->adjvex; //取邻接点(编号)
    if ( i= =v) //找到从 u 到 v 的一条简单路径,输出
{for ( k=1;k<=top;k++) printf( "%3d",s[ k]); printf( "%3d\n",v);}//if
    else { visited[ i]=1; s[ ++top]=i; } //else 深度优先遍历
    }//else //while
    }// AllSPdfs
```

【解析】此问题考查的知识点是图的遍历。算法思想同第 10 题,利用深度优先搜索来实现。

13.【答案】 void SpnTree (AdjList g)
//用"破圈法"求解带权连通无向图的一棵最小代价生成树

```
{typedef struct {int  i, j, w}node; //设顶点信息就是顶点编号,权是整数
node edge[ ];
scanf( "%d%d",&e,&n) ; //输入边数和顶点数。
for (i=1;i<=e;i++)//输入 e 条边:顶点,权值
scanf("%d%d%d" ,&edge[ i].i ,&edge[ i].j ,&edge[ i].w);
for (i=2;i<=e;i++) //按边上的权值大小,对边进行逆序排序
{edge[ 0]=edge[ i]; j=i-1;
while ( edge[ j].w<edge[ 0].w) edge[ j+1]=edge[ j--];
edge[ j+1]=edge[ 0]; }//for
k=1; eg=e;
while ( eg>=n) /破圈,直到边数 e=n-1.
{if ( connect(k)) //删除第 k 条边若仍连通
{edge[ k].w=0; eg--; }//测试下一条边 edge[ k],权值置 0 表示该边被删除
k++; //下条边
}//while
}//算法结束
```

connect( )是测试图是否连通的函数,可用 DFS 函数或 BFS 函数实现,若是连通图,一次进入

DFS 函数或 BFS 函数就可遍历完全部顶点,否则,因为删除该边而使原连通图成为两个连通分量时,该边不应删除。"破圈"结束后,可输出 edge 中 w 不为 0 的 n-1 条边。

【解析】此问题考查的知识点是最小生成树的定义。连通图的生成树包括图中的全部 n 个顶点和足以使图连通的 n-1 条边,最小生成树是边上权值之和最小的生成树。故可按权值从大到小对边进行排序,然后从大到小将边删除。每删除一条当前权值最大的边后,就去测试图是否仍连通,若不再连通,则将该边恢复。若仍连通,继续向下删;直到剩 n-1 条边为止。

14. 【答案】

```
int dfs( Graph g ,vertype parent ,vertype child ,int len)
//深度优先遍历,返回从根到结点 child 所在的子树的叶结点的最大距离
{current_len = len; maxlen = len;
v = GraphFirstAdj( g ,child );
while ( v! = 0) //邻接点存在
if ( v! = parent)
{len = len+length( g ,child ,c); dfs( g ,child ,v ,len);
if ( len>maxlen) maxlen = len;
v = GraphNextAdj( g ,child ,v); len = current_len; } //if
len = maxlen;
return( len);
}//结束 dfs

int Find_Diamenter ( Graph g)
    //求无向连通图的直径,图的顶点信息为图的编号
    {maxlen1 = 0; maxlen2 = 0;
    //存放目前找到的根到叶结点路径的最大值和次大值
    len = 0; //深度优先生成树根到某叶结点间的距离
    w = GraphFirstAdj(g,1); //顶点 1 为生成树的根
    while ( w! = 0) //邻接点存在
    {len = length( g ,1 ,w);
    if ( len>maxlen1) {maxlen2 = maxlen1; maxlen1 = len;}
    else if ( len>maxlen2) maxlen2 = len;
    w = GraphNextAdj( g ,1 ,w);//找顶点 1 的下一邻接点
    }//while
    printf( "无向连通图 g 的最大直径是% d\n" ,maxlen1+maxlen2);
    return( maxlen1+maxlen2);
}//结束 find_diamenter
```

算法主要过程是对图进行深度优先遍历。若以邻接表为存储结构,则时间复杂度为 $O(n+e)$。

【解析】此问题考查的知识点是图的遍历。对于无环连通图,顶点间均有路径,树的直径是生成树上距根结点最远的两个叶子间的距离,利用深度优先遍历可求出图的直径

15.【答案】

（1）邻接表定义：

```
typedef struct ArcNode{
  int adjvex;
  struct ArcNode * next;
    }ArcNode;
Typedef struct VNode{
  vertype data;
  ArcNode * firstarc;
    }VNode, AdjList[MAX];
```

（2）全局数组定义：

```
int visited[ ] =0; finished[ ] =0; flag =1; //flag 测试拓扑排序是否成功
ArcNode * final =null; //final 是指向顶点链表的指针,初始化为 0
```

（3）算法

```
void dfs( AdjList g,vertype v)
//以顶点 v 开始深度优先遍历有向图 g,顶点信息就是顶点编号
  {ArcNode * t; //指向边结点的临时变量
printf("% d" ,v); visited[v] =1; p =g[v]. firstarc;
  while( p! =null)
  {j =p->adjvex;
  if ( visited[j] ==1 && finished[j] ==0) flag =0 //dfs 结束前出现回边
  else if( visited[j] ==0) {dfs( g,j); finished[j] =1;} //if
  p =p->next;
  }//while
  t =( ArcNode * )malloc( sizeof( ArcNode));//申请边结点
  t->adjvex =v; t->next =final; final =t; //将该顶点插入链表
  } //dfs 结束
  int dfs-Topsort( Adjlist g)
//对以邻接表为存储结构的有向图进行拓扑排序,拓扑成功返回1,否则返回 0
  {i =1;
  while ( flag && i <=n)
  if ( visited[i] ==0) {dfs( g,i); finished[i] =1; }//if
  return( flag );
  }// dfs-Topsort
```

【解析】此问题考查的知识点是图的遍历。对有向图进行深度优先遍历可以判定图中是否有回路。若从有向图某个顶点 v 出发遍历,在 dfs(v) 结束之前,出现从顶点 u 到顶点 v 的回边,图中必存在环。由于 dfs 产生的是逆拓扑排序,故设一类型是指向邻接表的边结点的全局指针变量 final,在 dfs 函数退出时,把顶点 v 插入到 final 所指的链表中,链表中的结点就是一个正常

的拓扑序列。

第五章　查　找

一、单项选择题

1. 【答案】C

【解析】此题考查的知识点是顺序查找长度 ASL 的计算。假设列表长度为 n，那么查找第 i 个数据元素时需进行 $n-i+1$ 次比较，即 $C_i = n-i+1$。又假设查找每个数据元素的概率相等，即 $P_i = 1/n$，则顺序查找算法的平均查找长度为：

$$ASL = \sum_{i=1}^{n} P_i C_i = \frac{1}{n} \sum_{i=1}^{n} C_i = \frac{1}{n} \sum_{i=1}^{n} (n-i+1) = \frac{1}{2}(n+1)$$

所以应选 C。

2. 【答案】(1) D，(2) C

【解析】此题考查的知识点是各类查找算法的比较次数计算。顺序查找法用所给关键字与线性表中各元素的关键字逐个比较，直到成功或失败。其 $ASL = (n+1)/2$，即查找成功时的平均比较次数约为表长的一半。

二分法查找过程可用一个称为判定树的二叉树描述，由于判定树的叶子结点所在层次之差最多为1，故 n 个结点的判定树的深度与 n 个结点的完全二叉树的深度相等，均为 $[\log_2 n]+1$。这样，折半查找成功时，关键字比较次数最多不超过 $[\log_2 n]+1$。所以，(1) 应选择 D，(2) 应选 C。

3. 【答案】D

【解析】此题考查的知识点是折半查找的特点。折半查找要求顺序存储且元素有序，所以应选 D。

4. 【答案】A

【解析】此题考查的知识点是折半查找的思想。把关键字按完全二叉树的形式画出查找树，按结点高度计算比较次数。12 个结点可以画出高度为 4 的完全二叉树，1 层 1 个结点比较 1 次，2 层 2 个结点比较 2 次，3 层 4 个结点比较 3 次，4 层 5 个结点比较 4 次，35/12 = 3.1，应选 A。

5. 【答案】D

【解析】此题考查的知识点是折半查找的效率。其查找效率与比较次数有关，折半查找成功时，关键字比较次数最多不超过 $[\log_2 n]+1$，所以其效率为 $O(\log_2 n)$，应选 D。

6. 【答案】C

【解析】此题考查的知识点是各类查找的特点。顺序查找，算法简单，且对表的结构无任何要求，无论是用向量还是用链表来存放结点，也无论结点之间是否按关键字有序，它都同样适用，但查找效率低。

折半查找要求线性表中结点按关键字有序，并且要用数组作为表的存储结构，其不适合动态变化。

索引顺序查找分为两部分，由"分块有序"的线性表和索引表组成，查找效率较高，又便于线性表动态变化。

哈希法查找以结点的关键字 K 为自变量,通过一个确定的函数(即映射)关系 H,计算出对应的函数值 $H(K)$,然后把这个值解释为结点的存储地址,将结点存入 $H(K)$ 所指的存储位置上。在查找时,根据要查找的关键字用同一函数 H 计算出地址,再到相应的单元里去取要找的结点。根据题意,应选 C。

7.【答案】C

【解析】此题考查的知识点是平衡二叉树的旋转。因为不平衡点 A 的左子树平衡因子为 0,若插入到左子树上不会影响 A 的平衡因子,所以只能插入到 A 的右子树上,而右子树的因子为 1,所以只能是插其左子树上,应该是 RL 型,所以选择 C。

8.【答案】D

【解析】此题考查的知识点是 m 阶 B⁻树的定义。一棵 m 阶的 B⁻树或为空,或满足下列条件:(1)树中每个结点至多有 m 个孩子;(2)除根结点和叶子结点外,其他每个结点至少有 $m/2$ 个孩子(3)若根结点不是叶子结点,则至少有 2 个孩子;(4)所有叶子结点都出现在同一层,叶子结点不包含任何关键字信息;(5)所有的非叶结点都包含下列数据:

$(n,A_0,K_1,A_1,K_2,\cdots,K_n,A_n)$,且 $K_i<K_i+1$。综上所述,只有 D 不全面,所以应选 D。

9.【答案】C

【解析】此题考查的知识点是 B⁻树和 B⁺树的定义。B⁻树定义见第 8 题,B⁺树是应文件系统所需而出的一种 B⁻树的变型树。一棵 m 阶的 B⁺树和 m 阶的 B⁻树的差异在于:

(1)有 n 棵子树的结点中含有 n 个关键字。

(2)所有的叶子结点中包含了全部关键字的信息,及指向含这些关键字记录的指针,且叶子结点本身依关键字的大小自小而大顺序链接。

(3)所有的非终端结点可以看成是索引部分,结点中仅含其子树(根结点)中的最大(或最小)关键字。通常在 B⁺树上有两个头指针,一个指向根结点,一个指向关键字最小的叶子结点。所以 B⁺树能有效地支持随机检索和顺序检索。显然应选 C。

10.【答案】B

【解析】此题考查的知识点是 m 阶 B⁻树的定义。B⁻树是一种平衡的多路排序树,m 阶即 m 叉。应选 B。

11.【答案】C

【解析】此题考查的知识点是 B⁻树的查找。在 B⁻树上进行查找需比较的结点数最多为 B⁻树的高度,B⁻树的高度与 B⁻树的阶 m 和键值总数 n 有关。

(1)设 B⁻树某结点的子树数为 C_i,则该结点的关键字数 $N_i=C_i-1$。对于有 k 个结点的 B⁻树,有

$$\sum N_i = \sum(C_i-1) = \sum C_i - k \quad (1\le i\le k) \tag{1}$$

因为 B 树上的关键字数,即

$$\sum N_i = n \quad (1\le i\le k) \tag{2}$$

而 B⁻树上的子树数可这样计算:每个结点(除根结点)都是一棵子树,设叶子(子树)数为 s;则

$$\sum C_i = (k-1)+s \quad (1\le i\le k) \tag{3}$$

综合式(1)、式(2)、式(3),有 $h=n+1$。

（2）根据 B⁻树的定义，B⁻树的第一层（即根结点）的结点数至少为 1 个，第二层的结点数至少为 2，第三层的结点数至少为 2⌈m/2⌉，第四层的结点数至少为 2(⌈m/2⌉)2，以此类推，第 h+1 层的结点数至少为 2(⌈m/2⌉)h-1。综上所述，可得到如下不等式：

$$h \leqslant 1 + \log_{\lceil m/2 \rceil}(n+1)/2$$，所以选 C。

12.【答案】D

【解析】此题考查的知识点是散列法查找。地址计算公式为

$$H_i(key) = (H(key) + d_i) \% B,$$

其中 $d_i = \pm 1^2, \pm 2^2, \cdots, \pm k^2$，称为二次探测再散列。先计算加，后计算减，计算后选 D。

13.【答案】D

【解析】此题考查的知识点是散列函数性质。为保证其地址的随机性，函数值应当以同等概率取其值域的每个值。所以应选 D。

14.【答案】（1）D，（2）C

【解析】此题考查的知识点是线性探测法。通过计算知 $h(26)=9, h(25)=8, h(72)=4, h(38)=4, h(8)=8, h(18)=1, h(59)=8$。因为有冲突，所以根据线性探测法 59 应存放在 11 中，（1）应选 D。当搜索元素 59 时，先计算地址为 8，发现不是，按存放原则向后继续，比较 4 次后即可。所以（2）应选 C。

15.【答案】C

【解析】此题考查的知识点是散列法查找特点。由于散列函数的选取，仍然有可能产生地址冲突，所以应选 C。

二、综合应用题

1.【答案】见解析。

【解析】此题考查的知识点是 HASH（哈希）查找。HASH 方法的平均查找路长主要取决于负载因子（表中有元素数与表长之比），它反映了哈希表的装满程度，该值一般取 0.65 ~ 0.9。与结点个数 N 有关。

解决冲突方法：

（1）开放定址法。形成地址序列的公式是：$H_i = (H(key) + d_i) \% m$，其中 m 是表长，d_i 是增量。

（2）链地址法。将关键字为同义词的记录存储在同一链表中，散列表地址区间用 H[m-1] 表示，分量初始值为空指针。

2.【答案】由于装填因子为 0.8，关键字有 8 个，所以表长为 8/0.8 = 10。

（1）用除留余数法，哈希函数为 $H(key) = key \% 7$

（2）哈希表如下：

散列地址	0	1	2	3	4	5	6	7	8	9
关键字	21	15	30	36	25	40	26	37		
比较次数	1	1	1	3	1	1	2	6		

（3）计算查找失败时的平均查找长度，必须计算不在表中的关键字，当其哈希地址为 i（$0 \le i \le m-1$）时的查找次数。本例中 $m=10$。故查找失败时的平均查找长度为：

$$ASL_{unsucc} = (9+8+7+6+5+4+3+2+1+1)/10 = 4.6$$
$$ASL_{succ} = 16/8 = 2，（16 \text{ 为比较次数之和}）$$

【解析】此题考查的知识点是 HASH 函数的设计、地址计算、冲突处理、查找效率。

3.【答案】该结论不成立。对于任一 $a \in A$，可在 B 中找到最近祖先 f。a 在 f 的左子树上。对于从 f 到根结点路径上所有 $b \in B$，有可能 f 在 b 的右子树上，因而 a 也就在 b 的右子树上，这时 $a>b$，因此 $a<b$ 不成立。同理可以证明 $b<c$ 不成立。而对于任何 $a \in A, c \in C$ 均有 $a<c$。

【解析】此题考查的知识点是二叉排序树的定义。二叉排序树（Binary Sort Tree）又称二叉查找树。它或者是一棵空树，或者是具有下列性质的二叉树：（1）若左子树不空，则左子树上所有结点的值均小于它的根结点的值；（2）若右子树不空，则右子树上所有结点的值均大于它的根结点的值；（3）左、右子树也分别为二叉排序树。

4.【答案】

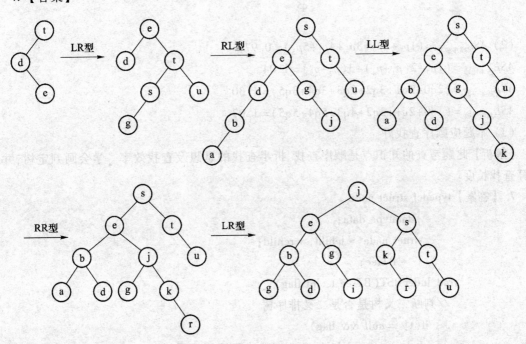

【解析】此题考查的知识点是平衡二叉树的建立。平衡二叉树（Balanced Binary Tree）又被称为 AVL 树，是一棵二叉排序树，且具有以下性质：它是一棵空树或它的左右两个子树的高度差的绝对值不超过 1，并且左右两个子树都是一棵平衡二叉树。建立方法从根结点开始，小于插在左边，大于插在右边，不平衡则旋转。

5.【答案】

按索引顺序查找分块组织数据。N 个区间分块有序，区间（块）内无序，将块内最大关键字置于块内最后一个位置，即向量下标为 i_k-1，其中 $i=1,2,\cdots,N-1$，k 为每区间的长度（最后一个区间的最大关键字置于向量最后一个位置）。查找时，若 N 较小，可用顺序查找，依次将 x 与

$r[i_k-1] \times key$ 进行比较,找到合适的块以后在块内顺序查找;若 N 很大,也可用折半查找,以确定 x 所在块,在块内顺序查找。

【解析】此题考查的知识点是分块查找。

6.【答案】

(1) 顺序查找判定树

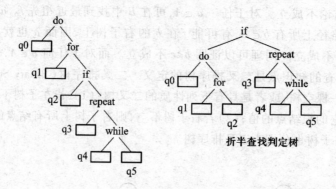

折半查找判定树

(2) $ASL_{顺序成功} = (1p_1 + 2p_2 + 3p_3 + 4p_4 + 5p_5) = 0.97$

$ASL_{折半成功} = (1p_3 + 2(p_1 + p_4) + 3(p_2 + p_5)) = 1.04$

$ASL_{折半失败} = (2q0 + 3q1 + 3q2 + 2q3 + 3q4 + 3q5) = 1.30$

$ASL_{顺序失败} = (1q0 + 2q1 + 3q2 + 4q3 + 5q4 + 5q5) = 1.07$

(3) 本题应顺序查找好。

【解析】此题考查的知识点是顺序查找、折半查找的思想及查找效率。学会画判定树,并会计算查找长度。

7.【答案】
```
typedef struct node
        {datatype data;
        struct node * lchild, * rchild;
        } * BTree;
    void JudgeBST(BTree t, int flag)
    //判断二叉树是否是二叉排序树
    {  if(t! =null && flag)
      {Judgebst(t->lchild, flag);// 中序遍历左子树
    if(pre = =null)pre =t;// 中序遍历的第一个结点不必判断
      else if(pre->data<t->data)pre =t;//前驱指针指向当前结点
      else{flag =flase;} //不是二叉排序树
       Judgebst (t->rchild,flag);// 中序遍历右子树
    }//JudgeBST 算法结束
```

本题的另一算法是照定义,二叉排序树的左右子树都是二叉排序树,根结点的值大于左子树中所有值而小于右子树中所有值,即根结点大于左子树的最大值而小于右子树的最小值。算法如下:

```
int JudgeBST( BTree t)
    //判断二叉树 t 是否是二叉排序树
    {if( t = = null) return true;
    if( Judgebst( t->lchild) && Judgebst( t->rchild) )//若左右子树均为二叉排序树
        {m = max( t->lchild) ;n = min( t->rchild) ;//左子树中最大值和右子树中最小值
        return( t->data>m && t->data<n) ;}
        else return false;//不是二叉排序树
    }//结束 judgebst
    int max( BTree p)//求二叉树左子树的最大值
    {   if( p = = null) return -maxint;//返回机器最小整数
        else{while( p->rchild! = null) p = p->rchild;
        return p->data ;}
    }
    int min( BTree p)//求二叉树右子树的最小值
    {if( p = = null) return maxint;//返回机器最大整数
    else{while( p->lchild! = null) p = p->lchild;
    return p->data ;}
}
```

【解析】此题考查的知识点是二叉排序树的特点及遍历算法。根据二叉排序树中序遍历所得结点值为增序的性质,在遍历中将当前遍历结点与其前驱结点值比较,即可得出结论,为此设全局指针变量 pre(初值为 null) 和全局变量 flag,初值为 true。若非二叉排序树,则置 flag 为 false。

8.【答案】

```
void Delete( BSTree t,p)
    //在二叉排序树 t 中,删除 f 所指结点的右孩子( 由 p 所指向) 的算法
    {if( p->lchild = = null) {f->rchild = p->rchild;free( p) ;} //p 无左子女
        else //用 p 左子树中的最大值代替 p 结点的值
        {q = p->lchild;s = q;
        while( q->rchild) {s = q;q = q->rchild ;}//查 p 左子树中序序列最右结点
        if( s = = p->lchild) //p 左子树的根结点无右子女
            {p->data = s->data;p->lchild = s->lchild;free( s) ;}
        else{p->data = q->data;s->rchild = q->lchild;free( q) ;}
        }
    }//Delete
```

【解析】此题考查的知识点是二叉排序树的基本算法。

9.【答案】typedef struct node
{keytype key;
struct node * next;

```
    }HSNode; * HSList;
typedef struct node  * HLK;
void Delete( HLK HT[ ],keytype K)
    //用链地址法解决冲突,从哈希表中删去关键字为 K 的记录
    {i=H(K);//用哈希函数确定关键字 K 的哈希地址
        if(HT[i] = = null){printf("无被删除记录\n");exit(0);}
        HLK p,q; p=H[i];q=p; //p 指向当前记录(关键字),q 是 p 的前驱
        while(p && p->key! =k){q=p;p=p->next;}
        if(p = = null){printf("无被删除记录");exit(0); }
        if(q = = H[i]) //被删除关键字是链表中第一个结点
            {HT[i]=HT[i]. next;free(p);}
        else{q->next=p->next;free(p);}
    }//结束 Delete
```

【解析】此题考查的知识点是 HASH 表基本算法。用链地址法解决冲突的哈希表是一个指针数组,数组分量均是指向单链表的指针,(第 i 个)单链表结点有两个域,一个是哈希地址为 i 的关键字,另一个是指向同义词结点的指针。删除算法与单链表上删除算法类似。

10.【答案】
```
int Height( BSTree t)
    //求平衡二叉树 t 的高度
{level=0;p=t;
while(p)
{level++; // 树的高度增 1
    if( p->bf<0) p=p->rchild;//bf=-1 沿右分枝向下
    else p=p->lchild;//bf>=0 沿左分枝向下
}//while
    return(level);//平衡二叉树的高度
} //算法结束
```

【解析】此题考查的知识点是平衡二叉树的算法。因为二叉树各结点已标明了平衡因子 b,故从根结点开始记树的层次。根结点的层次为 1,每下一层,层次加 1,直到层数最大的叶子结点,这就是平衡二叉树的高度。当结点的平衡因子 b 为 0 时,任选左右一分支向下查找,若 b 不为 0,则沿左(当 $b=1$ 时)或右(当 $b=-1$ 时)向下查找。

11.【答案】

(1) 非递归建立二叉排序树,在二叉排序树上插入的结点都是叶子结点。
```
void Creat_BST( BiTree bst,datatypeK[ ],int n)
    //以存储在数组 K 中的 n 个关键字,建立一棵初始为空的二叉排序树
    {for(i=1;i≤n;i++)
    {p=bst;f=null;//在调用 Creat_BST 时,bst=null
    while(p! =null)
```

```
if( p->data<K[ i ]) { f=p;p=p->RLINK; } // f 是 p 的双亲
elseif( p->data>K[ i ]) { f=p;p=p->LLINK;}
s=( BiTree) malloc( sizeof ( BiNode ) );// 申请结点空间
s->data=K[ i ];s->LLINK=null;s->RLINK=null;
if( f==null) bst=s;//根结点
elseif( s->data<f->data) f->LLINK=s;//左子女
elsef->RLINK=s;//右子树根结点的值大于等于根结点的值
}//算法结束
```

（2）将二叉排序树上的各整数按降序写入磁盘的问题,要对二叉排序树进行"中序遍历"。为了降序,"中序遍历"要采取"右根左"。为方便实现,先将整数写入一全局变量数组中,再写入磁盘文件中。

```
int i=0,a[n];//长度为 n 的整型数组
void InOrder( BSTree t)
    //先右后左的中序遍历二叉排序树 t,假定该树 t 已生成
    {if ( t)
        { InOrder( t->rchild )
          a[ i++ ]=t->key;
          InOrder( t->lchild )
        }
    }//InOrder
void SaveToDisk( )
    //将二叉排序树上的各整数按降序写入磁盘
    {FILE  * fp;
    if ( ( fp=fopen( "file1. dat", "wb" ) )==null)
        { printf( "file can not open! \n" );exit(0); }
    fwrite( a,sizeof ( int ),n,fp);//将数组 a 中的 n 个整数写入磁盘
    fclose( fp);//关闭文件
    }//SaveToDisk
```

【解析】此题考查的知识点是二叉排序树的建立方法,并掌握文件操作的相关语句。

12.【答案】

```
int Search( rectype R[ ],int n,K)
    //在具有 n 个元素的有序表 R 中,顺序查找值为 K 的结点,查找成功返回其位置,
    //否则返回-1 表示失败
    {i=0;
    while(i<n)
        {if( R[ i ]==K) return ( i);
          else if( R[ i ]>K) return ( -1);
```

```
            i++;
        }//while
    return(-1);
    }//结束 search
```

【解析】此题考查的知识点是顺序查找算法。在等概率情况下,则查找成功的平均查找长度为 $(n+1)/2$,查找失败的平均查找长度为 $(n+2)/2$(失败位置除小于每一个,还存在大于最后一个)。若查找成功和不成功的概率也相等,则查找成功时和关键字比较的个数的期望值约为 $(n+1)/4$。

13.【答案】

```
#define m 顺序表中记录个数
    typedef struct node
    {keytype key;//关键字
          int adr; //该关键字在顺序表中的下标
    }idxnode; //索引表的一项
typedef struct node
    {keytype key; //关键字
    anytype other;//记录中的其他数据
    }datatype
void IndexT(idxnode index[m+1],datatyp seq[m+1])
//给有个 m 记录的顺序表 seq 建立索引表 index
{index[1].key=seq[1].key; index[1].adr=1;
for (i=2,i<=m,i++)
{j=i-1;
index[0].key=seq[i].key; //监视哨
    while(index[j].key<index[0].key)
    {index[j+1]=index[j]; j--;}
    index[j+1].key=index[0].key; //关键字放入正确位置
    index[j+1].adr=i;//第 i 个记录的下标
}
```

【解析】此题考查的知识点是排序问题。因涉及顺序表和索引表而放在这里。顺序表无序,索引表有序。由顺序表中的关键字及其下标地址组成索引表中的一项。顺序表有 m 个记录,索引表应有 m 项。建立索引表宜采用"直接插入排序",这样才能在顺序表有序时,算法复杂度达到最好 $O(m)$。

第六章　排　序

一、单项选择题

1.【答案】D

【解析】此题考查的知识点是排序算法的稳定性问题。如果待排序的文件中,存在多个关键字相同的记录,经过排序后这些具有相同关键字的记录之间的相对次序保持不变,则称这种排序是稳定的排序;反之,若具有相同关键字的记录之间的相对次序发生变化,则称这种排序是不稳定的排序。是否稳定与算法有关,相邻数据比较的算法是稳定的,不相邻数据比较,会出现不稳定。选项 A、B、C 都是相邻元素比较,是稳定的。所以选 D。

2.【答案】C

【解析】此题考查的知识点是各类排序算法的思想。

冒泡排序方法就是自底向上检查这个序列,若两个相邻的元素的顺序不对,则交换。直到所有元素处理完为止。与序列初态有关,D 错。

直接插入排序思想是假设待排序的记录存放在数组 $R[n+1]$ 中,排序过程中的某一时刻,R 被分成两个子区间 $[R[1],R[i-1]]$ 和 $[R[i],R[n]]$,其中,前一个子区间是已排好序的有序区;后一个子区间是当前未排序的无序区。直接插入排序的基本操作是将当前无序区的第 1 个记录 $R[i]$ 插入到有序区中的适当位置,使得 $R[1]$ 到 $R[i]$ 变为新的有序区。首先比较 $R[i]$ 和 $R[i-1]$,如果 $R[i-1] \leqslant R[i]$,则 $R[1..i]$ 已排好序,第 i 遍处理就结束了;否则交换 $R[i]$ 与 $R[i-1]$ 的位置,继续比较 $R[i-1]$ 和 $R[i-2]$,直到找到某一个位置 $j(1 \leqslant j \leqslant i-1)$,使得 $R[j] \leqslant R[j+1]$ 时为止。与序列初态有关,B 错。

快速排序是通过基准元素 v 把表(文件,数据集合)划分成左、右两部分,使得左边的各记录的关键字都小于 v;右边的各记录的关键字都大于等于 v;重复该过程直到排好序。与序列初态有关,A 错。

二路归并是首先把每个记录看成是一个有序序列,共 n 个,将它们两两合并成 $\lceil n/2 \rceil$ 个分类序列,每个序列长度为 2(当 n 为奇数时,最后一个序列长度为 1);对 $\lceil n/2 \rceil$ 个分类序列,再两两归并在一起;如此进行,直到归并成一个长度为 n 的分类序列为止。与序列初态无关,所以选 C。

3.【答案】C

【解析】此题考查的知识点是各类排序算法的效率。起泡排序比较 $n(n-1)/2$ 次,没有交换次数;堆排序一次比较 $\log_2 n$ 次,共需要 n 次;直插比较 $n-1$ 次,没有交换;二路归并排序一次比较 $\log_2 n$ 次,共需要 n 次。综上,应选 C。

4.【答案】A

【解析】此题考查的知识点是排序算法的思想。参见第 2 题,应选 A。

5.【答案】D

【解析】此题考查的知识点是各类排序算法的思想。参见第 2、3 题,应选 D。

6.【答案】C

【解析】此题考查的知识点是各类排序算法的思想。参见第 2 题。应选 C。

7. 【答案】B

【解析】此题考查的知识点是各类排序算法的思想。参见第 2 题。应选 B。

8. 【答案】(1) C、(2) B

【解析】此题考查的知识点是各类排序算法的思想。参见第 2、3 题。应选 C、B。

9. 【答案】D

【解析】此题考查的知识点是各类排序算法的思想。冒泡排序和简单选择排序每次要比较 $n-i$ 次,快速排序结束后才能得到结果,堆排序可以在选择 5 次后得到结果,每次比较元素次数为 $\log_2 n$。所一应选 D。

10. 【答案】A

【解析】此题考查的知识点是各类排序的效率。简单选择排序和堆排序不受文件"局部有序"或文件长度,冒泡排序比较次数不变,直接插入排序比较次数减少,交换次数也较少,所以选择 A。

11. 【答案】A

【解析】此题考查的知识点是各类排序算法的思想。参照第 2 题,应选 A。

12. 【答案】C

【解析】此题考查的知识点是冒泡算法的思想及过程。参照第 2 题,第一趟比较 5 次,第 2 趟比较 4 次,第 3 趟比较 3 次,第 4 趟比较 2 次,第 5 趟比较 1 次,结束。共 15 次,应选 C。

13. 【答案】C

【解析】简单选择排序的关键字比较次数 KCN 与对象的初始排列无关。第 i 趟选择具有最小关键字对象所需的比较次数总是 $n-i-1$ 次,此处假定整个待排序对象序列有 n 个对象。因此,总的关键字比较次数为:

$$KCN = \sum_{i=0}^{n-2} (n-i-1) = \frac{n(n-1)}{2}$$

最坏情况是每一趟都要进行交换,总的对象移动次数为 $RMN = 3(n-1)$。

14. 【答案】A

【解析】此题考查的知识点为排序的空间复杂性。堆排序辅助空间为 $O(1)$,快速排序为 $O(\log n)$,归并为 $O(n)$。应选 A。

15. 【答案】A

【解析】此题考查的知识点是归并排序思想。参见第 2 题,当第一个有序表中所有的元素都小于第二个表中元素,或者都大于第二个表中元素时,比较次数最少为 N。

16. 【答案】B

【解析】此题考查的知识点是分块排序的思想。因组与组之间已有序,故将 n/k 个组分别排序即可,基于比较的排序方法每组的时间下界为 $O(k\log k)$。可以用二叉树分治形式描述,最好的情况是树的高度为 $\log k$。全部时间下界为 $O(n\log k)$。应选 B。

17. 【答案】D

【解析】此题考查的知识点是堆排序过程。堆的定义简单描述为对于任意一个非叶结点上的关键字都不大于(或不小于)其左、右儿子结点上的关键字。即 $A[i/2].key \leqslant A[i].key, 1 \leqslant i/2 < i \leqslant n$。在堆中,以任意结点为根的子树仍然是堆。特别地,每个叶结点也可视为堆。

建立方式是把数组所对应的完全二叉树以堆不断扩大的方式整理成堆。令 $i=n/2,\cdots,2,1$ 分别把以 $n/2,\cdots,2,1$ 为根的完全二叉树整理成堆。所以应选 D。

18.【答案】B

【解析】此题考查的知识点是归并排序。第 1 遍归并的子序列长度为 2^0，第 2 遍为 $2^1,\cdots$，第 i 遍为 2^{i-1}，所以由 $2^{i-1}\geqslant n$ 知，对 n 个记录的数据集合，总共需要归并 $\log n$ 次。应选 B。

19.【答案】C

【解析】此题考查的知识点是堆排序。参见第 17 题，应选 C。

20.【答案】A

【解析】此题考查的知识点是各类排序的效率。理论上可以证明，对于基于关键字之间比较的分类，无论用什么方法都至少需要进行 $\log_2 n!$ 次比较。

由 Stirling 公式可知，$\log_2 n!\approx n\log n-1.44n+O(\log_2 n)$。所以基于关键字比较的分类时间的下界是 $O(n\log_2 n)$。因此不存在时间复杂性低于此下界的基于关键字比较的分类。应选 A。

二、综合应用题

1.【答案】这种说法不对。因为排序的不稳定性是指两个关键字值相同的元素的相对次序在排序前、后发生了变化，而题中叙述和排序中稳定性的定义无关，所以此说法不对。对 4,3,2,1 起泡排序就可否定本题结论。

【解析】此题考查的知识点是排序的稳定性。

2.【答案】可以做到。取 a 与 b 进行比较，c 与 d 进行比较。设 $a>b,c>d$($a<b$ 和 $c<d$ 情况类似)，此时需 2 次比较，取 b 和 d 比较，若 $b>d$，则有序 $a>b>d$；若 $b<d$ 时则有序 $c>d>b$，此时已进行了 3 次比较。再把另外两个元素按折半插入排序方法，插入到上述某个序列中共需 4 次比较，从而共需 7 次比较。

【解析】此题考查的知识点是排序的效率。

3.【答案】将 n 个元素对称比较，即第一个元素与最后一个元素比较，第二个元素与倒数第二个元素比较……比较中的小者放前半部，大者放后半部，用了 $n/2$ 次比较。再在前后两部分中分别简单选择最小和最大元素，各用 $(n/2)-1$ 次比较。总共用了 $(3n/2)-2$ 次比较。显然，当 $n\geqslant 3$ 时，$(2n-3)>(3n/2)-2$。

用分治法求解再给出另一参考答案。

对于两个数 x 和 y，经一次比较可得到最大值和最小值；对于三个数 x,y,z，最多经 3 次比较可得最大值和最小值；对于 n 个数($n>3$)，将分成长为 $n-2$ 和 2 的前后两部分 A 和 B，分别找出最大者和最小者：Max A、Min A、Max B、Min B，最后 Max = {Max A，Max B} 和 Min = {Min A，Min B}。对 A 使用同样的方法求出最大值和最小值，直到元素个数不超过 3。

设 $C(n)$ 是所需的最多比较次数，根据上述原则，当 $n>3$ 时有如下关系式：

$$C(n)=\begin{cases}1 & n=2\\2 & n=3\\C(n-2)-3 & n>3\end{cases}$$

通过逐步递推，可以得到：$C(n)=(3n/2)-2$。显然，当 $n>3$ 时，$2n-3>(3n/2)-2$。事实上，$(3n/2)-2$ 是解决这一问题的比较次数的下限。

【解析】此题考查的知识点是排序的效率。

4.【答案】假定待排序的记录有 n 个。由于含 n 个记录的序列可能出现的状态有 $n!$ 个,则描述 n 个记录排序过程的判定树必须有 $n!$ 个叶子结点。因为若少一个叶子,则说明尚有两种状态没有分辨出来。我们知道,若二叉树高度是 h,则叶子结点个数最多为 2^{h-1};反之,若有 u 个叶子结点,则二叉树的高度至少为 $(\log_2 u) + 1$。这就是说,描述 n 个记录排序的判定树必定存在一条长度为 $\log_2(n!)$ 的路径。即任何一个借助"比较"进行排序的算法,在最坏情况下所需进行的比较次数至少是 $\log_2(n!)$。根据斯特林公式,有 $\log_2(n!) = O(n\log_2 n)$。即借助于"比较"进行排序的算法在最坏情况下能达到的最好时间复杂度为 $O(n\log_2 n)$。

【解析】此题考查的知识点是基于比较的排序算法效率。

5.【答案】

等概率(后插),插入位置 $0..n$,则平均移动个数为 $n/2$。

不等概率,平均移动个数 $\sum_{i=0}^{n-1} (n-i)/(n(n+1)/2)(n-i) = (2n+1)/3$

【解析】此题考查的知识点是顺序查找的效率。

6.【答案】

(1) 在最好情况下,假设每次划分能得到两个长度相等的子文件,文件的长度 $n = 2^k - 1$,那么第一遍划分得到两个长度均为 $\lfloor n/2 \rfloor$ 的子文件,第二遍划分得到 4 个长度均为 $\lfloor n/4 \rfloor$ 的子文件,以此类推,总共进行 $k = \log_2(n+1)$ 遍划分,各子文件的长度均为 1,排序完毕。当 $n = 7$ 时,$k = 3$,在最好情况下,第一遍需比较 6 次,第二遍分别对两个子文件(长度均为 3,$k=2$)进行排序,各需 2 次,共 10 次即可。

(2) 在最好情况下快速排序的原始序列实例:4,1,3,2,6,5,7。

(3) 在最坏情况下,若每次用来划分的记录的关键字具有最大值(或最小值),那么只能得到左(或右)子文件,其长度比原长度少 1。因此,若原文件中的记录按关键字递减次序排列,而要求排序后按递增次序排列时,快速排序的效率与冒泡排序相同,其时间复杂度为 $O(n^2)$。所以当 $n = 7$ 时,最坏情况下的比较次数为 21 次。

(4) 在最坏情况下快速排序的初始序列实例:7,6,5,4,3,2,1,要求按递增排序。

【解析】此题考查的知识点是快速排序的思想。它的基本思想是:通过一趟排序将要排序的数据分割成独立的两部分,其中一部分的所有数据都比另外一部分的所有数据都要小,然后再按此方法对这两部分数据分别进行快速排序,整个排序过程可以递归进行,以此达到整个数据变成有序序列。

7.【答案】

(1) 堆的存储是顺序的。

(2) 最大值元素一定是叶子结点,在最下两层上。

(3) 在建含有 n 个元素、深度为 h 的堆时,其比较次数不超过 $4n$,推导如下:

由于第 i 层上的结点数至多是 2^{i-1},以它为根的二叉树的深度为 $h-i+1$,则调用 $\lfloor n/2 \rfloor$ 次筛选算法时总共进行的关键字比较次数不超过下式之值:

$$\sum_{i=h-1}^{1} 2^{i-1} \times 2(h-i) = \sum_{i=h-1}^{1} 2^i \times (h-i) = \sum_{j=1}^{h-j} 2^{h-j} \times j \leqslant (2n) \sum_{j=1}^{h-j} j/2^j \leqslant 4n$$

【解析】此题考查的知识点是堆的基本定义及效率。堆定义为 n 个关键字序列 $K_1, K_2, \cdots,$ K_n，当且仅当该序列满足如下性质(简称为堆性质)：

(1) $k_i \leqslant K_{2i}$ 且 $k_i \leqslant K_{2i+1}$ 或(2) $K_i \geqslant K_{2i}$ 且 $k_i \geqslant K_{2i+1} (1 \leqslant i \leqslant n)$ 。k_i 相当于二叉树的非叶结点，K_{2i} 则是左孩子，k_{2i+1} 是右孩子。

8.【答案】

$K_1 \sim K_n$ 是堆，在 K_n+1 加入后，将 $K_1..K_n+1$ 调成堆。设 $c=n+1, f=\lfloor c/2 \rfloor$，若 $K_f \leqslant K_c$，则调整完成。否则，K_f 与 K_c 交换之后，$c=f, f=\lfloor c/2 \rfloor$，继续比较，直到 $K_f \leqslant K_c$，或 $f=0$，即为根结点，调整结束。

【解析】此题考查的知识点是堆的调整方法。

9.【答案】

```
void BubbleSort2( int a[ ] , int n ) //相邻两趟向相反方向起泡的冒泡排序算法
{ change = 1 ; low = 0 ; high = n-1 ; //冒泡的上下界
  while( low<high && change )
  { change = 0 ; //交换标志
    for( i = low ; i < high ; i++ ) //从上向下起泡
    if( a[ i ]>a[ i+1 ] ){ a[ i ]<-->a[ i+1 ] ; change = 1 ; } //有交换,修改标志 change
    high-- ; //修改上界
    for( i = high ; i>low ; i-- ) //从下向上起泡
    if( a[ i ]<a[ i-1 ] ){ a[ i ]<-->a[ i-1 ] ; change = 1 ; }
    low++ ; //修改下界
  } //while
} //BubbleSort2
```

【解析】此题考查的知识点是双向冒泡算法。题目中"向上移"理解为向序列的右端，而"向下移"按向序列的左端来处理。

10.【答案】

```
typedef struct
{ int key ;
datatype info
}RecType
void CountSort ( RecType a[ ] , b[ ] , int n ) //计数排序算法,将 a 中记录排序放入 b 中
{ for ( i = 0 ; i<n ; i++ ) //对每一个元素
{ for ( j = 0 , cnt = 0 ; j<n ; j++ )
    if( a[ j ].key<a[ i ].key ) cnt++ ; //统计关键字比它小的元素个数
    b[ cnt ] = a[ i ] ;
}
} //Count_Sort
```

对于有 n 个记录的表，关键字比较 n^2 次。

简单选择排序算法比本算法好。简单选择排序比较次数是 $n(n-1)/2$，且只用一个交换记

录的空间;而这种方法比较次数是 n^2,且需要另一数组空间。

【解析】此题考查的知识点是计数排序思想。因题目要求"针对表中的每个记录,扫描待排序的表一趟",所以比较次数是 n^2 次。若限制"对任意两个记录之间应该只进行一次比较",则可把以上算法中的比较语句改为:

```
for(i=0;i<n;i++) a[i].count=0;//各元素再增加一个计数域,初始化为0
for(i=0;i<n;i++)
for(j=i+1;j<n;j++)
if(a[i].key<a[j].key) a[j].count++; else a[i].count++;
```

11.【答案】

```
Partition(RecType R[ ],int l,int h)
//一趟快速排序算法,枢轴记录到位,并返回其所在位置
{ int i=l; j=h; R[0]=R[i]; x=R[i].key;
  while(i<j)
  { while(i<j && R[j].key>=x)j--;
    if (i<j) R[i]=R[j];
    while(i<j && R[i].key<=x)i++;
    if (i<j) R[j]=R[i];
  }//while
R[i]=R[0];
return i;
}//Partition
```

【解析】此题考查的知识点是快速排序的思想。

12.【答案】

```
int Partition(RecType K[ ],int 1,int n)
{ //交换记录子序列K[1..n]中的记录,使枢轴记录到位,并返回其所在位置
  //此时,在它之前(后)的记录均不大(小)于它
int i=1; j=n; K[0]=K[j]; x=K[j].key;
while(i<j)
{ while(i<j && K[i].key<=x)i++;
if (i<j) K[j]=K[i];
while(i<j && K[j].key>=x)j--;
if (i<j) K[i]=K[j];
}//while
K[i]=K[0]; return i;
}//Partition
```

【解析】此题考查的知识点是快速排序的思想。以 K_n 为枢轴的一趟快速排序。将第11题算法改为以最后一个为枢轴先从前向后再从后向前。

13.【答案】

```
void sift( RecType  R[ ],int  n)
{ //把 R[n]调成大堆
j=n; R[0]=R[j];
for ( i=n/2;i>=1;i=i/2)
    if ( R[0]. key>R[i]. key)
      { R[j]=R[i] ; j=i; }
      else break;
      R[j]=R[0];
}//sift


void HeapBuilder( RecType R[ ],int n)
{
      for ( i=2;i<=n;i++)
      sift ( R,i);

}
```

【解析】此题考查的知识点是堆的插入算法。从第 *n* 个记录开始依次与其双亲(*n*/2)比较，若大于双亲则交换，继而与其双亲的双亲比较，以此类推直到根为止。

14. 【答案】void MinMaxHeapIns(RecType R[ ],int n)
{ //假设 R[1..n-1]是最小最大堆,插入第 n 个元素,把 R[1..n]调成最小最大堆

```
j=n; R[0]=R[j];
h=logn+1;//求高度
if ( h%2 = =0)//插入元素在偶数层,是最大层
{i=n/2;
if ( R[0]. key<R[i]. key)//插入元素小于双亲,先与双亲交换,然后调小堆
{R[j]=R[i];
j=i/4;
while ( j>0 && R[j]>R[i])//调小堆
{R[i]=R[j]; i=j; j=i/4; }
R[i]=R[0];
}
else//插入元素大于双亲,调大堆
{i=n; j=i/4;
while ( j>0 && R[j]<R[i])
{R[i]=R[j]; i=j; j=i/4; }
R[i]=R[0];
}
}
else//插入元素在奇数层,是最小层
```

```
{i=n/2;
if (R[0].key>R[i].key)//插入元素大于双亲,先与双亲交换,然后调大堆
{R[j]=R[i];
j=i/4;
while (j>0 && R[j]<R[i])//调大堆
{R[i]=R[j]; i=j; j=i/4; }
R[i]=R[0];
}
else//插入元素小于双亲,调小堆
{i=n; j=i/4;
while (j>0 && R[j]>R[i])
{R[i]=R[j]; i=j; j=i/4; }
R[i]=R[0];
}
}
}//MinMaxHeapIns
```

【解析】此题考查的知识点是堆的算法。将插入的元素放到最后,然后调整,方法同第
13 题。

（1）加入关键字 5 的结点后,最小最大堆如下图。

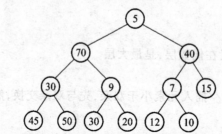

（2）加入关键字 80 的结点后,最小最大堆如下图。

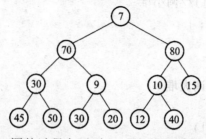

（3）从插入位置进行调整,调整过程由下到上。首先根据元素个数求出插入元素所在层次
数,以确定其插入层是最大层还是最小层。若插入元素在最大层,则先比较插入元素是否比双亲
小,如是,则先交换,之后,将小堆与祖先调堆,直到满足小堆定义或到达根结点;若插入元素不小
于双亲,则调大堆,直到满足大堆定义。若插入结点在最小层,则先比较插入元素是否比双亲大,
如是,则先交换,之后,将大堆与祖先调堆;若插入结点在最小层且小于双亲,则将小堆与祖先调

堆,直到满足小堆定义或到达根结点。

15.【答案】typedef struct

```
{ int key;
  int next;
} SLRecType;
SLRecType R[N+1];
typedef  struct
  { int  f,  e;
  } SLQueue;
  SLQueue  B[10];
int Radixsort ( SLRecType R[ ],int n)//设各关键字已输入到 R 数组中
{ for (i=1;i<n;i++) R[i]. next=i+1;
  R[n]. next=-1; p=1;//-1 表示静态链表结束
  for (i=0;i<=9;i++)
    { B[i]. f=-1; B[i]. e=-1;} //设置队头队尾指针初值
while (p! =-1)//一趟分配
  {k=R[p]. key;//取关键字
  if(B[k]. f==-1)B[k]. f=p; //修改队头指针
  else R[B[k]. e]. next=p;
  B[k]. e=p;
  p=R[p]. next;//下一记录
}
  i=0;//一趟收集
while (B[i]. f==-1) i++;
t=B[i]. e; p=B[i]f;
while (i<9)
{i++;
if (B[i]. f! =-1)
  { R[t]. next=B[i]. f; t=B[i]. e;}}
R[t]. next=-1;
return p;//返回第一个记录指针
}
```

　　【解析】此题考查的知识点是基数排序。基数排序法又称"桶子法"(Bucket Sort),它是透过键值的部分信息,将要排序的元素分配至某些"桶"中,达到排序的目的,基数排序法是属于稳定性的排序,其时间复杂度为 $O(d×n)$,其中 d 为所采取的基数,而 n 为关键字数。本题是基数排序的特殊情况,关键字只含一位数字的整数。若关键字含 d 位,则要进行 d 趟分配和 d 趟收集。关键字最好放入字符数组,以便取关键字的某位。

第二部分答案及解析

第一章 计算机系统概论

一、单项选择题

1.【答案】A

【解析】此题考查计算机的发展历程中做出重要贡献的人物。

2.【答案】D

【解析】此题考查划分计算机发展代次的因素以及半导体元器件的名称。

3.【答案】C

【解析】此题考查是固件的概念。

4.【答案】C

【解析】此题考查固件、时序逻辑、存储逻辑以及易失性的概念。

5.【答案】A

【解析】此题考查软/硬件的等价性原理。

6.【答案】C

【解析】CPI 是 Cycles Per Instruction（每条指令的平均时钟数）的缩写。

7.【答案】C

【解析】此题考查计算机性能指标的概念。

8.【答案】B

【解析】此题考查计算机性能指标——吞吐率、主频的概念，流水线的设置目的，操作系统中进程调度的相关策略及其侧重点。其中，短作业优先策略侧重提高吞吐率，采用时间片轮流策略侧重缩短响应时间，多级反馈队列兼顾吞吐率和响应时间。

9.【答案】A

【解析】此题考查计算机性能指标——响应时间、主频、CPI 的概念，流水线的设置目的，"微程序"控制技术的优缺点。其中，"微程序"控制技术的优点是易于扩充或修改指令，缺点是导致指令执行时间延长。

10.【答案】C

【解析】此题考查计算机性能指标——CPI 的概念和计算方法，超标量、超流水线、超长指令字 VLIW 的概念，简化数据通路结构和对程序进行编译优化的目的。其中，简化数据通路结构的目的是缩短指令的执行时间，这是有利于降低 CPI 的；对程序进行编译优化的目的：① 减少流水线相关；② 选择执行时间短的指令来完成同样的功能；③ 减少指令条数等。这些优化是有利于降低 CPI 的。

11.【答案】A

【解析】此题考查计算机性能指标——字长、CPI、MIPS 的概念,计算机组成部件 MAR 的概念。其中,MAR 的长度影响的是计算机能管理存储空间的大小。

12.【答案】D

【解析】此题考查计算机性能指标——吞吐率、响应时间、MTTR、加速比的概念。其中,MTTR 为平均故障修复时间,加速比(Speedup Rate)是指解决某个问题,在原有的计算条件(算法、程序或者硬件平台)下所花费的时间与在新的计算条件下所花费的时间的比值。

13.【答案】D

【解析】此题考查计算机的基本组成结构和工作过程。指令操作码的译码结果只决定指令的功能,指令和数据在主存储器中是混合存储的,指令和数据的寻址方式只决定访问哪个单元,这些都不足以区分指令和数据。只有指令和数据被读入 CPU 后,分别存入 IR 和通用寄存器,这时 CPU 才能区分哪个是指令、哪个是数据。故选 D。

14.【答案】C

【解析】此题考查冯·诺依曼计算机的特征。在冯·诺依曼计算机中,指令和数据是混合存储在同一个存储器中。指令和数据分别存储在不同的存储器内的计算机结构被称为"哈佛结构"。故选 C。

15.【答案】B

【解析】此题考查的知识点是冯·诺依曼计算机的特征。

16.【答案】A

【解析】此题考查的知识点是冯·诺依曼计算机的特征。

17.【答案】B

【解析】此题考查的知识点是计算机层次结构和透明性的概念。在计算机层次结构中,越往上层,功能越强,但性能下降,故选 B。C 和 D 是错误的,它们违反了计算机层次结构的特点和透明性的要求。

18.【答案】B

【解析】此题考查的知识点是计算机层次结构的概念。B 违反了计算机层次结构的特点,是错误的。故选 B。

19.【答案】B

【解析】透明性是指程序员无需关心、了解某些客观存在的事物。主存储器的模 m 交叉存取、Cache、指令寄存器 IR、采用流水技术来加速指令的解释以及在流水线中采用转发技术(设置相关专用通路),对汇编语言程序员而言,是透明的。编写程序时,汇编语言程序员必须了解通用寄存器的个数、存储器的最小编址单位以及 I/O 系统是否采用通道方式(涉及通道指令),所以是不透明的。

20.【答案】B

【解析】此题考查软件兼容和系列机的概念。

21.【答案】B

【解析】此题考查机器语言与汇编语言的区别。

22.【答案】A

【解析】基准程序是专门用来测试、评价、比较计算机系统性能的一组典型应用程序。汇编程序的功能是将汇编语言源程序翻译成机器代码。

23.【答案】D

【解析】此题考查计算机层次结构和虚拟机的概念。

24.【答案】B

【解析】计算机的层次结构从上到下依次是应用软件、系统软件、硬件系统。

25.【答案】D

【解析】目前,计算机采用二进制的原因是由物理器件性能决定,电子器件只能稳定地表示两种状态。

26.【答案】C

【解析】此题考查程序计数器 PC 的功能与用法。跳转指令的功能是修改 PC,计算机总是根据程序计数器 PC 的值来访问主存储器取出下一条指令。

27.【答案】B

【解析】此题考查的知识点是指令译码的概念和控制单元 CU 的功能。

28.【答案】C

【解析】此题考查的知识点是指令寄存器 IR 和程序计数器 PC 的概念。

29.【答案】D

【解析】访存数据寄存器有些文献称为 MBR,有些文献称为 MDR。访存地址寄存器 MAR 的位数/地址总线宽度取决于主存地址空间大小,主存容量常指实际的主存储器容量,它一般小于主存地址空间大小。

30.【答案】C

【解析】此题考查指令条数、时钟频率和 CPI 的基本概念以及相互影响。

31.【答案】B

【解析】此题考查的知识点是程序执行所需的 CPU 时间 =(指令条数×CPI)/时钟频率。

该程序这次运行所用 CPU 时间占整个 CPU 时间的百分比等于:

[(指令条数×CPI)/时钟频率]/周转时间×100% = $[(4×10^9×1.2)/2GHz]/4×100\% = 60\%$

32.【答案】C

【解析】机器执行程序的快慢还取决于程序在机器上的指令条数。同一个程序　翻译成 MIPS 数大的机器的目标代码中的指令条数可能要多于 MIPS 小的机器的目标代码中的指令条数。CPU 速度与 CPU 的主频有关,但并不是主频越高速度越快。一个用户程序执行过程中可能会插入运行其他程序,所以通常观测到的用户程序执行时间要大于其真正的 CPU 执行时间。

33.【答案】C

【解析】A、B 显然不正确。$V_B/V_A = 200/160 = 1.25$, $V_B = 1.25 V_A$。C 正确。机器 A 比机器 B 大约慢 0.25 倍,故 D 不正确。

二、综合应用题

1.【答案】程序在机器 A 上运行所花费的时钟周期数为:

运行时间×时钟频率 = $100s \times 1MHz = 100M$

则程序在机器 B 上运行所花费的时钟周期数为:$2 \times 100M = 200M$。

机器 B 的时钟频率 = $200M/50s = 4MHz$

2.【答案】O1 包含的指令条数为:$3+6+9+2 = 20$。O2 包含的指令条数为:$10+5+5+2 = 22$。所以,O1 包含的指令条数少。

O1 的时钟周期数为:$3 \times 1+6 \times 3+9 \times 4+2 \times 5 = 67$。O2 的时钟周期数为:$10 \times 1+5 \times 3+5 \times 4+2 \times 5 = 55$。可见,O2 的时钟周期数却少,O2 的执行时间短。

程序的 CPI = 程序总的时钟周期数/程序包含的指令条数。所以,O1 的 CPI = $67/20 = 3.35$,O2 的 CPI = $55/22 = 2.5$。

3.【答案】优化编译后,目标代码中各类指令所占比例分别为:

I3:$[30 \times (1-20\%)] / \{[30 \times (1-20\%)]+40+20+10\} \times 100\% = 25.53\%$

I1:$40 / (40+20+24+10) \times 100\% = 42.55\%$

I2:$20 / (40+20+24+10) \times 100\% = 21.28\%$

I4:$10 / (40+20+24+10) \times 100\% = 10.64\%$

(1) O1 的 CPI = $2 \times 40\%+3 \times 20\%+4 \times 30\%+5 \times 10\% = 3.1$。

O2 的 CPI = $2 \times 42.55\%+3 \times 21.28\%+4 \times 25.53\%+5 \times 10.64\% = 3.04$。

(2) 基于 O1 测得的机器 MIPS = $1GHz / 3.1 = 1000M/3.1 = 322.58$ MIPS。

基于 O2 测得的机器 MIPS = $1GHz / 3.04 = 328.95$ MIPS。

第二章　数据的表示和运算

一、单项选择题

1.【答案】A

【解析】$A = 128$,其他都是 85。

2.【答案】A

【解析】BCD 码主要用于表示十进制数,4 位二进制编码表示 1 位十进制数。EBCDIC 和 ASCII 码表示的是西文字符或符号,7 位二进制编码表示 1 个字符。

3.【答案】D

【解析】此题考查汉字编码的基本知识。

4.【答案】A

【解析】汉字内码每个字节的最高位为 1,以区别 ASCII 码。

5.【答案】B

【解析】旨在表示表示世界上所有字符或符号的 Unicode 的码长为 2 字节。

6.【答案】D

【解析】实行偶校验的信息中"1"的个数为偶数,奇校验为奇数。

7.【答案】D

【解析】此题考查汉明码的纠错方法。

根据接受到的(偶性)汉明码

1	2	3	4	5	6	7
C1	C2	b4	C3	b3	b2	b1

形成检测位 P4P2P1。其中,P4 = 4⊕5⊕6⊕7,P2 = 2⊕3⊕6⊕7,P1 = 1⊕3⊕5⊕7。

本题的检测位如下:P4 = 4⊕5⊕6⊕7 = 1⊕1⊕0⊕1 = 1;P2 = 2⊕3⊕6⊕7 = 0⊕0⊕0⊕1 = 1;P1 = 1⊕3⊕5⊕7 = 1⊕0⊕1⊕1 = 1。则 P4P2P1 = 111,则表示第 7 位在传输过程中出错。将其纠正,得到正确的汉明码为1001100B,从中提取出信息位为0100B。

8.【答案】C

【解析】CRC 校验码的位数等于采用的生成多项式的次数。本例中为 3 位。校验时,先在数据字后面加上"多项式次数"个"0"(本例中为 1001 0101 1001 000),再用生成多项式的系数(本例中为 1001)去除,所得余数为校验码。除法采用模 2 除法,即不考虑进位和借位的除法。

9.【答案】D

【解析】此题考查定点小数与定点整数的基本概念。

10.【答案】A

【解析】"0(零)"的表示不唯一的编码是原码。

11.【答案】B

【解析】补码表示的 8 位二进制定点小数所能表示数值的范围是 $-1.0000000B(-1)$ ~ $0.1111111B(1-2^{-7})$。

12.【答案】C

【解析】补码表示的 16 位二进制定点整数的表示范围是 $-32768(-2^{15})$ ~ $32767(2^{15}-1)$。

13.【答案】A

【解析】此题考查的知识点是定点小数计算机中"-1"的补码为:1,后面全 0;定点整数计算机中"-1"的补码为全 1(例如 11111111B)。

14.【答案】D

【解析】此题考查基于补码的减法的实现以及 ZF、VF、NF、CF 的定义。

15.【答案】C

【解析】此题考查定点小数原码与补码的基本概念。

16.【答案】B

【解析】此题考查采用补码表示时 16 位二进制定点整数的表示范围。

17.【答案】A

【解析】此题考查无符号整数 X 的$[-X]_{补}$的计算方法。

18.【答案】B

【解析】R1 的内容先是 x 的补码 FBC0H,算术右移 4 位后为 FFBCH。算术移位规则:最高位是符号位,保持符号位不变,补码右移空位补 1、左移空位补 0;逻辑移位规则:左移/右移空位都补 0。

19.【答案】D

【解析】引入补码的目的是为了将加法和减法统一,扩大计算机的表数范围的手段:增加字长、采用浮点数表示。

20.【答案】D

【解析】此题考查原码加减交替除法（也叫不恢复余数除法）的运算步骤。

21.【答案】C

【解析】此题考查移码的基本概念。只有在偏移常数为 2^{n-1} 时，n 位的移码和补码只是在符号位上有差别。

22.【答案】B

【解析】此题考查定点整数加法的基本概念。

23.【答案】B

【解析】此题考查知识点：只有补码形式下数值零才能唯一表示成"全0"。

24.【答案】A

【解析】此题考查知识点：整数在机器内部以补码形式存储；IEEE 754 标准下的浮点数 0.0 有"正"/"负"之分。

25.【答案】C

【解析】此题考查知识点：整数在机器内部以补码形式存储；当阶码为最大值 11111111，而尾数不等于零，IEEE 754 标准下的浮点数为"NAN（非数）"。

26.【答案】D

【解析】此题考查知识点：整数在机器内部以补码形式存储；当阶码为最大值 11111111，而尾数等于零，IEEE 754 标准下的浮点数为"∞（无穷大）"。

27.【答案】B

【解析】该浮点数的数符为 1，阶码为 1000 1010B（−127）=11，尾数为（1）.001B=1.125。

28.【答案】C

【解析】此题考查的知识点有：双符号位（变形补码）判断溢出的规则，双符号位的最高位总是数值的符号，正溢出与负溢出的概念。

29.【答案】D

【解析】此题考查的知识点：定点加法器判断溢出的规则；上溢与下溢是针对浮点数而言，定点数只有溢出、正溢出与负溢出的概念。

30.【答案】B

【解析】机器零是针对浮点数而定义的。

31.【答案】C

【解析】此题考查的知识点：机器零的定义；机器零有"+0.0"和"−0.0"之分。

32.【答案】B

【解析】此题考查的知识点：只有以移码表示阶码时，才能用全 0 表示机器零的阶码。

33.【答案】A

【解析】浮点数溢出是指阶码溢出（超出所能表示的最大值）。尾数上溢时，尾数将被右移 1 位，阶码加 1，这个操作被称为右规。

34.【答案】C

【解析】在浮点数的表示中，基数是隐含的，机器在设计与实现时就确定了。

35. 【答案】D

【解析】此题考查浮点数格式中尾数位数与所表示数据精度的关系以及阶码位数所表示数据范围的关系。

36. 【答案】D

【解析】此题考查的知识点:浮点数所能表示数的范围和精度都要优于长度相同的定点数所能表示数的范围和精度。

37. 【答案】C

【解析】此题考查的知识点:在长度相同的情况下,基数越大,所能表示数的个数越多、所能表示数的范围越大,但是所能表示数的精度降低。

38. 【答案】C

【解析】基数取 2 时,尾数(以原码表示)小数点后第一位不为 0 时即为规格化;取 4 时,小数点后 2 位不为 00 时即为规格化;取 8 时,尾数小数点后 3 位不为 000 时即为规格化;取 16 时,小数点后 4 位不为 0000 时即为规格化。

39. 【答案】B

【解析】此题考查的知识点:最简单的浮点数舍入处理方法是截断法;IEEE 754 标准的浮点数的尾数都是大于等于 1 的,所以乘法运算的结果也是大于等于 1,故不需要做"左规";对阶的原则是小阶向大阶对齐;当补码表示的尾数的最高位与尾数的符号位(数符)相异时表示规格化。

40. 【答案】C

【解析】此题考查的知识点:int 型数据向 float 型转换时可能丢失有效数位,再回到 int 型数值可能改变;int 型数据向 double 型转换时不会丢失有效数位,再回到 int 型数值不变;double 型数据向 float 型转换时可能丢失有效数位,而 float 型数据向 double 型转换时不会丢失有效数位;浮点数取负就是简单地将数符取反。

41. 【答案】B

【解析】ALU 采用组合逻辑电路来实现。一旦输入改变,输出立即改变。

42. 【答案】D

【解析】ALU 主要由加法器、乘法器、除法器、移位器和逻辑运算部件组成,指令寄存器和指令译码器属于控制器 CU。

43. 【答案】D

【解析】此题考查 74181 和 74182 的功能及基于它们的 ALU 的基本组成。

44. 【答案】B

【解析】此题考查两级分组先行进位链的概念。

45. 【答案】B

【解析】此题考查行波进位和先行进位的概念。

二、综合应用题

1. 【答案】(1) 变量 x 的值 65535,故其内容为:

$[x]_{原码} = [x]_{补码} = 0000\ 0000\ 0000\ 0000\ 1111\ 1111\ 1111\ 1111B = 0000\ FFFF\ H。$

变量 y 的值 -65535,故其内容为:

$[y]_{原码} = 1000\ 0000\ 0000\ 0000\ 1111\ 1111\ 1111\ 1111B,$

$[y]_{补码} = 1111\ 1111\ 1111\ 1111\ 0000\ 0000\ 0000\ 0001B = FFFF\ 0001\ H_{\circ}$

变量 f 的值 65535.0,故其内容为:

$$65535.0 = 0,0111\ 1111,\boxed{1}111\ 1111\ 1111\ 1111.\ 0000\ 0000B$$

$$(127)$$

$$= 0,1000\ 1110,\boxed{1}.111\ 1111\ 1111\ 1111\ 0000\ 0000B$$

$$= 0100\ 0111\ 0111\ 1111\ 1111\ 1111\ 0000\ 0000B$$

$$= \quad 4\quad 7\quad 7\quad F\quad F\quad F\quad 0\quad 0\quad H$$

变量 g 的值 -65535.0,故其内容为:

$$-65535.0 = 1,0111\ 1111,\boxed{1}111\ 1111\ 1111\ 1111.\ 0000\ 0000B$$

$$= 1,1000\ 1110,\boxed{1}.111\ 1111\ 1111\ 1111\ 0000\ 0000B$$

$$= 1100\ 0111\ 0111\ 1111\ 1111\ 1111\ 0000\ 0000B$$

$$= \quad C\quad 7\quad 7\quad F\quad F\quad F\quad 0\quad 0\quad H$$

(2) 变量 p 的值(ABCDEF78H)为变量 y(FFFF 0001 H)所在存储单元的地址。

由于按字节编址并采用小端方式,故 ABCDEF78H 所对应存储单元存储的是:01H;ABCDEF79H所对应存储单元存储的是:00H;ABCDEF7AH 所对应存储单元存储的是:FFH;ABCDEF7BH所对应存储单元存储的是:FFH。

则 ABCDEF79H 所对应存储单元存储的是:00H。

2. 【答案】x = 53191,则 $[x]_{原码} = [x]_{补码} = 00\ 00\ CF\ C7\ H_{\circ}$

(short)x 从 4 个字节的 x 中读(截下)低 2 个字节并赋给 y。

则 $[y]_{补码} = CF\ C7\ H, y = -12345_{\circ}$

语句"int j = y;"将 2 字节的 y 赋给 4 个字节的 j,需要进行符号位扩展。

则,$[j]_{补码} = FF\ FF\ CF\ C7\ H, j = -12345_{\circ}$

3. 【答案】(1) 数据 M′ 的校验码 P′ 中各位分别为:

$P'_1 = M_1 \oplus M_2 \oplus M_4 \oplus M_5 \oplus M_7 = 0 \oplus 1 \oplus 1 \oplus 0 \oplus 1 = 1,$

$P'_2 = M_1 \oplus M_3 \oplus M_4 \oplus M_6 \oplus M_7 = 0 \oplus 0 \oplus 1 \oplus 1 \oplus 1 = 1,$

$P'_3 = M_2 \oplus M_3 \oplus M_4 \oplus M_8 = 1 \oplus 0 \oplus 1 \oplus 0 = 0,$

$P'_4 = M_5 \oplus M_6 \oplus M_7 \oplus M_8 = 0 \oplus 1 \oplus 1 \oplus 0 = 0_{\circ}$

故障字 $S = S_4 S_3 S_2 S_1 = P' \oplus P'' = 0011 \oplus 0011 = 0000_{\circ}$ 表明数据无错误。

(2) 数据 M′ 的校验码 P′ 中各位分别为:

$P'_1 = M_1 \oplus M_2 \oplus M_4 \oplus M_5 \oplus M_7 = 0 \oplus 1 \oplus 1 \oplus 1 \oplus 1 = 0,$

$P'_2 = M_1 \oplus M_3 \oplus M_4 \oplus M_6 \oplus M_7 = 0 \oplus 0 \oplus 1 \oplus 1 \oplus 1 = 1,$

$P'_3 = M_2 \oplus M_3 \oplus M_4 \oplus M_8 = 1 \oplus 0 \oplus 1 \oplus 0 = 0,$

$P'_4 = M_5 \oplus M_6 \oplus M_7 \oplus M_8 = 1 \oplus 1 \oplus 1 \oplus 1 = 1_{\circ}$

故障字 $S = S_4 S_3 S_2 S_1 = P' \oplus P'' = 1010 \oplus 0011 = 1001_{\circ}$

表明第 9 位数据,即 M_5 出错。纠正 M_5,得到的数据为 01101010。

(3) 数据 M' 的校验码 P' 中各位分别为:

$P'_1 = M_1 \oplus M_2 \oplus M_4 \oplus M_5 \oplus M_7 = 0 \oplus 1 \oplus 1 \oplus 0 \oplus 1 = 1,$

$P'_2 = M_1 \oplus M_3 \oplus M_4 \oplus M_6 \oplus M_7 = 0 \oplus 0 \oplus 0 \oplus 1 \oplus 1 \oplus 1 = 1,$

$P'_3 = M_2 \oplus M_3 \oplus M_4 \oplus M_8 = 1 \oplus 0 \oplus 1 \oplus 0 = 0,$

$P'_4 = M_5 \oplus M_6 \oplus M_7 \oplus M_8 = 0 \oplus 1 \oplus 1 \oplus 0 = 0。$

故障字 $S = S_4 S_3 S_2 S_1 = P' \oplus P'' = 0011 \oplus 1011 = 1000。$

表明第 9 位数据,即 P_4 出错。由于是校验位出错,无需纠正,得到的数据正确。

第三章　存储器层次结构

一、单项选择题

1.【答案】B

【解析】此题考查计算机系统中存储器的分类及其特点。

2.【答案】B

【解析】此题考查不同存储器的易失性。

3.【答案】A

【解析】此题考查存储器存取周期 T_c 与存取时间 T_a 的概念及其关系。T_c 是存储器进行连续的读或写操作允许的最短时间间隔,T_a 是存储器进行一次读或写操作所需的平均时间。

4.【答案】B

【解析】$\log_2 1G = 30$,所以 MAR 有 30 位。由于一次最多存取 64 位,则用来作为读/写数据缓冲的 MDR 的位数应该有 64 位。

5.【答案】D

【解析】此题考查的知识点:存储系统层次结构的基本概念。Cache-主存层次对所有程序员都是透明的。主存-辅存层次只对应用程序员透明,对系统程序员不透明。

6.【答案】C

【解析】此题考查相联存储器的基本概念与组成原理。

7.【答案】C

【解析】此题考查 DRAM 刷新的基本概念。

8.【答案】D

【解析】此题考查 DRAM 刷新的基本概念以及不同刷新方式的特点。

9.【答案】C

【解析】此题考查的知识点:小端次序与大端次序;一台机器只能选择一种存储次序。

10.【答案】D

【解析】此题考查小端次序的基本概念。

11.【答案】A

【解析】$x = -1.5 = 1\ 0111\ 1111\ 1000000\ 00000000\ 00000000B$(IEEE754)

　　= 1011 1111 1100 0000 0000 0000 0000 0000B

　　= B　F　C　0　0　0　0　0H

在小端次序的主存中,变量占据 0000 1000H ~ 0000 1003H 共4个字节单元,最低单元(字地址所在单元)存放最低字节 00H,最高单元存放最高字节 BFH。

12.【答案】B

【解析】此题考查"信息按整数边界存储"的概念

13.【答案】C

【解析】此题考查的知识点:与 SRAM 相比,DRAM 便宜,功耗较低,但需要刷新;EPROM 采用浮栅雪崩注入型 MOS 管构成,出厂时存储内容为全"1";双极型 RAM 存取速度快,但集成度低。

14.【答案】D

【解析】DRAM 没有 CS 引脚,存储器扩展时用 RAS 代替 CS 作为片选。

15.【答案】B

【解析】RAM 区大小为 $31 \times 32KB$。$(31 \times 32KB) \div 16KB = 62$。

16.【答案】C

【解析】此题考查存储器扩展的基本概念与方法。

17.【答案】A

【解析】此题考查:半导体存储器的特性,双端口存储器的基本组成。

18.【答案】C

【解析】此题考查双端口存储器的特性。

19.【答案】C

【解析】此题考查 n 体(模 n)交叉编址存储器的特性。

20.【答案】D

【解析】此题考查 n 体交叉编址(低位交叉)存储器的性能分析。

21.【答案】C

【解析】此题考查访问 n 体交叉编址存储器时可能出现的"体冲突"现象。

22.【答案】D

【解析】此题考查 Cache 地址映像算法的分类及其性能评价。

23.【答案】C

【解析】此题考查 Cache 中主存块替换算法的分类、实现及其性能评价。

24.【答案】A

【解析】此题考查 Cache 替换算法的特性。

25.【答案】D

【解析】采用全写法时,主存-Cache 数据始终一致,被替换的 Cache 行不必写回主存,所以不需要为 Cache 行设置"脏位/修改位"。对安全性、可靠性要求高,不允许有主存-Cache 数据不一致现象发生的计算机系统(例如多处理器系统),它的 Cache 必须采用"写直达/全写"法。

26.【答案】C

【解析】TLB 命中、写回策略的 Cache 命中时,执行 Store 指令不访问主存。写回法不保证 Cache 与主存的一致性,所以要为 Cache 行设置"脏位/修改位"。发生替换时,需要将"脏位/修改位"为 1 的 Cache 行写回主存。采用全写法,CPI 的增量等于:CPI 访存周期 T_M×写主存指令(如 Store)的使用频度。

27.【答案】B

【解析】此题考查的知识点:按写分配法或不按写分配法在写失效(不命中)时运用。

28.【答案】B

【解析】此题考查 Cache-主存层次等效容量的概念。

29.【答案】A

【解析】此题考查的知识点:由于主存块是在不命中时被装入 Cache,所以 Cache 命中率不可以达到100%;命中率比 Cache 本身速度对 Cache 的等效访问速度影响更大。

30.【答案】D

【解析】此题考查的知识点:读操作无需考虑 Cache 与主存的一致性问题。

31.【答案】B

【解析】此题考查影响发挥 Cache 作用的因素。

32.【答案】A

【解析】此题考查影响 Cache 的命中率的因素。

33.【答案】C

【解析】直接映射方式下,主存地址减去 Cache 地址,剩余的前面部分就是"标志"字段。现在主存地址位数为 32 位,容量为 512 KB 的 Cache 地址位数为 19 位,则"标志"字段 = 32−19 = 13 位。

34.【答案】A

【解析】2 路组相连的 Cache 有 16 个槽,则表示分为 8 组(组号 3 位),每组两槽(组内槽号 1 位)。每槽装一个主存块,块大小为 32 字节,则块内地址 5 位。Cache 地址共 9 位。第 1022 号单元的地址 11111 11110B 中,后 5 位为块内地址,倒数第 7 ~ 9 位为组号,倒数第 6 位为组内槽号。根据组相联映像的规则,第 1022 号单元所在的主存块映射到 Cache 中,组号和块内地址不变,则其 Cache 地址为 111X 11110,所以,所在槽号只能是 14 或 15。

35.【答案】D

【解析】引入虚拟存储器是为了给用户提供一个容量大(等于辅存)、速度快(接近主存)、价格便宜(大大便宜于主存,仅比辅存略高)的存储器,即解决用户编程空间小的问题。

36.【答案】D

【解析】此题考查物理地址、实际地址、有效地址与虚拟地址的概念及区别。

37.【答案】C

【解析】此题考查虚拟存储器的工作原理。

38.【答案】D

【解析】不同文献对变换旁视缓冲器 TLB 有不同的称呼。

39.【答案】D

【解析】此题考查变换旁视缓冲器 TLB(快表)的组成。

40.【答案】D

【解析】TLB 命中,仅能说明目标数据所在的页面在主存中。目标数据最近被访问过的证据是 Cache 命中。

41.【答案】B

【解析】此题考查的知识点:"TLB 命中"表示目标数据所在的页面在主存中,不可能对应"Page 未命中"。所以,C 和 D 是不可能发生的。"Page 未命中"表示目标数据所在的页面不在主存中,不可能对应"Cache 命中"。所以,A 是不可能发生的。

42.【答案】C

【解析】虚地址和实地址是虚拟存储器的两个基本概念,虚拟存储器的最大容量取决于虚地址长度,主存储器的最大容量取决于实地址长度。虚拟存储器的实际容量等于辅存容量,主存储器的实际容量往往小于其最大容量。

43.【答案】B

【解析】实现虚拟存储器同时需要软件(操作系统)和硬件(核心是处理器内部的 TLB)的支持。

44.【答案】A

【解析】此题考查分页系统页面长度与页内地址位数的关系。

45.【答案】C

【解析】此题考查的知识点:抖动是页式存储管理特有的现象,因为页式存储管理中指令或数据可能跨页存储;页式存储管理会出现内零头,段式存储管理会出现外零头;任何一种存储管理都面临着越界访问的危险。

46.【答案】D

【解析】此题考查 LRU 算法的思想。

47.【答案】C

【解析】此题考查消除内存零头的"紧凑"操作的原理。

48.【答案】C

【解析】此题考查的知识点:段式存储管理更有利于存储保护;页式存储管理的存储空间利用率较高。在段式存储管理中指令或数据不会跨段存储;段的尺寸可大可小,而于页的尺寸是固定的。

49.【答案】B

【解析】此题考查页表设置"脏位/修改位"的目的。

50.【答案】D

【解析】此题考查的知识点:分页对程序员是透明的,而分段对程序员是不透明的;段式存储管理通过"紧凑"来消除零头,而页式存储管理中的零头是无法消除的。

51.【答案】C

【解析】此题考查段页式存储管理的工作原理及其地址映像表的概念。

52.【答案】D

【解析】此题考查出现"抖动"的原因及其解决办法。

53.【答案】A

【解析】当处理器欲访问的页面对应的页表项中的"存在位"为 0,即表示该页面不在内存中,则处理器发出"缺页故障"信号。

54.【答案】A

【解析】处理完缺页故障后,处理器将重新执行引发缺页故障的指令。

55.【答案】A

【解析】此题考查的知识点:页面大小只能是 2 的正整数次幂;虚拟存储器的访问速度是接近主存的速度,容量等于辅存的容量;TLB 缺失既可以由硬件也可以由软件来处理。

56.【答案】C

【解析】$32773 = 32768 + 5 = 1000\ 0000\ 0000\ 0000B + 101B = 1000\ 0000\ 0000\ 0101B$

后 12 位为页内地址,前 4 位为页号。物理页号为 8,对应逻辑页号为 $3 = 11B$。

则逻辑地址 $= 11\ 0000\ 0000\ 0101B = 3 \times 4K + 3 = 10240 + 2048 + 5 = 12288 + 5 = 12293$

57.【答案】A

【解析】Cache 失效与虚拟存储器失效处理方法的不同。C 项 Cache 的速度比主存的速度大约快 10 倍;而 D 项主存的速度比辅存的速度大约快 100 倍也正确。

58.【答案】C

【解析】Cache 命中率 $H = [(1000 + 2000) - (100 + 200)] / (1000 + 2000) = 2700/3000 = 90\%$,
Cache-主存的平均访问时间 $= T_c + (1 - H) T_m = 1 + (1 - 90\%) \times 4 = 1.4$(时钟周期)。

59.【答案】C

【解析】任何一个存储体系/存储层次解决的共性问题就是存储系统成本高。在此基础上,虚拟存储器还解决"编程空间受限"和"多道程序共享主存而引发的信息安全"两个问题,其中后一个问题是通过在地址变换增加地址检查功能来解决。"访存速度慢"属于 Cache,而不是虚拟存储器解决的问题。

60.【答案】D

【解析】设置访问权限位是针对"访问越权"访存违例。

二、综合应用题

1.【答案】(1) 0 ~ 32767 为系统程序区,这是 32KB 的只读空间,选用一片 32K×8 的 ROM。32768 ~ 98303 为用户程序区,这是 64KB 的随机存取地址空间,选用两片 32K×8 的 RAM。最大 16KB 地址空间为系统程序工作区,这是 16KB 的随机存取地址空间,选用一片 16K×8 的 RAM。

(2) 一片 32K×8 ROM 的地址范围是:$00\ 0000\ 0000\ 0000\ 0000B$ ~ $00\ 0111\ 1111\ 1111\ 1111B$。

两片 32K×8 RAM 的地址范围是:$00\ 1000\ 0000\ 0000\ 0000B$ ~ $01\ 0111\ 1111\ 1111\ 1111B$。

一片 16K×8 RAM 的地址范围是:$11\ 1100\ 0000\ 0000\ 0000B$ ~ $11\ 1111\ 1111\ 1111\ 1111B$。

(3) 处理器与存储芯片的连接如下图所示。

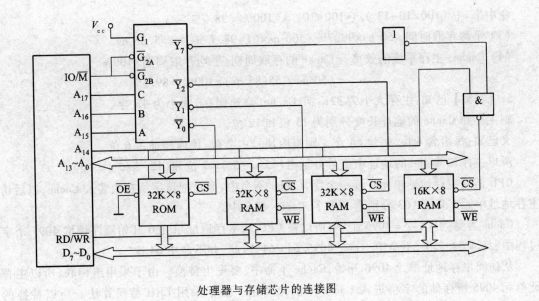

处理器与存储芯片的连接图

2.【答案】各芯片的地址空间依次为：0000H ~ 1FFFH；2000H ~ 3FFFH；4000H ~ 5FFFH；6000H ~ 7FFFH；8000H ~ 9FFFH；A000H ~ BFFFH；C000H ~ DFFFH；E000H ~ FFFFH。

分析原因：

（1）第8片的片选信号为$\overline{CS}$总是有效（为低电平），可能是线路接地，也可能是译码器出错$\overline{Y_7}$总为有效。

（2）$\overline{Y_1}$、$\overline{Y_3}$、$\overline{Y_5}$、$\overline{Y_7}$总是无效，这说明译码器的最低位输入 A 恒为低电位，可能是其接地，或者处理器的地址管脚 A_{13} 存在故障，总是输出 0；

（3）$\overline{Y_0}$、$\overline{Y_1}$、$\overline{Y_2}$、$\overline{Y_3}$总是无效，这说明译码器的最高位输入 C 恒为高电位，可能是其接 V_{cc}，或者处理器的地址管脚 A_{15} 存在故障，总是输出 1。

3.【答案】$H = 3800/(3800+200) = 95\%$，$T_a = H \times T_c + (1-H) \times T_m = 50 \times 0.95 + (1-0.95) \times 250 = 60$。$e = T_c/T_a = 50/60 = 83.3\%$，$S_p = T_m/T_a = 250/60 = 4.17$。

4.【答案】（1）主存地址的长度 = log 4M = 22 位，Cache 地址的长度 = log 4096 = 12 位，所以主存字块标记的长度 = 22−12 = 10 位。

每个字块的字节数为 $8 \times 32/8 = 32$，所以块内地址的长度 = log 32 = 5 位。

Cache 字块地址（块号）的长度 = 12−5 = 7 位。

则反映主存与 Cache 映像关系的主存地址各字段分配框图如下。

主存字块标记（10 位）	Cache 字块号（7 位）	块内地址（5 位）

（2）由于 Cache 的初态为空，所以读主存第 0 个单元时不命中，但是第 0 个单元所在的第 0 块被装入主存。由于每个字块有 8 个字，所以随后读主存第 1,2,…,7 单元时皆命中。依次类推，读主存第 8,16,…,96 单元时不命中，其余均命中。故在第一次连续读 100 个字的过程中，共不命中 13 次。此后重复按此次序读 9 次，皆命中。

命中率 = [（100×10-13）/（100×10）] ×100% = 98.7%

（3）平均存取时间 = 50 ns×98.7% + 500 ns×（1-98.7%）= 55.85 ns。

（4）Cache-主存系统的效率 = Cache 的存取周期/平均存取周期×100%

$$= (50 \text{ ns} / 55.85 \text{ ns}) \times 100\% = 89.5\%$$

5.【答案】已知:主存大小为 32K 字,Cache(高速缓存)大小为 4K 字,
则主存和 Cache 的地址长度分别为 15 位和 12 位。

又已知:每组含 4 块,每块 64 字。则组内块号占 2 位,块内地址占 6 位。

所以主存和 Cache 的地址中组号分别占（15-2-6）= 7 位和（12-2-6）= 4 位。

CPU 访问主存地址单元 0 读一个字,Cache 不命中,但是把该字所在块装入 Cache,以后访问主存地址单元 1、2、…、63 分别读一个字,Cache 都命中。

Cache 容量为 4K 字 = 4096 个字,所以在 CPU 从主存地址单元 0 开始顺序读取 4095 个字的过程中,每读 64 个字,不命中一次。4096/64 = 64,因此,共不命中 64 次。

从访问主存地址单元 4096 开始,Cache 不命中,要发生替换。由于采用组相联,所以主存地址单元 4096 所存储的字将进入 Cache 中的第 0 组。由于采用 LRU 替换算法。所以替换的是 Cache 中第 0 组第一块。

在读入主存地址单元 4096、4097、…、4351 共 256 个字的过程中,共需要装入（4352-4096）/64 = 4 块,替换的恰好是 Cache 中第 0 组的 4 块。在此过程中共发生 4 次不命中。

所以在第一遍中,共访问了 4352 次,其中不命中 64+4 = 68 次。

在第二遍重复上述过程时,开始的 256 次访问,即访问主存地址单元 0、1、…、255,共需要装入 256/64 = 4 块,替换的恰好是 Cache 中第 0 组的 4 块。在此过程中共发生 4 次不命中。此后访问主存地址单元 256、257、…、4095 全部命中。

在读入主存地址单元 4096、4097、…、4351 共 256 个字的过程中,共需要装入（4352-4096）/64 = 4 块,替换的恰好是 Cache 中第 0 组的 4 块。在此过程中共发生 4 次不命中。

所以在第二遍中,共访问了 4352 次,其中不命中 8 次。

第三遍到第十遍的情况与第二遍相同。

因此重复此过程 10 遍,共访问 4352×10 = 43520 次,其中不命中 68+8×9 = 68+72 = 140 次。

设 Cache 的存取周期为 T,则采用 Cache 后获得的加速比:

$$SP = (43520 \times 10T) / [(43520-140) \times T + 140 \times 10T]$$

$$= 435200 / (43380+1400) = 435200/44780 = 9.72。$$

6.【答案】（1）多用户虚地址格式:用户号（6 位）+虚页号（10 位）+页内偏移地址（12 位）。

主存地址格式:实页号（16-12 = 4 位）+页内偏移地址（12 位）。

（2）快表分用户号、虚页号、实页号三个字段。用户号字段占 6 位,虚页号占 10 位,实页号占 4 位。快表的字长是 20 位。

（3）慢表的每个存储字 = 实页号（4 位）+存在位（1 位）+修改位（1 位）= 6 位。单个用户的慢表有 1024 行,即 1024 个存储字。全部用户的慢表有 64×1024 = 64K 个存储字。

7. 解:Cache 地址的长度: log 512K = 19 位。

其中,组内块号占 log 8 = 3 位,块内偏移量 log 8 = 3 位。

所以,组号占 19-3-3 = 13 位。

Cache 地址的格式为：

13 位	3 位	3 位
组　　　号	组内块号	块内偏移量

主存地址的长度：$\log 16M = 24$ 位，则相应的区号占：$24-19=5$ 位，

主存地址的格式为：

5 位	3 位	13 位	3 位
区　号	组内块号	组　　　号	块内偏移量

则，相联目录表的行数 $2^{13}=8K$。

每行有 8 栏，每栏 $[(5+3)+3]=11$ 位，行的总宽度为 $8\times11=88$ 位。

每个比较电路的位数：$(5+3)=8$ 位。

8.【答案】

1	2	3	4	2*	1*	3*	5	2*	5*	4*	1*
	1	2	3	4	2	1	3	5	2	5	4
		1	2	3	4	2	1	3	3	2	5
			1	1	3	4	2	1	1	3	2
						4	4	4	4	1	3

N = 1
N = 2　　　　　　　　　　　　　　　　　H
N = 3　　　　　　　H　　　　　　　　　H
N = 4　　　　　　　H　H　H　H
N = 5　　　　　　　H　H　H　H　H　H　H

为获得最高的命中率，至少应分配给该程序 5 个实页，最高命中率为：$7/12=58.3\%$

9.【答案】（1）数组 a 有 10000 个整数，占用 20000B 的空间，$20000/1024=20$ 页。

（2）每一页新调入时都产生一次缺页故障，进程顺序处理数据，页面没有被重复访问，所以产生 $1+20=21$ 次缺页故障。

10.【答案】通常，存放主存数据块的 Cache 行（也叫槽）的大小定义为：用相同体内地址访问 N 体交叉存储器一次所能读出的数据总量。由题意知，Cache 行的大小为 $8\times8B=64B$。没有总线竞争时，Cache 缺失损失是从主存中读一个主存块的时间，即 $1+4+1+(8-1)\times1$（或 $1+1\times4+8\times1$）$=13$ 个总线时钟周期，所以 Cache 缺失损失至少是 13 个总线时钟周期。

11.【答案】页面大小为 1KB，所以页内地址的长度为 10 位。用户编程空间为 $32=2^5$ 个虚页面，则虚页号的长度为 5 位。主存空间为 $16KB=16=2^3$ 个实页面，则实页号的长度为 4 位。

则虚地址 0AC5H $=$ 0000 10 10 1100 0101B 中后 10 位 10 1100 0101B 为页内地址，前 6 位（严格来说前 5 位）000010B $=2$ 为虚页号。查页表第三行，存在位为 1，读出实页号 $4=0100$B（主存

有 16 页,实页号占 4 位),与页内地址拼接,得实地址 0100 10 1100 0101B = 12C5H。系统按实地址 12C5H 访问主存。

虚地址 06C5H = 0000 01 10 1100 0101B,其中虚页号为 000001B = 1。查页表第二行,存在位为 0,出现缺页故障或页面失效。

虚地址 1AC5H = 0001 10 10 1100 0101B,其中虚页号为 000110B = 6。查页表第七行,超出了页表长度,发出非法访问信号。

12.【答案】(1) 存储器的容量为 2^{24} = 16MB。(2) 共需 16MB/2Mb = 8×8 = 64 个芯片。

(3) 该存储器需要 8 个片选信号。用 $A_{23}A_{22}A_{21}$ 三位地址信号去生成这些片选信号。

第四章　指令系统

一、单项选择题

1.【答案】B

【解析】此题考查指令系统(也称为指令集、指令集体系结构 ISA)的概念。

2.【答案】A

【解析】此题考查变址寻址的有效地址的计算方法。

3.【答案】C

【解析】此题考查无条件转移指令 Jump 和转子指令 Call 的异同。

4.【答案】B

【解析】此题考查返回指令 RET 和中断返回指令 IRET 的异同。

5.【答案】C

【解析】此题考查数据寻址和指令寻址的概念与实例。

6.【答案】B

【解析】此题考查隐含寻址的概念与实例。堆栈寻址/堆栈指令隐含使用栈顶单元,带操作数的算术运算指令隐含使用累加器,采用相对寻址的指令隐含使用 PC。

7.【答案】D

【解析】此题考查的知识点是基于哈夫曼压缩编码而提出的扩展操作码。

8.【答案】B

【解析】2001 - (2008 + 2) = -9 = F7 H。要注意:相对位移量总是用补码表示。

9.【答案】C

【解析】此题考查变址寻址和间接寻址的有效地址的计算方法。

10.【答案】C

【解析】此题考查"零地址指令"的概念。

11.【答案】A

【解析】此题考查"单地址指令"的概念。注意:有时零地址指令的长度很长。

12.【答案】D

【解析】此题考查"重定位"的概念。

13.【答案】D

【解析】此题考查的知识点包括:没有浮点指令的机器同样能够处理浮点数;没有乘/除法指令的机器照样能够完成乘/除运算;只有操作系统内核进程或者系统管理员可以执行"特权"指令;只要是指令对汇编程序员都是有用的,NOP(空操作)指令可以用来定时或者预留空间。

14.【答案】D

【解析】通常,变址/基址寻址属于显式寻址,必须在指令中明确给出寻址特征。变址/基址寻址的地址码分两个字段,一个是变址/基址寄存器字段,表示选择哪个寄存器作为变址/基址寄存器;另一个是形式地址。如果指定一个寄存器专门作为变址/基址寄存器,则变址/基址寄存器字段可以省略。以循环结构来处理同一个数组的不同元素时,必须采用变址寻址,因为循环结构要求的是用相同的指令来处理不同的数据。数组的起始地址将作为变址寻址的形式地址保持不变,可以修改的是保存在变址寄存器中的数组元素下标。

15.【答案】A

【解析】每次进行变址寻址后,变址寄存器中变址值都增/减量等于数组元素的长度(对于按字节编址的存储器,为所占字节数);变址寄存器的位数不需要支持对整个存储空间寻址,但基址寄存器的位数需要支持对整个存储空间寻址。以循环结构来访问不同数组的相同下标的元素就要采用基址寻址。

16.【答案】C

【解析】基址寻址可以用来处理数组元素,只是不适于以循环结构来处理同一个数组的不同元素。基址寻址主要用于程序或数据在主存中的浮动装入。

17.【答案】B

【解析】变址寻址的形式地址是一个数据段的基地址,地址肯定是无符号数;基址寻址的形式地址是相对于基地址偏移量,肯定是正数;相对寻址的有效地址可能在当前指令之前或之后,所以它的形式地址被认为带符号数。

18.【答案】D

【解析】此题考查与寄存器有关的寻址方式的基本概念。采用寄存器寻址的好处是可以缩短指令的长度。采用寄存器寻址方式的操作数一定在寄存器中。采用直接/间接寻址方式的操作数一定在主存储器中。

19.【答案】B

【解析】此题考查立即寻址的概念。

20.【答案】C

【解析】此题考查直接寻址的概念。

21.【答案】A

【解析】此题考查的知识点包括:指令长度以字节为单位。每个地址码要指定一种寻址方式,所以在多地址指令中可能有多个寻址方式。在指令格式中,通常不给出下条指令的地址,下条指令的地址总是取自PC。在同一台的计算机上,指令的操作码只有唯一一种解释。但是在不同的计算机上,指令的操作码可以有不同的解释。

22.【答案】A

【解析】略

23.【答案】A

【解析】Load/Store 风格指令集中不可能有两个操作数都来自主存的指令。

24.【答案】C

【解析】"lw"是"Load a Word(装入一个字)"指令的助记符,"数字(寄存器号)"表示基址寻址,其中数字等于欲访问的数组元素与数组在主存中起始地址的距离,这个距离等于数组下标乘以数组元素的长度。本题中数组下标为10,数组元素的长度可以是1、2或4,但基本上不可能是3。

25.【答案】D

【解析】访存指令不会改变程序执行顺序。

26.【答案】D

【解析】指令的操作码或寻址方式字段肯定可以区分寄存器中的值是数据还是指针。对于某些专用寄存器,也可以通过寄存器的编号来区分。但是无论如何无法通过时序信号来区分。

27.【答案】A

【解析】在 I/O 统一编址方式下,没有 I/O 指令,CPU 通过"访存"指令来访问 I/O 端口(包括 DMA 控制器)。有的处理器提供中断指令来实现软件中断,但 DMA 控制器涉及的是硬件中断,与中断指令无关。"POP/PUSH"是访问堆栈的指令,与 DMA 控制器无关。

二、综合应用题

1.【答案】二地址指令的地址码部分长 $2×6=12$ 位,则操作码长度 $=16-12=4$ 位,共有 16 个码点。现二地址指令占用 15 个码点,则剩余一个码点(例如 0000)用于向一地址操作码扩展。

一地址指令的地址码部分长 6 位,则操作码长度 $=16-6=10$ 位,其中高 4 位为二地址指令的剩余码点,则只有操作码的低 6 位用于操作码编码,共有 64 个码点。

现一地址指令占用其中的 34 个码点,则剩余 $64-34=30$ 个码点用于向零地址操作码扩展。

零地址指令的操作码长度为 16 位,其中高 10 位为一地址指令的剩余码点,只有操作码的低 6 位用于操作码编码。则高 10 位剩余 30 个码点,低 6 位可提供 64 个码点,零地址指令共有 $30×64=192$ 个可用码点。即零地址指令最多有 192 条。

2.【答案】(1)变址寻址的有效地址 $EA=26A0H+003FH=26DFH$,

相对寻址的有效地址 $EA=26A2H+003FH=26E1H$。

(2)操作数为 F001H,转移目标地址为 F003H。

3.【答案】(1)已知 IR 和 MDR 长度为 16 位,且采用单字长指令,所以指令字长为 16 位。

指令集中共包含 58 条指令,为了获得最大的直接寻址范围,指令的操作码取为 $\log_2\lfloor 58 \rfloor=6$ 位。由于支持四种寻址方式,寻址特征至少取 2 位。最后指令格式为:

OP(6 位)	Mod(2 位)	ADD(8 位)

则,指令可使用立即数的最大范围是 $-128 \sim 127$,指令可直接寻址的最大范围是 $2^8=256$。一次间址的寻址范围总是 $2^{16}=65\ 536$。

(2)如想访问容量为 16MB 的主存,首先需要将 MAR 设计为 $\log_2\lfloor 16M \rfloor=24$ 位。然后对于直接寻址,可采用基于双字长指令,指令格式如下:

OP(6 位)	Mod(2 位)	ADD1(8 位)
ADD2(16 位)		

这样的指令可直接寻址的范围是 $2^{8+16} = 2^{24} = 16\text{MB}$。

对于（一次）间接寻址，也要采用基于双字长指令，指令格式同上。在组成上需要改动的是：在按照指令的地址码（主存地址）取操作数时，要读取一个双字类型的数据。从该数据（32 位）中取出 24 位，作为目标数据的存储地址，装入 MAR。最后根据 MAR 访存，读出目标数据。

对于基址寻址仍采用单字长指令，但需要将地址加法器设计成 24 位。

此时，基址寄存器 Rb 有两种设计方案，一种是直接设计为 24 位，另一种是仍为 16 位。对于前者，计算有效地址的方法不变，即将基址直接与指令中的 8 位长的偏移量相加，得到 24 位的地址，送入 24 位的 MAR；对于后者，有效地址的计算方法改为：将基址左移 8 位后与偏移量相加。

4.【答案】（1）将一个特定的寄存器的值恒定为零/0，例如将 R0 恒定为零。

（2）MUL R0，Ri，Ri　　　　将清除寄存器 Ri。

　　　ADD R0，Ri，Rj　　　　将寄存器 Ri 的值送入寄存器 Rj 中。

　　　SUB R0，Ri，Ri　　　　将操作数（存放于寄存器 Ri 中）取反。

第五章　中央处理器（CPU）

一、单项选择题

1.【答案】C

【解析】DMA 操作由 DMA 控制器来执行。CPU 的功能还包括发现和处理"异常"。

2.【答案】A

【解析】多周期处理器时钟周期的确定原则是完成一次主存访问/系统总线操作。

3.【答案】D

【解析】单周期处理器时钟周期取为"Load"指令的执行时间（最长），它等于读指令存储器（取指）的时间、读寄存器堆（取形式地址）的时间、ALU（计算有效地址）的时间、读数据存储器（取操作数）的时间与写寄存器堆（将操作数写入目的寄存器）的时间之和。1 ns = 1000 ps。

4.【答案】B

【解析】此题考查如何根据时钟频率、指令条数和 CPI 来计算程序执行时间。$1.2 \times 4 \times 10^9 / 2\text{GHz} = 2.4\text{s}$，$(2.4/4) \times 100\% = 60\%$。

5.【答案】D

【解析】控制器的功能包括取指令和译码（含产生操作控制信号）。如果把解释指令仅分成"取指令"和"执行"两个阶段，那么"取指令"操作包括对指令进行译码。要注意审题：控制器与指令译码器的区别，控制器包含指令译码器。指令译码器的功能就是对指令操作码进行译码，给出当前指令的执行过程中所有到的操作控制信号。

6.【答案】D

【解析】考察硬布线控制器和微程序控制器的特点。

7.【答案】C

【解析】流水线冒险包括:结构冒险、数据冒险和控制冒险。其中,结构冒险(硬件资源冲突)是由于不同指令同时想使用一个部件而造成的,数据冒险(数据相关)是指后面指令想使用前面指令的结果时该结果还没有产生,控制冒险是指指令执行的顺序发生改变而引起的流水线停顿,各类转移指令、分支指令以及中断或异常的出现都会引起控制冒险。

8.【答案】D

【解析】结构冒险的解决办法包括:设置多端口的寄存器堆(也叫寄存器文件),采用哈佛结构存储器(例如分离型 Cache)将指令和数据分开存储,预取指令,采用 Load/Store 指令风格,多体交叉存储器。

9.【答案】B

【解析】数据冒险的解决办法包括:数据旁路(转发)、插入空指令 NOP 、插入空泡(停顿)、在编译时调整指令顺序。

10.【答案】A

【解析】分支相关(分支冒险)是由于条件转移指令(即所谓分支指令)在条件成立时改变执行指令的顺序而导致需要取消已经进入流水线的指令而产生的。解决办法包括:分支预测、延迟转移、提前形成条件码、插入空指令 NOP 、插入空泡(停顿)。

11.【答案】C

【解析】有利于实现流水线的指令特征是指令字等长、Load/Store 指令风格(隐含寻址方式简单)、指令格式规整统一、数据和指令在存储器中"对齐"存放。

12.【答案】C

【解析】此题考查流水线的工作原理。共执行完的指令条数为 $1+(12-4)=9$。

13.【答案】C

【解析】每条机器指令由一段用微指令组成的微程序来解释执行。

14.【答案】A

【解析】此题考查不同的微指令编码方法的特点:直接表示法/直接控制法速度最快,但位数最长,编码空间利用率最低。

15.【答案】D

【解析】此题考查的知识点包括:水平型微指令的执行速度要快于垂直型微指令,水平型微指令的长度要长于垂直型微指令,水平型微指令的编码空间利用率较低,垂直型微指令的格式与普通机器指令的格式相仿。

16.【答案】C

【解析】此题考查的知识点包括:指令流水线将延长一条指令的执行时间。一个主要原因就是尽管各个流水段处理指令的时间并不相同,但是只能取最长的时间作为流水线的工作周期;实现指令流水线需要增加额外的硬件,至少在流水段之间增加锁存器。这也是指令流水线将延长一条指令的执行时间的重要原因;指令流水线可以提高指令执行的吞吐率;指令流水线存在一个建立时间,即第一条指令进入流水线到它流出的时间间隔。即便是理想情况下,在第一条指令流出之前,指令流水线在每个时钟内都没有完成任何一条指令。

17.【答案】B

【解析】每个流水段之间的流水段寄存器的位数是不同的。

18.【答案】B

【解析】此题考查程序在指令流水线上执行时间的计算。

19.【答案】C

【解析】"数据旁路(转发)"和"插入空泡(停顿)"完全是由硬件来实现,而"插入 空指令 NOP"完全是由软件(编译器)来实现。

20.【答案】C

【解析】分支延迟槽是指延迟转移技术中在分支指令后面填写与分支指令无关的指令的位置,其槽数(即填入无关指令的条数)等于延迟损失时间片(时钟周期数),而延迟损失时间片等于为了避免出错应该插入空泡或者 空指令 NOP 的数量。对于在第 N 段改变 PC 的流水线,其延迟损失时间片等于 C-1。

21.【答案】A

【解析】对于采用普通指令流水线的处理器,在理想情况下(即不存在流水线冒险),它的 CPI 等于1。如果存在流水线冒险,CPI 将增大。超流水线是将流水线分得更细(例如 10 段以上),但它的 CPI 仍等于1。超长指令字(Very Long Instruction Word,VLIW)和超标量流水线都属于多发射流水线。只要是多发射流水线,理想情况下,其 CPI 都小于1。VLIW 属于静态多发射流水线,而超标量流水线大多是动态多发射流水线。所谓动态流水线是指指令在流水线中的执行顺序是由流水线硬件实时调度或动态安排的。

22.【答案】D

【解析】超标量技术是采用更多指令执行部件来构成多条流水线的技术。

23.【答案】B

【解析】相邻两条 ALU 运算指令之间,相隔一条的两条 ALU 运算指令之间和相隔一条的 Load 指令与 ALU 运算指令之间的数据冒险能通过转发解决;单纯依靠"插入 nop 指令"就能消除所有数据冒险,但是这样做效率太低。如果通过调整指令顺序,再加上插入 nop 指令,就能提高流水线的效率;Load-Use 数据冒险是由于 Load 指令的目的寄存器等于后一条指令的源寄存器而导致的。对于五段流水线(取指、译码、执行、访存、写回),Load 指令在最后一段写入目的寄存器,而后继指令在第三段读寄存器源,所以 Load-Use 数据冒险至少要引起一个时钟周期的阻塞;通常,分支指令并不改变任何寄存器的值,所以与紧随其后的 ALU 运算指令根本不会发生数据冒险。

24.【答案】D

【解析】程序控制类指令可能会由于控制(分支)冒险而产生阻塞。每次进行简单(静态)预测的预测结果都是一样的。预测错误时必须把已取到流水线中的错取指令从流水线中排出。

二、综合应用题

1.【答案】(1) 主机中寄存器或部件的位数为:ACC、IR 和 MDR 均为 32 位,PC 为 22 位。

(2) 该计算机支持的最大主存储器容量为 4M×32 位。

(3) 微操作命令及节拍安排:

T0：PC→MAR，1→ R

T1：M(MAR)→MDR，(PC)+1→PC

T2：MDR→IR，OP(IR)→ID

T0：Ad(IR)→MAR，1 → W

T1：ACC→MDR，(PC)+1→PC

T2：MDR→ M(MAR)

（4）若采用微程序控制，在取指阶段需要增加的微操作：Ad(CMDR)→CMAR，

OP(IR)→ CMAR；

在执行阶段需要增加的微操作：Ad(CMDR)→微地址形成部件→CMAR。

2.【答案】流水线的时钟周期应取其中最长的时间段，即100 ns。第二条指令需推迟300 ns（即等待上一条指令完成 EX、MEM、WR 三个周期后才能开始 ID），才能不发生错误。

若相邻两条指令发生数据相关，而不推迟第二条指令的执行可采取的措施是在访存与执行之间设置相关专用通路。

3.【答案】

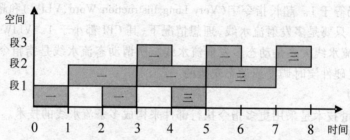

流水线的吞吐率 TP = 3/8×100% = 37.5%，加速比 = (4×3)/8 = 1.5，效率 E = (4×3)/(8×3)×100% = 50%。

第六章　总　线

一、单项选择题

1.【答案】A

【解析】总线连接（相对于分散连接，即设备之间两两相互直接连接）的优点：成本低、易扩展，但是带宽不高。各种总线标准都对接入设备的数量有限制。

2.【答案】D

【解析】总线的一次传输过程是：传输请求→总线仲裁→部件寻址→数据传输→总线释放。

3.【答案】C

【解析】总线主设备是指总线上能申请并获得总线控制权的设备，总线从设备是指被主设备访问的设备。

4.【答案】B

【解析】申请总线的设备先发"总线请求"信号，然后总线仲裁器发出"总线允许"信号，其后

获得总线使用权的设备发出"总线忙"信号,占用总线。

5.【答案】D

【解析】只要不是主设备,总线上的其他设备都可以作为从设备。

6.【答案】C

【解析】同步总线的数据传输率即为总线带宽。在一个时钟周期内,同步总线传输的数据量(单位为字节)等于总线的线数时,数据传输率为最大值。本题最大数据传输率=(32/8)×66 MHz=264 MBps。

7.【答案】C

【解析】总线事务是指总线上一对设备之间的一次信息交换过程,它与总线带宽无关。典型的总线事务类型有:存储器读、存储器写、I/O 读、I/O 写、中断响应等。典型的总线事务处理过程由"地址阶段"和"数据阶段"构成,但突发传送事务由一个"地址阶段"及随后的多个"数据阶段"构成。所以,一个突发传送事务(也叫成组传送事务)可以传输一个首地址下连续存储的一组数据。

8.【答案】D

【解析】无论同步通信或异步通信,第 1 个时钟周期都要发出读命令和地址。

9.【答案】D

【解析】计数器定时查询的优点是优先级灵活。

10.【答案】A

【解析】"饥饿"现象是设备的请求长时间得不到响应。链式查询中,排在后面的设备的请求,可能会因前面设备频繁请求,而出现"饥饿"现象。

11.【答案】C

【解析】并行竞争分布仲裁中,若仲裁号等于仲裁总线上的仲裁号,则总线请求成功,建立"总线忙"信号。

12.【答案】C

【解析】一个请求信号线对应一个设备,优先级最低的设备不需要请求信号线。

13.【答案】D

【解析】n 位的仲裁号线可对应 2^n 个设备。

14.【答案】A

【解析】此题考查的知识点是:总线复用是为了减少总线的线数,它将导致总线带宽下降。

15.【答案】D

【解析】采用同步定时方式的总线称为同步总线,采用异步定时方式的总线称为异步总线。I/O 总线通常采用异步总线。

16.【答案】A

【解析】速度相差较大设备之间的数据通信通常采用异步总线。由于时钟偏移问题,同步总线不适合于长距离通信。

17.【答案】C

【解析】速度差别较大的设备间数据传输既能采用异步定时方式,也能采用同步定时方式(选择一个长的时钟周期)。只是采用同步定时方式时,不能发挥高速设备的能效。

18.【答案】B

【解析】只有系统总线和 I/O 总线可以组成计算机系统。其他是总线的不同类型。

19.【答案】C

【解析】三总线结构的计算机系统强调的是总线的层次结构。只有处理器总线、主存总线和高速 I/O 总线可以组成一个完整的层次结构。其他是总线的不同类型。

20.【答案】B

【解析】此题考查同步总线的总线带宽、串行总线的总线波特率和比特率的概念。

21.【答案】D

【解析】提高总线的负载能力的手段是增加总线驱动器,提高总线可靠性的一种办法是引入多(冗余)总线。

二、综合应用题

【答案】存储器取数时间是 220 ns,一个时钟周期是 50 ns,所以存储器取数后送到总线上的时间应确定为 250 ns,必须是时钟周期的整数倍。

（1）存储器读所花时间:50 ns+250 ns+50 ns=300 ns 所以存储器进行连续读时的总线带宽为:4B/300 ns=13.3 MBps。

（2）存储器写所花时间:50 ns+50 ns+50 ns=150 ns 所以存储器进行连续写时的总线带宽为:4 B/150 ns=26.6 MBps。

注:1 s=10^9 ns

第七章 输入输出（I/O）系统

一、单项选择题

1.【答案】A

【解析】此题考查键盘的工作原理。

2.【答案】D

【解析】此题考查打印机的分类及其工作原理。激光打印机采用的是照相、转印技术。彩色打印机需要把彩色图像分解成 C、M、Y、K 四种单色图像。

3.【答案】A

【解析】此题考查像素点读出时间的概念。此题的像素点读出时间等于:

水平扫描周期×(1−20%)/640。

其中,水平扫描周期=1/行频,而行频等于:行数×帧频/(1−20%)。

4.【答案】B

【解析】表示每个像素颜色用 8 位,共 1 024×768 个像素,则刷新存储器的容量至少为 1 024×768 B=1 MB。

5.【答案】C

【解析】此题考查 CRT 显示器和 LCD 显示器的工作原理及其特点。

6.【答案】C

【解析】此题考查 CRT 显示器和 LCD 显示器的工作原理。

7.【答案】D

【解析】此题考查磁盘的工作原理。

8.【答案】B

【解析】此题考查不同磁盘的工作原理及其特点。

9.【答案】C

【解析】此题考查 I/O 接口的功能。

10.【答案】B

【解析】此题考查 I/O 接口的基本组成和基本概念。

11.【答案】B

【解析】I/O 接口都要接受来自 CPU 的寻址,所以它的地址总线首先是输入的。但是,有些 I/O 接口(例如 DMA 控制器)可以作为总线上的主设备,这样的 I/O 接口就要输出地址,它的地址总线就是双向的。

12.【答案】A

【解析】有些 I/O 接口的命令(控制)端口和状态端口共用一个寄存器,但数据端口绝对应该是一个独立的寄存器。

13.【答案】D

【解析】只有当 I/O 端口采用独立编址方式,CPU 才需要提供专门的 I/O 指令。

14.【答案】C

【解析】此题考查 I/O 端口不同的编址方式的差别。

15.【答案】B

【解析】此题考查 I/O 端口不同的编址方式的差别。

16.【答案】B

【解析】此题考查并行接口与串行接口的实例。

17.【答案】B

【解析】此题考查"中断和异常"的基本概念及其区别。

18.【答案】A

【解析】此题考查"中断和异常"的基本概念及其区别。

19.【答案】A

【解析】此题考查多重中断下中断服务程序执行顺序。

20.【答案】B

【解析】此题考查"中断屏蔽"的基本概念。

21.【答案】B

【解析】此题考查中断响应的前提条件。

22.【答案】C

【解析】此题考查"中断隐指令"的功能。

23.【答案】C

【解析】此题考查 CPU 对 DMA 控制器的操作原理。

24.【答案】B

【解析】此题考查的知识点是:CPU 首先执行"启动 I/O"指令来启动通道,然后通道工作执行 I/O。I/O 结束后,通道向 CPU 发出"中断请求"信号。CPU 响应此中断请求,对 I/O 操作进行统计、记账等后处理。

25.【答案】A

【解析】此题考查的知识点包括:只有外设向 CPU 发出"中断请求"信号,DMA 控制器向 CPU 发出的是"总线请求"信号;DMA 请求信号是外设发给 DMA 控制器的;中断请求的是 CPU 的时间,若 CPU 响应中断则发出"中断响应"信号;DMA 控制器向 CPU 请求的是总线控制权,若 CPU 让出总线则发出"总线允许"信号。

26.【答案】C

【解析】此题考查的知识点包括:DMA 方式用于在高速外设和主存之间直接进行成组数据传送的;如果用"周期挪用"法,DMA 控制器申请得到总线使用权后,每次占用一次总线事务进行一个数据传送,传送结束后立即释放总线;如果用"CPU 停止"法,DMA 控制器将在一批数据传送完成后才释放总线;传送 DMA 的总线优先权比 CPU 高。

27.【答案】A

【解析】此题考查的知识点包括:"Cache 失效"不会发出中断请求,DMA 传送结束、存储保护违例(即对内存访问类型不属于允许访问的类型)、非法指令操作码(即该指令操作码未定义或当前用户没有使用该指令的权限)都会发出中断请求。

28.【答案】D

【解析】此题考查的知识点包括:一个 I/O 接口中有多个 I/O 端口,每个端口都有一个地址,主机用多个地址来访问一个外设;输入/输出指令实现的是 CPU 和 I/O 端口之间的信息交换;异步总线的带宽比同步总线的带宽低,同步总线的优点就是带宽高。采用 MFM(改进调频制)记录方式的磁表面存储器的记录密度比 FM(调频制)方式的记录密度高一倍左右。

29.【答案】B

【解析】在忽略掉较短的数据传输时间的情况下,磁盘的平均存取时间近似等于平均寻道时间和平均等待时间之和。平均寻道时间等于移动一半磁道所花时间,本题为 $(1\ 024/2) \times 0.01$ ms $= 512 \times 0.01$ ms $= 5.12$ ms。平均等待时间取为磁盘旋转一周所花时间的一半,本题为 $(60 \times 1\ 000/7\ 200)/2 = 4.16$ ms。则磁盘的平均存取时间 $= 5.12 + 4.16 = 9.28$ ms。

30.【答案】C

【解析】中断隐指令负责保存断点信息,如 PC 和程序状态字寄存器 PSWR。

31.【答案】A

【解析】CPU 在一条指令执行结束时查询有无中断请求。

32.【答案】A

【解析】采用"周期挪用"时,每传送一个数据,DMA 要挪用一个存储周期。

二、综合应用题

1.【答案】(1) 为了保证没有任何数据被错传,每秒钟需要 4 MB/(128 b/8) $= 0.25$ M 次中断。

由于执行 1 条指令平均所需的时钟周期 CPI=500 MHz/50MIPS=10，则在一秒钟内完成这么多次中断需要 $0.25M×[(19+1)×10]/500$ MHz=0.1s。

已知硬盘仅有 10% 的时间进行数据传送，则 CPU 用于该硬盘数据传输的时间占整个 CPU 时间的百分比是 $0.1×10\%=1\%$。

(2) 为了保证没有任何数据被错传，每秒钟需要 DMA:4 MB/8 000 B=500 次。

完成这么多次 DMA 需要:500×(1 000+500)/500 MHz=0.001 5 s。

则在 DMA 方式下，CPU 用于该硬盘 I/O 的时间占整个 CPU 时间的百分比是 0.001 5=0.15%。

2.【答案】设"0"代表屏蔽，"1"代表开放，则各级中断的中断屏蔽字如下表所示。

中断级别	中断屏蔽字				
	1	2	3	4	5
1	0	0	0	1	0
2	1	0	1	1	1
3	1	0	0	1	0
4	0	0	0	0	0
5	1	0	1	1	0

CPU 完成中断服务程序过程如下图所示。

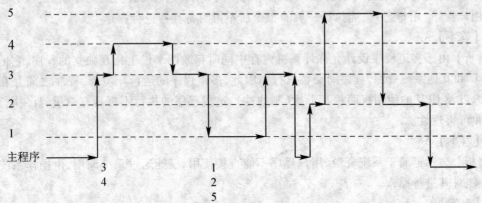

第三部分答案及解析

第一章　操作系统引论

单项选择题

1.【答案】D

【解析】操作系统是计算机系统中最重要、最基本的系统软件,位于硬件和用户之间,一方面,它能向用户提供接口,方便用户使用计算机;另一方面,它能管理计算机软硬件资源,以便合理、充分地利用它们。

2.【答案】D

【解析】通常,操作系统程序和用户程序在 CPU 中运行所对应的机器指令集是有差别的。操作系统的程序可以使用特权指令和非特权指令,而用户程序则只能使用非特权指令。

操作系统根据执行程序对资源和机器指令的使用权限,把机器设置为两个状态:核心态和用户态。用户程序(用户态)只能执行一般的指令而不可对寄存器进行操作

3.【答案】A

【解析】由于多道程序设计允许计算机内存中同时存放两个以上相互独立的程序,它们轮流使用 CPU 和其他系统资源,程序间交替执行。因此,多道程序的运行环境下,程序之间存在因为争抢资源以及 CPU 的使用权而相互干扰(制约性),造成程序的执行不再具有单道程序执行时的顺序性和可再现性。

4.【答案】A

【解析】显示器属于系统资源,用户程序不能直接使用,仅能通过系统调用,由操作系统进行驱动,才能对其进行操作。

5.【答案】C

【解析】用户在需要使用系统支援的时候,它不能对资源进行随意分配,只能向系统申请,用户程序通过系统调用提出申请,通过对中断的处理进行相应的资源分配。

6.【答案】D

【解析】CPU 状态分为管态(系统态或核心态)和目态(用户态或常态)两种运行状态。在管态下 CPU 可以执行指令系统的全部指令。操作系统在管态下运行。

在用户态时,程序只能执行非特权指令。此时,若用户程序在目态下执行特权指令,硬特权指令执行将被禁止,从而防止用户程序有意或无意地破坏系统。

硬件资源不可以由用户程序直接驱动,只能由系统程序在管态进行控制。

7.【答案】C

【解析】中断发生时,若被中断的是用户程序,系统将从目态转入管态,在管态下进行中断的处理,若被中断的是低级中断,则仍保留在管态,而用户程序只能在目态下运行,因此进入中断处理的程序只能是 OS 程序。

8.【答案】C

【解析】在 CPU 的控制部件中有一个能发现中断的机构,该机构在每条指令执行周期的最后时刻扫描中断寄存器,查询是否有中断出现。若有,则 CPU 停止执行当前程序的后续指令,转入中断处理程序,处理完中断后应执行后续指令。

9.【答案】A

【解析】分时操作系统的工作方式是:多个用户交互式地向系统提出命令请求,系统采用时间片轮转方式处理服务请求,并在终端上向用户显示结果,用户根据上一步结果发出下道命令。操作系统将 CPU 的时间划分成若干个片段,称为时间片。操作系统以时间片为单位,轮流为每个终端用户服务。用户多则轮到执行的时间就会往后延长。因此,如果时间片一定,那么用户数越多,则响应时间越长。

10.【答案】B

【解析】系统调用是操作系统提供给编程人员使用系统资源的唯一接口,开发人员可利用它使用系统功能。现代操作系统的核心中都有一组实现系统功能的过程(子程序),系统调用就是对上述过程的调用。

11.【答案】B

【解析】分时操作系统采用时间片轮转的方式使一台计算机为多个终端用户服务,并对每个用户提供交互会话能力。UNIX 操作系统就是典型的分时系统。

12.【答案】A

【解析】多道程序设计允许多个程序同时在系统的主存储器中主流并都处于开始和结束之间。它们从宏观上看是并行的;从微观上看是串行的。引入多道程序设计技术的根本目的是为了提高 CPU 的利用率,充分发挥计算机系统部件的并行性,现代计算机系统都采用了多道程序设计技术。

13.【答案】C

【解析】一般而言,计算机系统中的某些资源(如打印机、磁带机等)虽然可以提供给多个进程(线程)使用,但为确保所打印或记录的结果不致造成混淆,应该规定在一段时间内只允许一个进程(线程)访问该资源,具备这种特性的资源叫做临界资源。

当一个进程 A 访问某临界资源时,必须先提出请求,若此时该资源空闲,系统便可分配该资源给提出请求的进程 A 使用。若此后再有其他进程也要访问该资源时(进程 A 释放该资源之前)则必须等待。仅当进程 A 访问完并释放该资源后,才允许另一进程对该资源进行访问。我们把这种在一段时间内只允许一个进程访问的资源称为临界资源。

14.【答案】D

【解析】SPOOLing 通常也称为"假脱机",它的原理是以联机的方式得到脱机的效果。实现上,就是在内存中形成缓冲区,在高速设备上形成输出井和输入井,数据传递时,从低速设备传入缓冲区,再传到高速设备的输入井,再从高速设备的输出井,传到缓冲区,再传到低速设备。

SPOOLing 技术是一种用一类物理设备模拟另一类物理设备的技术,它使独占使用的设备变成多台虚拟设备,其目的是为了提高 I/O 设备的利用率及使独占设备共享化。

16.【答案】B

【解析】根据多道程序设计的特点,可以知道由于多道程序的运行具有多道、宏观上并行、微观上串行运行等特点。所以运行速度快不是多道程序设计的特点。

16.【答案】C

【解析】分时系统具有多路性、交互性、"独占"性和及时性的特征。即同时有多个用户在不同时刻轮流使用 CPU,并且用户可以根据系统响应结果直接干预每一步,以获得方便友好的服务,这跟批处理作业没有关系。

17.【答案】C

【解析】并发性和共享性是现代操作系统的两个最基本的特征,两者之间互为存在条件。没有程序的并发执行也就不涉及资源的共享,如果操作系统不能对资源共享实施有效的管理,也必然会影响到程序的并发执行,甚至根本无法并发执行而变成了单道程序运行。

18.【答案】A

【解析】从方便用户使用的角度看,操作系统是一台对计算机硬件进行了功能扩充的虚拟机,是它使硬件操作的细节透明化,使用户与硬件操作的细节相分离,它能够以适当的方式向用户提供使用接口,方便用户使用计算机。

19.【答案】B

【解析】在多道程序设计系统中,操作系统可服务于多个作业的处理需求,当某个执行中的作业因为要等待用户键盘输入或等待其他设备 I/O 操作时,操作系统就依据一定的调度策略挑选另一个作业,使其运行。当前一个作业结束了等待状态后就可再次获得 CPU,继续运行下去。

20.【答案】A

【解析】操作系统一般分为以下几类。

（1）单用户操作系统:一次只能支持一个用户作业的运行。

（2）批处理系统:用户作业以成批的方式将待执行的任务提交给计算机。

（3）分时操作系统:允许多个用户同时与计算机系统交互。

（4）实时操作系统:能够及时响应随机发生的外部事件,并能在限定的时间范围内做出响应,实现对外部事件做出快速处理。实时性和可靠性是其重要特点。

（5）网络操作系统:面向网络上多用户,提供基本的网络操作所需要的功能,如文件共享,内存管理和进程任务调度等。

（6）分布式操作系统:能够管理整个系统(包括网络)中的所有资源,负责所有资源的分配和调度、任务的划分和具体安排、信息传递和控制。

由此可知,在实时操作系统控制下,计算机系统能及时处理由过程控制反馈的数据并做出响应。

21.【答案】B

【解析】单用户多任务操作系统是指:一台计算机同时只能由一个用户使用,但该用户一次可以运行或提交多个作业。例如:Windows XP 也是在同一时候只能让一个用户独享系统的所有资源,所以 Windows 是单用户操作系统。

22.【答案】C

【解析】操作系统中将进程中访问临界资源的那段程序称为临界区。为确保程序执行结果的正确性，每次只准许一个进程进入临界区，进入后不允许其他进程进入，直到已经获得临界资源使用权的进程退出临界区后，其他进程才能申请进入临界区。

23.【答案】B

【解析】批处理操作系统具有系统吞吐量大、资源利用率高等主要优点。

在批处理系统中，操作人员将作业成批地装入计算机中，由操作系统按一定的算法选择其中的一个或多个作业，将其调入内存使其运行。运行结束后，把结果放入磁盘"输出井"，由计算机统一输出后交给用户。

24.【答案】B

【解析】实时系统最主要的特征就是快速的处理能力，满足实时性的要求。实时系统在设计时力求简单而实用。一般的实时操作系统的任务调度算法简单实用，数据结构简洁，任务切换速度和中断处理的速度较快，能够处理周期性任务和突发事件驱动的任务。

在系统资源能够满足要求的情况下，不过分追求资源的利用率，转而追求实时性能。

25.【答案】B

【解析】由于操作系统处于用户与计算机硬件系统之间，用户可以在操作系统的帮助下能够方便、快捷、安全、可靠地操作计算机硬件和运行自己的程序。这就需要一个高效、方便的手段来达到此目的。

在现代操作系统中都提供了包括命令接口、系统调用以及图形接口等接口，以方便用户使用计算机，因而选择 B。

26.【答案】C

【解析】GUI(Graphic User Interface，图形用户界面)是为方便用户使用而出现的，实际上它的功能通过各种指令来实现，操作系统可以不提供这个功能。

虽然对于系统调用来说，用户程序想要得到操作系统的服务，必须使用系统调用(或计算机提供的特定指令)，它们能改变处理机的执行状态：由用户态变为系统态，但对于用户程序来说，当不要求得到操作系统服务时，为其进程提供系统调用命令并不是必须的。

编译程序，对于操作系统来说一般是不提供这项功能的。对于各种源程序，通常都有相应的编译程序或者编译器。

中断是操作系统必须提供的功能，原因在于开机时程序中的第一条指令就是一个 Jump 指令，指向一个中断处理程序的入口地址，进行开机自检等一系列的操作。

27.【答案】C

【解析】中断向量是指中断处理程序的入口地址，由处理机自动寻址。所以中断向量地址实质上就是中断处理程序的入口地址的地址，也就是中断服务例行程序入口地址的地址。

28.【答案】B

【解析】在批处理系统中，用户将其控制意图通过作业控制语言书写成作业控制说明书，然后提交给系统。计算机按作业说明书去控制作业的运行，在此期间，用户没法和系统进行交互式交流。

29.【答案】C

【解析】多道批处理系统不是交互方式的操作系统，用户所提的作业首先进入外存中的作业队列,然后经过作业调度程序按照适当的策略选择适当的作业进入内存,再通过进程调度分配 CPU。

　　由于多道批处理操作系统主要追求的是"效率"和"吞吐量",因而,在设计多道批处理系统时,主要考虑的因素是"系统效率"和"吞吐量",而"及时性"、"交互性"、"实时性"都不是多道批处理系统所要考虑的。

30.【答案】B

【解析】计算机系统中指令系统分为特权指令与非特权指令。特权指令仅能由操作系统使用,如设置时钟、清内存等为特权指令;其他指令为非特权指令,用户只能使用非特权指令。

　　若中央处理机处于用户态时,仅仅可以执行非特权指令,例如读系统时钟、读用户内存自身数据都属于非特权指令,它们的执行不会构成对系统的破坏,而清除整个内存,则可能造成对系统的破坏,所以在目态下不能执行,只能在管态下执行。

第二章　进程管理

一、单项选择题

1.【答案】D

【解析】此题主要考查进程的基本状态及其转换等相关内容。

　　在操作系统中,进程的三种基本状态之一的阻塞状态是指正在运行的进程,因某种原因而暂停运行(如发生了 I/O 请求等),等待某个事件的发生,导致进程不能继续运行且交出处理机时的状态称为阻塞状态。

2.【答案】A

【解析】此题主要考查进程调度的基本概念等相关内容。

　　进程的引入可以更好地描述系统中的并发活动。它被定义为一个具有独立功能的程序关于某个数据集合的一次运行活动。在操作系统中,进程是进行系统资源分配、调度和管理的最小独立单位,操作系统的各种活动都与进程有关。

3.【答案】C

【解析】此题主要考查在时间片轮转算法中时间片大小对于系统性能的重要性。

　　在时间片轮转算法中,时间片的大小对计算机性能有很大影响。如果时间片划分不当,则系统不能提供令用户满意的响应时间。时间片的大小应选择得适当,通常要考虑到以下几个因素:(1)系统对响应时间的要求;(2)就绪队列中进程的数目;(3)系统的处理能力。

4.【答案】A

【解析】此题主要考查进程切换的相关内容。

　　进程调度将从就绪队列中另选一个进程占用处理器,使一个进程让出处理器,由另一个进程占用处理器的过程称为"进程切换"。若有一个进程从运行状态变成等待状态,或者进程完成工作后被撤消,则必定会发生"进程切换";若一个进程从等待状态变成就绪状态,则不一定会发生进程切换。

5.【答案】D

【解析】在单处理机系统中,仅有一个处理机,所以在一个特定的时刻只能有一个进程能够获得处理机的使用权,因而必须排除 A 、B 和 C,只有 D 是合理的答案。

6.【答案】D

【解析】在若干进程调度算法中,时间片轮转调度算法考虑的是时间分配上的均衡,最短进程优先调度算法主要考虑的是短作业的等待时间,先来先服务调度算法考虑的是达到顺序的合理性,而只有高响应比优先调度算法做到了综合考虑进程等待时间和执行时间。

7.【答案】A

【解析】在现代操作系统中,操作系统提供了包括系统调用、命令接口、图形接口等方便用户使用系统资源的接口,在上述接口中,只有系统调用是提供给程序使用的。

8.【答案】C

【解析】下列选项中,用户登录成功、启动程序执行均会导致创建新进程,而设备分配则不会。

二、综合应用题

1.【答案】

为解决并行所带来的死锁问题,在 wait 操作中引入 AND 条件,其基本思想是将进程在整个运行过程中所需要的所有临界资源一次性地全部分配给进程,用完后一次性释放。

解决生产者-消费者问题可描述如下:

```
var mutex,empty,full: semaphore: = 1,n,0;
buffer: array[0,…,n-1] of item;
in,out: integer: = 0,0;
begin
parbegin
producer: begin
    repeat
      ⋮
        produce an item in nextp;
          ⋮
        wait(empty);
        wait(s1,s2,s3,…,sn); //s1,s2,…,sn 为执行生产者进程除 empty 外其余的条件
        wait(mutex);
            buffer(in): = nextp;
            in: = (in+1) mod n;
        signal(mutex);
        signal(full);
      signal(s1,s2,s3,…,sn);
    until false;
  end
```

```
consumer: begin
  repeat
    wait(full);
    wait(k1,k2,k3,…,kn);  //k1,k2,…,kn 为执行消费者进程除 full 外其余的条件
      wait(mutex);
        nextc: = buffer(out);
        out: = (out+1) mod n;
      signal(mutex);
    signal(empty);
    signal(k1,k2,k3,…,kn);
    consume the item in nextc;
  until false;
end
parend
end
```

【解析】此题主要考察进程与死锁的相关转换内容。

2. 【答案】

```
int mutex = 1;
int empty = n;
int full = 0;
int in = 0;
int out = 0;
main()
{
  cobegin
    send();
    obtain();
  coend
}
send()
{
  while(1)
    {
      ⋮
      collect data in nextp;
      ⋮
      wait(empty);
      wait(mutex);
```

```
                buffer( in) = nextp;
                in = (in+1) mod n;
            signal( mutex) ;
            signal( full) ;
                }
        }  //send
obtain( )
{
    while( 1 )
        {
        wait( full) ;
            wait( mutex) ;
                nextc: = buffer( out) ;
                out: = ( out+1) mod n;
            signal( mutex) ;
            signal( empty) ;
        culculate the data in nextc;
            }   //while
    }   //obtain
```

【解析】此题主要考查进程间共享缓冲区来实现同步的相关内容。

3.【答案】

设初始值为 1 的信号量 $c[I]$ 表示 I 号筷子被拿 $(I=1,2,3,4,\cdots,2n)$,其中 n 为自然数.

```
send( I) :
Begin
if I mod 2 = = 1 then
    {
        P( c[I]) ;
        P( c[ I-1 mod 5]) ;
            Eat;
        V( c[ I-1 mod 5]) ;
        V( c[ I]) ;
    }
else
    {
        P( c[ I-1 mod 5]) ;
        P( c[ I]) ;
            Eat;
        V( c[ I]) ;
```

```
            V( c[ I-1 mod 5]);
        }
End
```

【解析】此题主要考查进程控制过程中的信号量技术的运用。

4.【答案】

为了实现多个进程对临界资源的互斥访问,必须在临界区前面增加一段用于检查欲访问的临界资源是否正被访问的代码,如果未被访问,该进程便可进入临界区对资源进行访问,并设置正被访问标志,如果正被访问,则本进程不能进入临界区,实现这一功能的代码成为"进入区"代码;在退出临界区后,必须执行"退出区"代码,用于恢复未被访问标志。

5.【答案】开锁原语:

```
unlock( W):
    W = 0;
```

关锁原语:

```
lock( W);
        if( W = = 1) do no_op;
        W = 1;
```

利用开关锁原语实现互斥:

```
var W: semaphore: = 0;
begin
parbegin
process:
    begin
        repeat
            lock( W);
            critical section
            unlock( W);
            remainder section
        until false;
    end
parend
```

6.【答案】

```
producer:
begin
    repeat
        ⋮
producer an item in nextp;
    wait( mutex);
    wait( full); /* 应为 wait( empty),而且还应该在 wait( mutex)的前面 */
```

```
buffer(in): =nextp;
              /* 缓冲池数组游标应前移: in: =(in+1) mod n; */
signal(mutex);
  /* signal(full); */
until false;
end
consumer:
begin
  repeat
    wait(mutex);
    wait(empty); /* 应为 wait(full),而且还应该在 wait(mutex)的前面 */
      nextc: =buffer(out);
      out: =out+1; /* 考虑循环,应改为: out: =(out+1) mod n; */
    signal(mutex);
      /* signal(empty); */
    consumer item in nextc;
  until false;
end
```

7.【答案】

定义信号量 S1 控制 P1 与 P2 之间的同步;S2 控制 P1 与 P3 之间的同步;empty 控制生产者与消费者之间的同步;mutex 控制进程间互斥使用缓冲区。

程序如下:

```
Var s1 = 0,s2 = 0,empty = N,mutex = 1;
Parbegin
P1:begin
  X = produce(); /* 生成一个数 */
  P(empty);      /* 判断缓冲区是否有空单元 */
  P(mutex);      /* 缓冲区是否被占用 */
  Put();
  If x%2 = = 0
    V(s2); /* 如果是偶数,向 P3 发出信号 */
  else
    V(s1); /* 如果是奇数,向 P2 发出信号 */
    V(mutex);      /* 使用完缓冲区,释放 */
  end.
P2:begin
  P(s1); /* 收到 P1 发来的信号,已产生一个奇数 */
  P(mutex);      /* 缓冲区是否被占用 */
```

  Getodd( ); Countodd( ):=countodd( )+1; V(mutex); ／＊释放缓冲区＊／

  V(empty); ／＊向 P1 发信号,多出一个空单元＊／

 end.

 P3:begin

  P(s2)   ／＊收到 P1 发来的信号,已产生一个偶数＊／

  P(mutex);／＊缓冲区是否被占用＊／

  Geteven( ); Counteven( ):=counteven( )+1; V(mutex); ／＊释放缓冲区＊／

  V(empty);／＊向 P1 发信号,多出一个空单元＊／

 end.

 Parend.

8.【答案】

定义信号量 s1 控制 P1 与 P2 之间的同步；s2 控制 P1 与 P3 之间的同步；empty 控制生产者与消费者之间的同步；mutex 控制进程间互斥使用缓冲区。

程序如下：

 Var s1 = 0, s2 = 0, empty = N, mutex = 1;

 Parbegin

 P1:begin

  X = produce( );   ／＊生成一个数＊／

  P(empty);   ／＊判断缓冲区是否有空单元＊／

  P(mutex);   ／＊缓冲区是否被占用＊／

  Put( );

  If x%2 = = 0

   V(s2);   ／＊如果是偶数,向 P3 发出信号＊／

  else

    V(s1);   ／＊如果是奇数,向 P2 发出信号＊／

   V(mutex);   ／＊使用完缓冲区,释放＊／

  end.

 P2:begin

  P(s1);   ／＊收到 P1 发来的信号,已产生一个奇数＊／

  P(mutex);   ／＊缓冲区是否被占用＊／

  Getodd( ); Countodd( ):=countodd( )+1; V(mutex); ／＊释放缓冲区＊／

  V(empty);   ／＊向 P1 发信号,多出一个空单元＊／

  end.

 P3:begin

  P(s2)   ／＊收到 P1 发来的信号,已产生一个偶数＊／

  P(mutex);   ／＊缓冲区是否被占用＊／

  Geteven( ); Counteven( ):=counteven( )+1; V(mutex); ／＊释放缓冲区＊／

  V(empty);   ／＊向 P1 发信号,多出一个空单元＊／

　end.
　Parend.

9.【答案】

在串行情况下,两个程序运行时间总和共计 2.5 h,在并行方式下,处理器利用率为 50% ,说明处理器的工作时间占总运行时间的 50% ,根据已知条件,"处理器在处理程序 A 和程序 B 所需的工作时间分别为 $T_A = 18$ min, $T_B = 27$ min。",即总运行时间为 $(18+27)/50\%$ (min),考虑到还有 15 min 系统开销,故并行与串行的效率比为并行处理所需的时间/串行处理所需要的时间总和 $= [(18+45)/50\% +15]$ min/2.5 h $= 70\%$,即采用多道处理技术之后,完成程序 A 和程序 B 所需的时间为串行处理方法的 70% 。因此可以说效率提高 30% 。

第三章　处理机调度与死锁

一、单项选择题

1.【答案】B

【解析】按照信号量的定义,与资源相关联的信号量的取值是与当前可用资源数量一致的,因此 M 为 1,而依题意,目前没有等候该资源的进程,故 N 的值为零。

2.【答案】A

【解析】在此题中,进程完成 I/O,进入就绪列队;长期处于就绪列队的进程需要尽快得到处理机为它服务,进程从就绪状态转为运行状态的时候也不能降低进程的优先级,只有在"进程的时间片用完"才是降低进程优先级的最好时机。

3.【答案】A

【解析】在题中给出的伪代码可知,由于信号量 FLAG 的赋值方法不对,故而会使得不能保证进程互斥进入临界区,会出现"饥饿"现象。

4.【答案】C

【解析】当 k 小于 4(即 k 的值取为 3 及其以下值)的时候,系统可以为某个进程分配打印机资源,并可以确保在有限的时间里使某个进程完成并且退还其已经占用的打印机,进而使各个进程能够依次顺利地完成。而当 $k \geq 4$ 的时候,就构成了死锁需要的条件,会引起死锁的产生,所以答案为 C。

5.【答案】D

【解析】在提供了管态(系统态)和目态(用户态)两种工作状态的操作系统环境下,中断处理程序必须工作在管态状态下,而输入输出的工作需要通过发出中断终端处理请求申请 CPU 对于输入输出操作的处理。所以答案为 D。

6.【答案】B

【解析】在现代操作系统的设计中,为了保证系统资源的安全,将系统的工作状态划分为目态和管态两种,只有操作系统的核心才能工作在管态,而中断处理程序必须工作在管态,故其属于操作系统程序。

7.【答案】A

【解析】所谓多道程序设计指的是计算机系统中允许多个程序同时进入主存储器并启动计算的系统管理方法。也就是说,计算机内存中可以同时存放多道(两个以上相互独立的)程序,它们都处于开始和结束之间。从宏观上看是并行的,多道程序都处于运行中,并且都没有运行结束;从微观上看是串行的,各道程序轮流使用 CPU,交替执行。引入多道程序设计技术的根本目的是为了提高 CPU 的利用率。

8.【答案】C

【解析】在现代计算机系统中,有一些资源不能被多个进程同时使用,这样的资源如果使用或分配不当会造成错误,它们只能被排它地使用,这样的资源就是临界资源。

9.【答案】C

【解析】每个进程中访问临界资源的那段程序称为临界区(临界资源是一次仅允许一个进程使用的可轮流分享的资源)。使用时,每次只准许一个进程进入临界区,一旦一个进程进入临界区之后,不允许其他进程同时进入。

进程进入临界区的调度原则是:

① 如果有若干进程要求进入空闲的临界区,一次仅允许一个进程进入;

② 任何时候,处于临界区内的进程不可多于一个。如已有进程进入自己的临界区,则其他所有试图进入临界区的进程必须等待;

③ 进入临界区的进程要在有限时间内退出,以便其他进程能及时进入自己的临界区;

④ 如果进程不能进入自己的临界区,则应让出 CPU,避免进程出现"忙等"现象。

10.【答案】C

【解析】死锁是指多个进程在占有一定资源的同时还寄希望得到其他进程占有的资源,而该进程也是占有一定的资源且不放弃的同时,期望获得其他进程占有的资源,进程间相互不让步,造成各个进程均无法推进的现象被称为死锁。

二、综合应用题

1.【答案】

为了清楚地描述作业执行情况,我们对题目假设的情况分析如下:

(1) J1 占用 IO2 传输 30 ms 时,J1 传输完成,抢占 J2 的 CPU,运行 10 ms,再传输 30 ms,运行 10 ms,完成。J1 从开始到完成所用的时间为:30+10+30+10=80 ms。J2 与其并行地在 IO1 上传输 20 ms,抢占 J3 的 CPU,J2 运行 10 ms 后,被 J1 抢占 CPU,等待 10 ms 之后,J2 再次得到 CPU,运行 10 ms,J2 启动 IO2 传输,40 ms 完成。J2 从开始到完成所用的时间为:20+10+10+10+40=90 ms。J3 在 CPU 上执行 20 ms,被 J2 抢占 CPU,等待 30 ms,再运行 10 ms,等待 10 ms,J3 启动 IO1 运行 20 ms 的传输,完成。J3 从开始到完成所用的时间为:20+30+10+10+20=90 ms。

(2) 三个作业全部完成时,CPU 的利用率为:(10+20+30+10)/90=7/9=78%。

(3) 三个作业全部完成时,外设 IO1 的利用率为:(20+30+20)/90=7/9=78%。

【解析】此题考查学生对程序顺序执行的概念是否清楚。

2.【答案】

(1) 程序 A 和程序 B 顺序执行时,程序 A 执行完毕,程序 B 才开始执行。两个程序共耗时 75 s,其中占用 CPU 的时间为 40 s,因此顺序执行时 CPU 的利用率为 40/75=53%。

（2）在多道程序环境下，两个程序并发执行，其执行情况如下表所示。

由表中数据可以看出，两个程序共耗时 40 s，其中 CPU 运行时间为 40 s，故此时的 CPU 的利用率为 40/40 = 100%。

表　在多道程序环境下 A、B 执行情况

CPU	程序 A(10 s)	程序 B(10 s)	程序 A(5 s)	程序 B(5 s)	设备 A(10 s)
程序 A	CPU	设备甲+等待	CPU	设备乙	CPU
程序 B	设备甲	CPU	设备乙	CPU	设备

【解析】此题考查学生对并发程序概念的理解。

3.【答案】

死锁是指多个进程因竞争资源而造成的一种僵局，若无外力作用，这些进程都将永远不能再向前推进。

产生死锁的原因有二，一是竞争资源，二是进程推进顺序非法；

产生死锁的必要条件是互斥条件、请求和保持条件、不剥夺条件和环路等待条件。

解决死锁可归纳为四种方法：预防死锁，避免死锁，检测死锁和解除死锁。

其中，预防死锁是最容易实现的，而避免死锁的发生则可以使资源的利用率最高。

【解析】死锁作为在现代操作系统中引入多道程序设计技术之后，出现了进程之间因为争抢资源和系统资源分配不当造成的进程与系统僵死的现象，这个现象如果不解决，会严重损害系统的吞吐能力并可能引起系统故障。

4.【答案】

做法一：如果系统当前存在的资源数量能够满足进程的资源需要，便一次性地为进程分配其所需的全部资源；在该进程完成之后再一次性地回收全部资源。这个做法被称作摒弃"请求和保持"条件，该方法可以预防死锁。

做法二：当系统中某些进程在已经占有一定数量资源的情况下，又提出新的资源请求时，操作系统不能立即满足该进程的需求时，该进程必须立即释放它已经占有和保持的所有资源，待以后需要时再重新申请；这种可以剥夺进程资源的做法，可以有效地防止死锁的产生。被称作摒弃"不剥夺"条件。

做法三：就是采用一定的方法，将所有可提供的资源按类型排序编号，所有进程对资源的请求也必须严格按序号递增的次序提出，避免产生资源占有和资源需求的回路出现，造成死锁的产生。此方法也被称作摒弃"环路等待"条件。

【解析】死锁作为在现代操作系统中引入多道程序设计技术之后，出现了进程之间因为争抢资源和系统资源分配不当造成的进程与系统僵死的现象，这个现象如果不解决，会严重损害系统的吞吐能力并可能引起系统故障。

5.【答案】

可以。首先，$Request0(0,1,0) <= Need0(7,4,3)$，$Request0(0,1,0) <= Available(2,3,0)$；分配后可修改得一资源数据表（表略），进行安全性检查，可以找到一个安全序列{P1,P4,P3,P2,P0}，或{P1,P4,P3,P0,P2}，因此，系统是安全的，可以立即将资源分配给 P0。

【解析】由于死锁会导致系统僵死,作为在现代操作系统中引入多道程序设计技术之后,出现了进程之间因为争抢资源和系统资源分配不当造成的进程与系统僵死的现象,这个现象如果不解决,会严重损害系统的吞吐能力并可能引起系统故障。

6.【答案】

用户进程进入临界区时屏蔽所有中断,也涉及包括系统程序。假如屏蔽的是用户进程,确实可以保护临界资源,但如果连系统所发出的中断也被屏蔽的话,就会引起系统错误。虽然系统外中断往往与当前运行的程序无关,但如果是一些重要的硬件中断,如电源故障等,就可能会引起错误,故不可盲目屏蔽所有中断。

【解析】此题主要考查中断概念在操作系统设计过程中的重要作用与临界区的概念。

第四章　存储器管理

一、单项选择题

1.【答案】B
【解析】该算法将系统的空闲区按从小到大的顺序排列,在需要空闲区分配时选择最小且能够满足需要的空闲区进行分配。

2.【答案】A
【解析】在现代操作系统中提供了支持多道程序设计技术,使得在特定的时间段内有多个用户程序同时驻留内存,为了保护各个进程特别是系统进程的私有代码和数据不被其他进程有意或者无意地破坏,设立了越界检查和越界保护机制,确保系统的安全。

3.【答案】B
【解析】在单一的段式管理中,每个段是独立的逻辑单位,段内是连续的存储空间,而段与段之间在存储区域分配时不必占用连续的区域。

4.【答案】C
【解析】这是由于最佳适应算法的定义而来的。算法规定将空闲区按照从小到大排序,每次分配都选择能够满足需要的最小空闲区分配。

5.【答案】B
【解析】按照常规,绝大多数计算机都是采用32位结构,如果采用二级页表的分页存储管理方式,按字节编址,其页大小为2^{10}字节意味着页内编址需要占10位,页表项大小为2字节占16位,则表示整个逻辑地址空间的页目录表中包含表项的个数的二进制位应该大于或等于7位二进制数,即最小128是正确的。

二、综合应用题

1.【答案】

(1)根据页式管理的工作原理,应先考虑页面大小,以便将页号和页内位移分解出来。页面大小为4 KB,即2^{12}字节,则得到页内位移占虚地址的低12位,页号占剩余高位。可得三个虚地址的页号P(十六进制的一位数字转换成4位二进制。因此,十六进制的低三位正好为页内位

移,最高位为页号)如下:

2362H:P=2,访问快表 10 ns,因初始为空,访问页表 100 ns 得到页框号,合成物理地址后访问主存 100 ns,共计 10 ns+100 ns+100 ns=210 ns。

1565H:P=1,访问快表 10 ns,落空,访问页表 100 ns 落空,进行缺页中断处理 108 ns,合成物理地址后访问主存 100 ns,共计 10 ns+100 ns+108 ns+100 ns≈108 ns。

25A5H:P=2,访问快表,因第一次访问已将该页号放入快表,因此花费 10 ns 便可合成物理地址,访问主存 100 ns,共计 10 ns+100 ns=110 ns。

(2) 当访问虚地址 1565H 时,产生缺页中断,合法驻留集为 2,必须从页表中淘汰一个页面,根据题目的置换算法,应淘汰 0 号页面,因此 1565H 的对应页框号为 101H。由此可得 1565H 的物理地址为 101565H。

【解析】此题考查学生对页表的结构、页表地址划分等方面的知识。

2.【答案】

(1) 当分配给该作业的物理块数 M 为 3 时,所发生的缺页次数为 7,缺页率为: 7/12=0.583。

(2) 当分配给该作业的物理块数 M 为 4 时,所发生的缺页次数为 4,缺页率为: 4/12=0.333。

【解析】对于具有处理页面置换能力的系统,缺页率是必须考虑的重要因素。一个合理的页尺寸分配对于提高系统效率降低缺页中断次数,提高系统的性能至关重要。

3.【答案】

(1) 17CAH 转换为二进制为:0001 0111 1100 1010,页的大小为 1 KB,所以页内偏移为 10 位,于是前 6 位是页号,因而其页号为 0001 01,转换为十进制为 5,所以,17CAH 对应的页号为 5。

(2) 若采用先进先出置换算法,则被置换出的页号对应的页框号是 7。因此,对应的二进制物理地址为:0001 1111 1100 1010,转换为十六进制的物理地址为 1FCAH。

(3) 若采用时钟算法,且当前指针指向 2 号页框,则第一次循环时,访问位都被置为 0,在第二次循环时,将选择置换 2 号页框对应的页,因此对应的二进制物理地址为:0000 1011 1100 1010,转换为十六进制物理地址为 0BCAH。

【解析】在具有页置换能力的系统中,置换算法的不同,影响着页面置换的效率与系统性能。各种算法各有缺点,关键是如何根据系统的实际需要确定和选择恰当的算法。

第五章　设备管理

一、单项选择题

1.【答案】A

【解析】操作系统设备管理的功能主要是提供对设备的分配、管理与控制等功能,以最大限度提高设备资源的利用率,降低 CPU 对于 I/O 操作的开销。

2.【答案】B

【解析】在操作系统的管理下,每当有按键操作时,系统首先产生一个中断告知操作系统,而中断处理程序在识别出中断原因之后启动字符输入处理程序。

3.【答案】A

【解析】在操作系统的管理下,用户可以通过为系统调用提供逻辑设备名来指代想要使用的设备,而逻辑设备名与物理设备之间的一一对应关系,由操作系统来提供支持。

4.【答案】A

【解析】用户在使用系统资源的时候,必须通过系统调用经操作系统完成才能实现对系统资源操作,用户程序本身没有操作系统资源的权限。

5.【答案】B

【解析】操作系统在组织缓冲区的时候通常采用队列的方式,这种方式比较符合先来先服务的原则,而堆栈的操作方式是后进先出的顺序,不能很好地满足公平性原则。

6.【答案】C

【解析】在本题的四个选择中,只有系统调用能够通过执行动作来完成应用程序期待的任务,而单击鼠标、键盘命令和图形界面都不是正确的答案。

7.【答案】C

【解析】在现代操作系统设计中,为了保护系统资源被安全、公平、合理地使用,将可执行命令分为内核与用户命令,中断处理程序属于操作系统内核,如此可以确保外设等各类资源的合理使用,也能确保系统的安全。

8.【答案】D

【解析】SPOOLing 技术是低速输入/输出设备与主机交换的一种技术,通常也称为"假脱机真联机",其核心思想是以联机的方式得到脱机的效果。低速设备经通道和设在主机内存的缓冲存储器与高速设备相联,该高速设备通常是辅存。为了存放从低速设备上输入的信息,或者存放将要输出到低速设备上的信息(来自内存),在辅存分别开辟一固定区域,叫"输出井"(对输出),或者"输入井"(对输入)。简单来说,就是在内存中形成缓冲区,在高级设备形成输出井和输入井,传递时,从低速设备传入缓冲区,再传到高速设备的输入井,再从高速设备的输出井,传到缓冲区,再传到低速设备。

SPOOLing 技术也是一种用一类物理设备模拟另一类物理设备的技术,它使独占使用的设备变成多台虚拟设备的一种技术,其目的是为了提高 I/O 设备的利用率及使独占设备共享化。

9.【答案】B

【解析】现代操作系统为用户提供了多种使用计算机的接口,其中系统调用和控制台命令方式是主要的提供给用户的接口方式。因而选择 B。

二、综合应用题

1.【答案】

(1) 字节多路通道含有许多非分配型子通道,分别连接在低、中速 I/O 设备上,子通道按时间片轮转方式共享主通道,按字节方式进行数据传送。具体而言,当第一个子通道控制其 I/O 设备完成一个字节的交换后,便立即腾出字节多路通道(主通道),让给第二个子通道使用;当第二个子通道也交换完一个字节后,又依样把主通道让给第三个子通道使用,以此类推。转轮一周后,重又返回由第一个子通道去使用主通道。

（2）数组选择通道只含有一个分配型子通道，一段时间内只能执行一道通道程序、控制一台设备按数组方式进行数据传送。通道被某台设备占用后，便一直处于独占状态，直至设备数据传输完毕释放该通道，故而通道利用率较低，主要用于连接多台高速设备。

（3）数组多路通道是将数组选择通道传输速率高和字节多路通道能使各子通道分时并行操作的优点相结合而形成的一种新通道。其含有多个非分配型子通道分别连接在高、中速 I/O 设备上，子通道按时间片轮转方式共享主通道，按数组方式进行数据传送，因而既具有很高的数据传输速率，又能获得令人满意的通道利用率。

2. 【答案】

解决因通道不足而产生的瓶颈问题的最有效方法是增加设备到主机间的通路而不是增加通道。换言之，就是把一个设备连接到多个控制器上，而一个控制器又连接到多个通道上。这种多通路方式不仅可以解决该瓶颈问题，而且能够提高系统的可靠性，也即不会因为个别通道或控制器的故障而使设备与存储器之间无法建立通路进行数据传输。

3. 【答案】

以从磁盘读入数据为例来说明 DMA 方式的工作流程：当 CPU 要从磁盘读入一数据块时，便向磁盘控制器发送一条读命令，该命令被送入 DMA 控制器的命令寄存器 CR 中。同时，还需发送本次要将数据读入的内存起始目标地址，该地址被送入 DMA 控制器的内存地址寄存器 MAR 中；本次要读的字（节）数则送至 DMA 控制器的数据计数器 DC 中。另外，还需将磁盘中数据读取的源地址直接送到 DMA 控制器的 I/O 控制逻辑上。然后，启动 DMA 控制器进行数据传送。此后，CPU 便可去处理其他任务，而整个的数据传送便由 DMA 控制器负责控制。当 DMA 控制器已从磁盘中读入一个字（节）的数据，并送入 DMA 控制器的数据寄存器 DR 后，再挪用一个存储器周期，将该字（节）传送到 MAR 所指示的内存单元中。接着，便对 MAR 内容加 1 和将 DC 内容减 1。若 DC 内容减 1 后不为 0，表示传送未完，便准备再传送下一个字（节），否则，由 DMA 控制器发出中断请求。

4. 【答案】

在单缓冲工作模式下，当要从块设备输入时，先从磁盘把一块数据输入到缓冲区，耗时为 T；然后由操作系统将缓冲区数据传送给用户区，耗时为 M；接下来便由 CPU 对这一块数据进行计算，耗时为 C。在单缓冲情况下，磁盘把数据输入到缓冲区的操作和 CPU 对数据的计算过程可以并行展开，所以系统对每一整块数据的处理时间为 $\max(C,T)+M$。

在双缓冲对换方式的情况下，写入者花费时间 T 将数据写满一个缓冲区后再写另一个缓冲区；读出者花费时间 M 将一个缓冲区数据送到用户区后再传送另一个缓冲区数据，运算者读出用户区进行处理。由于将数据从缓冲区传送到用户区操作必须与读用户区数据进行处理串行进行，而且它们又可以与从外存传送数据填满缓冲区的操作并行。因此耗时大约为 $\max(C+M,T)$。考虑到 M 是内存中数据块的"搬家"耗时，非常短暂可以省略，因此近似地认为是：$\max(C,T)$。

5. 【答案】

一般情况下，断点应为中断的那一瞬间 PC 的内容减去前一条指令所占单元长度，即中断发出时正在执行的那一条指令地址。中断时 PC 所指的地址（即断点的逻辑后续指令）称为恢复点。因为原来被中断的用户程序在此次中断处理过程中可能由于某些与其相关的事件不具备当前继续运行的条件,可能被降低了运行的优先权,也可能由于此次中断的处理使得其他程序获得了比其更高的优先权。为了权衡系统内各道程序的运行机会,在此时有必要进行一次调度选择。

6.【答案】

（1）收容输入工作缓冲区的工作情况为:在输入进程需要输入数据时,调用 GetBuf（EmptyQueue）过程,从 EmptyQueue 队列的队首摘下一个空缓冲区,把它作为收容输入工作缓冲区 Hin。然后,把数据输入其中,装满后再调用 PutBuf（InputQueue,Hin）过程,将该缓冲区挂在输入队列 InputQueue 的队尾。

（2）提取输出工作缓冲区的工作情况为:当要输出数据时,调用 GetBuf（OutputQueue）过程,从输出队列的队首取得一装满输出数据的缓冲区作为提取输出的工作缓冲区 Sout。在数据提取完后,再调用 PutBuf（EmptyQueue,Sout）过程,将该缓冲区挂到空缓冲队列 EmptyQueue 的队尾。

7.【答案】

（1）$2KB = 2×1\ 024×8\ bit = 16\ 384\ bit$。因此,可以使用位图法进行磁盘块空闲状态管理,每 $1\ bit$ 表示一个磁盘块是否空闲。

（2）每分钟 6 000 转,转一圈的时间为 $0.01\ s$,通过一个扇区的时间为 $0.000\ 1\ s$。

根据 CSCAN 算法,被访问的磁道号顺序为 $100 \rightarrow 120 \rightarrow 30 \rightarrow 50 \rightarrow 90$,因此,寻道用去的总时间为:$(20+90+20+40)× 1\ ms = 170\ ms$。

总共要随机读取四个扇区,用去的时间为:$(0.01×0.5+0.0001)×4 = 0.0204\ s = 20.4\ ms$

所以,读完这个扇区点共需要 $170 +20.4 = 192.4\ ms$。

第六章　文件管理

一、单项选择题

1.【答案】C

【解析】略

2.【答案】C

【解析】设立当前目录的好处在于有了当前目录之后对文件的检索就不需要每次文件的检索都从根目录,进而节省对文件的检索时间,提高文件操作的效率。

3.【答案】B

【解析】对于连续结构虽然操作简单,但是不利于随机检索,更不利于文件的扩展,从效率考虑,采用链式结构的检索效率也不如索引结构。

4.【答案】A

【解析】按照电梯算法的操作规则,应该是先沿着一个方向移动达到机制后再反方向移动,故有此答案。

5.【答案】A

【解析】文件系统中,利用文件控制块来存储和记录文件的包括操作权限等属性,便于操作系统对文件进行管理与保护。

6.【答案】B

【解析】对于硬链接,原文件和硬链接文件共用一个 inode 号,这说明它们是同一个文件,而对于软链接,软链接的链接数目不会增加;因此,答案应该是 B。

二、综合应用题

1.【答案】由文件系统的模型可知,在文件系统的模型结构中:

（1）最低层为对象及其属性说明,主要包括文件、目录、磁盘存储空间等三类对象。

（2）最高层是文件系统提供给用户的接口,分为命令接口、程序接口和图形化用户接口等三种类型。

（3）中间层是对对象进行操纵和管理的软件集合,是文件系统的核心部分,拥有文件存储空间管理、文件目录管理、地址映射、文件读写管理及文件共享与保护等诸多功能。

具体分为以下四个子层:

① I/O 控制层（设备驱动层）,主要有磁盘驱动程序和磁带驱动程序组成,负责启动 I/O 设备和对设备发来的终端信号进行处理;

② 基本文件系统层（又称为物理 I/O 层）,主要用于处理内存与磁盘或磁带机系统之间数据块的交换,通过向 I/O 控制层发送通用指令及读写的物理盘块号与缓冲区号等 I/O 参数来完成;

③ 基本 I/O 管理程序层（即文件组织模块层）,负责完成与磁盘 I/O 有关的大量事务,包括文件所在设备的选定、文件逻辑块号到物理块号的转换、空闲盘块的管理及 I/O 缓冲的指定等;

④ 逻辑文件系统层,负责所读写的文件逻辑块号的确定、目录项的创建与修改、文件与记录的保护等。

2.【答案】

① 对索引文件进行检索时,首先根据用户（程序）提供的关键字,并利用折半查找法检索索引表,从中找到相应的表项;再利用该表项中给出的指向记录的指针值,去访问对应的记录。

② 对索引顺序文件进行检索时,首先利用用户（程序）提供的关键字以及某种查找方法,去检索索引表,找到该记录所在记录组中的第一条记录的表项,从中得到该记录组第一个记录在主文件中的位置;然后再利用顺序查找法去查找主文件,从而找到所要求的记录。

·索引文件的检索:

首先是根据用户（程序）提供的关键字,并利用折半查找法,去检索索引表,从中找到相应的项,再利用该表项中给出的指向记录的指针值,去访问所需的记录。

·索引顺序文件的检索:

首先利用用户（程序）提供的关键字以及某种查找方法,去检索索引表,找到该记录所在记录组中第一个记录的表项,从中得到该记录组第一个记录在主文件中的位置;然后,再利用顺序查找法去查找主文件,从中找到所要求的记录。

假设主文件拥有 N 条记录。对于索引文件,主文件的每条记录均需配置一个索引项,故存储开销为 N;而为检索到具有指定关键字的记录,平均需要查找 $N/2$ 条记录。对于索引顺序文件,应为每个记录分组配置一个索引项,故存储开销为 $n_1/2$;而为检索到具有指定关键字的记录,平均需要查找 $n_1/2$ 条记录。对于两级索引顺序文件,存储开销为 $n_2/3+n_1/3$;而为检索到具有指定关键字的记录,平均需要查找 $1.5n_1/3$ 条记录。

3.【答案】假设用户给定的文件路径名为/Level1/Level2/…/Leveln/datafile,则

关于树形目录结构采用线性检索法检索该文件的基本过程为：

① 读入第一个文件分量名 Level1，用它与根目录文件（或当前目录文件）中各个目录项的文件名顺序地进行比较，从中找出匹配者，并得到匹配项的索引结点号，再从对应索引结点中获知 Level1 目录文件所在的盘块号，将相应盘块读入内存。

② 对于 $2 \sim n$，循环执行以下步骤，以检索各级目录文件：读入第 i 个文件分量名 $Level_i$，用它与最新调入内存的当前目录文件中各个目录项的文件名顺序地进行比较，从中找出匹配者，并得到匹配项的索引结点号，再从对应索引结点中获知 $Level_i$ 目录文件所在的盘块号，将相应盘块读入内存。

③ 读入最后一个文件分量名即 datafile，用它与第 n 级目录文件中各个目录项的文件名进行比较，从而得到该文件对应的索引结点号，进而找到该文件物理地址，目录查找操作成功结束。如果在上述查找过程中，发现任何一个文件分量名未能找到，则停止查找并返回"文件未找到"的出错信息。

4.【答案】空闲磁盘空间的管理常采用以下几种方法：

（1）空闲表法，属于连续分配方式，它与内存管理中的动态分区分配方式相似。

（2）空闲链表法，将所有空闲盘区链接成一条空闲链。根据构成链的基本元素不同，可分为空闲盘块链和空闲盘区链。

（3）位示图法，利用二进制的一位来表示磁盘中每一个盘块的使用情况，磁盘上的所有盘块都有一个二进制位与之对应，从而由所有盘块所对应的位构成一个集合，即位示图。

（4）成组链接法，结合空闲表法和空闲链表法而形成。UNIX 系统采用的是成组链接法。

5.【答案】在第一级磁盘容错技术中，包括以下容错措施：（1）双份目录和双份文件分配表。在磁盘上存放的文件目录和文件分配表 FAT 均为文件管理所用的重要数据结构，所以为之建立备份。（2）在系统每次加电启动时，都要对两份目录和两份 FAT 进行检查，以验证它们的一致性。

在第二级磁盘容错技术中，包括以下容错措施：

（1）磁盘镜像。在同一磁盘控制器下增设一个完全相同的磁盘驱动器，在每次向文件服务器的主磁盘写入数据后，都要采用写后读校验方式，将数据再同样地写到备份磁盘上，使二者具有完全相同的位像图。

（2）磁盘双工。将两台磁盘驱动器分别接到两个磁盘控制器上，同样使这两台磁盘机镜像成对，从而在磁盘控制器发生故障时，起到数据保护作用。在磁盘双工时，由于每一个磁盘都有着自己的独立通道，故可以同时（并行）地将数据写入磁盘。在读入数据时，可采用分离搜索技术，从响应快的通道上取得数据，因而加快了对数据的读取速度。

（3）热修复重定向和写后读校验，两者均用于防止将数据写入有缺陷的盘块中。就热修复重定向而言，系统将一定的磁盘容量作为热修复重定向区，用于存放当发现盘块有缺陷时的待写数据，并对写入该区的所有数据进行登记，方便将来对数据进行访问。而写后读校验则是为了保证所有写入磁盘的数据都能写入到完好的盘块中，故在每次从内存缓冲区向磁盘中写入一个数据块后，应立即从磁盘上读出该数据块并送至另一缓冲区中，再将该缓冲区中内容与原内存缓冲区中在写后仍保留的数据进行比较，若两者一致，便认为此次写入成功，可继续写入下一个盘块；否则，则重写。若重写后两者仍不一致，则认为该盘块有缺陷，此时便将应写入该盘块的数据写入热修复重定向区中,并将该损坏盘块的地址,记录在坏盘块表中。

第七章 操作系统接口

一、单项选择题

1.【答案】D

【解析】计算机作为人类的朋友,为人类的生产和生活等各个方面提供了很大的便利,各种不同类别的接口所提供的方便性以及效率各不相同,为满足不同用户的需要提供了包括图形接口、系统调用、命令接口等接口。

2.【答案】A

【解析】程序接口只能提供给专业程序员在程序设计中使用,虽然对用户的计算机水平要求较高,但是它可以提供较高的执行效率。

3.【答案】A

【解析】系统调用只能提供给专业程序员在程序设计中使用,虽然对用户的计算机水平要求较高,但是程序员可以通过系统调用使用系统资源和设备同时还可以获得较高的执行效率。

4.【答案】A

【解析】系统调用用户程序不能直接使用和指挥计算机系统资源,只有通过系统调用等方式由操作系统来指挥和使用系统资源。

5.【答案】C

【解析】用户程序不能直接使用和指挥计算机系统资源,只有通过系统调用等方式由操作系统来指挥和使用系统资源。

6.【答案】B

【解析】在现代操作系统中,为了方便用户高效地使用系统资源管理计算机提供了这样一种方式,称其为系统调用。

7.【答案】B

【解析】操作系统在发生中断的时候,由其中断处理程序负责分析中断源并转到相应的处理程序。

8.【答案】A

【解析】在现代操作系统设计中,原语是提供用来给实现进程同步于互斥的执行过程中不可分割的程序段,库函数属于软件环境的范畴,它也不属于操作系统的一部分,只有系统调用才是最合适的选择。

9.【答案】B

【解析】当有按键输入时,需要首先产生一个中断,提醒系统处理。

10.【答案】D

【解析】按照联机命令的功能与使用方式,联机命令应该由一组联机命令,终端处理程序和命令解释程序组成。

11.【答案】D

【解析】从用户角度来看,操作系统是用户与计算机硬件之间的接口。操作系统提供的服务可以帮助用户来方便、有效地使用计算机。一般而言,操作系统为用户提供两类接口服务,程序级接口和作业级接口,即通过一组系统调用供用户程序和其他系统程序调用;另一种是作业一级的接口,即提供一组控制命令供用户去组织和控制自己的作业流程。

二、综合应用题

1.【答案】通常,命令的输入取自标准输入设备即键盘,而命令的输出则送往标准输出设备即显示终端。如果在命令中设置输出定向">"符,其后接文件名或设备名,则表示命令的输出改向,并送到指定文件或设备上;类似地,在命令中设置输入重定向"<"符,则不再是从键盘而是从重定向符左边的参数指定的文件或设备上取得输入信息。这便是输入输出的重定向。

2.【答案】管道连接是指把第一个命令的输出作为第二个命令的输入,类似地又把第二个命令的输出作为第三条命令的输入,以此类推,这样由两条以上的命令可形成一条管道。在 MS DOS 和 UNIX 中,都用"|"作为管道符号。其一般格式为:command1 | command2 | … | command$n$

3.【答案】MS DOS 命令解释程序 COMMAND.COM 的主要工作流程如下:

(1) 系统接通电源或复位,初始化部分获得控制权,对整个系统完成初始化工作,并自动执行 Autoexec.bat 文件,然后把控制权交给暂存部分,后者给出提示符并等待和接收用户键入命令。

(2) 暂存部分读入键盘缓冲区中的命令,判别其文件名、扩展名及驱动器名是否正确,若有错则给定出错信息后返回;无错的情况下才查找和识别该命令。

(3) 若该命令为内部命令,暂存部分定会在命令表格中找到该命令,便可从对应表项中获得该命令处理程序的入口地址,并把控制权交给该程序去执行;若键入命令为外部指令,则暂存部分应为之建立命令行,通过执行系统调用 exec 装入其命令处理程序,并得到对应基地址,把控制权交由该程序执行;若键入命令非法,则出错返回。

(4) 命令完成后,控制权重新交给暂存部分给出提示符并等待和接收用户键入命令,然后转(2)。

4.【答案】系统调用本质上是一种过程调用,但它是一种特殊的过程调用,与一般的过程调用相比较存在以下几个方面的差别存在以下几个方面的差别:

(1) 运行在不同的系统状态。一般的过程调用,其调用过程和被调用过程或者均为用户程序,或者均为系统程序,所以都运行在同一系统执行状态(用户态或系统态)下;而系统调用的调用过程是运行在用户态下的用户程序,被调用过程是运行在系统态下的系统程序。

(2) 软中断进入机制。一般的过程调用可直接由调用过程转向被调用过程;而执行系统调用时,由于调用过程和被调用过程是处于不同的系统状态,所以不允许由调用过程直接转向被调用过程,而通常是通过软中断机制,先进入操作系统内核,经内核分析后,才能转向相应的命令处理程序。

(3) 返回及重新调度问题。对于一般的过程调用,在被调用过程执行完后,将返回到调用过程继续执行;对于系统调用则不是这样,在被调用过程执行完后,要对系统中所有要求运行的进程进行重新调度。特别地,在采用了抢占式剥夺调度的系统中,重新调度将基于优先权分析来进行,于是只有当调用进程仍具有最高优先权时,才会返回到调用过程继续执行;否则其将会被放入就绪队列,而执行权利交由具最高优先权的过程优先执行。

（4）嵌套调用。与一般过程类似,系统调用也允许嵌套调用,即在一个被调用过程执行期间,还可以再利用系统调用命令去调用另一个系统过程,注意是系统过程而不是用户过程。

5.【答案】通常,在操作系统内核设置有一组用于实现各种系统功能的子程序(过程),并将它们提供给用户程序调用。每当用户在程序中需要操作系统提供某种服务时,便可利用一条系统调用命令,去调用所需的系统过程。这即所谓的系统调用。

系统调用的主要类型包括:

（1）进程控制类。主要用于进程的创建和终止、对子进程结束的等待、进程映像的替换、进程数据段大小的改变以及关于进程标识符或指定进程属性的获得等。

（2）文件操纵类。主要用于文件的创建、打开、关闭、读/写及文件读写指针的移动和文件属性的修改,目录的创建及关于目录、特别文件或普通文件的索引结点的建立等。

（3）进程通信类。用于实现各种类型的通信机制如消息传递、共享存储区及信息量集机制等。

（4）信息维护类。用于实现关于日期和时间及其他系统相关信息的设置和获得。

6.【答案】系统调用的一般处理过程分为三步:

（1）设置系统调用号和参数。

（2）对系统调用命令进行一般性处理,如保护 CPU 现场,将处理机状态字 PSW、程序计数器 PC、系统调用号、用户栈指针以及通用寄存器等压入堆栈,将用户定义参数传送至指定位置保存起来等。不同系统具体处理方式往往不同,在 UNIX 系统中是执行 CHMK 命令,并将参数表中的参数传到 User 结构的 U. U-arg( )中;而在 MS DOS 中则是执行 INT21 软中断。

（3）根据系统调用入口表及具体的系统调用命令转至对应命令处理程序执行具体处理。

第四部分 答案及解析

第一章 计算机网络体系结构

一、单项选择题

1. 【答案】B

【解析】此题考查的知识点是计算机网络的概念。通信子网是由通信链路和通信节点构成的，主要完成信息分组的传递工作。选项 A 超出了通信子网的定义范围，D 缺少了网络节点，C 显然错。

2. 【答案】D

【解析】此题考查的知识点是计算机网络协议的概念。协议是不同系统对应层之间的数据交换规则，不是某一方内部的单独规定，因此 A 错。接口是相邻层协议之间的通信约定，因此 B、C 错。网络体系结构中，下层为上层提供服务，在发送方，每一层把从上一层接收到的数据（服务数据单元）加上控制信息，变成协议数据单元，交给下一层发送，接收时相反处理，选项 D 正确。

3. 【答案】C

【解析】此题考查的知识点是网络节点的概念。网桥、交换机工作在数据链路层，A、B 错。路由器工作在网络层，D 错。网关工作在传输层。

4. 【答案】B

【解析】此题考查的是计算机网络分层结构知识点。不存在网络接口层，A 错。传输层解决的是不同主机用户进程之间的通信，因此 C 错。应用层解决的是用户和网络的接口问题，D 错。

5. 【答案】D

【解析】此题考查的是计算机网络体系结构知识点。中继器的作用是对物理信号进行放大，属于物理层解决的问题范畴。因此 A、B、C 错。

6. 【答案】D

【解析】此题考查的是计算机网络分类知识点。影响网络分类的标准很多，其中物理范围对传输技术、组网方式以及管理和运营方式的影响是最大的。拓扑结构、使用目的和传输技术都只是在局部影响上述因素。因此 D 正确。

7. 【答案】C

【解析】此题考查的是计算机网络标准化和相关组织知识点。ISO 制定了 OSI 七层体系结构，IEEE 制定了局域网 802 系列标准，ISOC 主要负责协调因特网合作，IANA 则负责因特网域名和地址管理工作，因此选 C 正确。

8. 【答案】A

【解析】此题考查的是计算机网络发展历史知识点。ARPANET 是 Internet 的前身,为了实现军事研究目的,分组交换是其采取的主要技术之一。MILNET、NSFNET 以及 Internet 均在其基础之上发展,因此 A 正确。

9.【答案】C

【解析】此题考查的是计算机网络分层结构知识点。接口描述的是同一计算机相邻层之间的通信规则;SDU(服务数据单元)是为完成用户所要求的功能而应传送的数据;SAP 是服务访问点,下层通过其为上层提供服务;PCI 是协议控制信息,控制协议操作的信息,因此正确答案为 C。

10.【答案】C

【解析】此题考查的是计算机网络分层结构知识点。协议是两个系统之间通信的约定,由语法、语义和时序三部分构成。语法部分规定传输数据的格式;语义部分规定所要完成的功能;时序部分规定执行各种操作的条件、顺序关系等。因此 B 正确。

11.【答案】B

【解析】此题考查的是计算机网络协议知识点。通过接口方式连接上下层的目的是保证一定灵活性,因此 A 正确。结构上各层分离,各层采用最合适的技术来实现,易于维护和实现,B 正确。层次划分过多各层的定义就越清晰,但是总体运行效率会降低,因此 C 不正确。功能定义独立于身体实现是分层结构定义的基本原则,D 正确。

12.【答案】D

【解析】此题考查的是计算机网络服务知识点。数据在计算机网络的传输过程中,数据出错是很难避免的,只有通过检错、纠错、应答机制才能保证数据正确地传输,这种数据传输是可以准确地传输到目的地的。不可靠服务是出于速度、成本等原因的考虑忽略了应该有的数据传输保证机制,但是可以通过应用或用户判断数据的准确性,再通知发送方采取措施,从而把不可靠的服务变成可靠的服务,因此答案 D 正确。

13.【答案】D

【解析】此题考查的是 OSI 参考模型知识点。表示层处理 OSI 系统之间用户信息的表示问题,数据压缩是其主要功能之一,因此答案 D 正确。

14.【答案】A

【解析】此题考查的是 OSI 参考模型知识点。网络层负责源节点至目的节点的数据传输,包括路由选择、拥塞控制等功能,因此答案 A 正确。

15.【答案】B

【解析】此题考查的是 OSI 和 TCP/IP 参考模型知识点。由 TCP/IP 参考模型可知,其对应 OSI 低三层的分别是互联网层和网络接口层,因此答案 B 正确。

16.【答案】B

【解析】此题考查的是 TCP/IP 参考模型知识点。TCP/IP 参考模型中,互联网层的主要协议包括 IP、ICMP、ARP、RARP,SNMP 是应用层的协议,因此答案 B 正确。

17.【答案】A

【解析】此题考查的是 OSI 参考模型知识点。在 OSI 参考模型中,只有物理层是按照无结构的比特流进行数据传输,其他各层均对数据进行封装,因此答案 A 正确。

18. 【答案】B

【解析】此题考查的是 OSI 参考模型知识点。在 OSI 参考模型中，会话层的两个主要服务是会话管理和同步，因此答案 B 正确。

19. 【答案】B

【解析】此题考查的是 OSI 和 TCP/IP 参考模型知识点。在 OSI 参考模型中，网络层支持无连接和面向连接的方式，传输层仅有面向连接的通信。TCP/IP 模型中网络层只支持无连接的通信模式，在传输层则两种模式都支持，因此答案 B 正确。

20. 【答案】C

【解析】此题考查的是 TCP/IP 参考模型知识点。TCP/IP 参考模型在应用层、传输层和互联网层均定义了相应的协议和功能，但是网络接口层则沿用了 OSI 参考模型的相应标准，并没有定义其功能、协议和实现方式，因此答案 C 正确。

二、综合应用题

【答案】不可靠服务是指网络不能保证数据正确、可靠地传送到目的地，可靠服务则由于具备检错、纠错、应答机制因此能保证数据正确可靠地传送到目的地。在采用不可靠服务的网络中，要通过应用层的程序及用户再提供进一步的保障。

具体采用哪种服务要根据实际的数据传输需求来决定，综合考虑传输代价、传输速度等指标。

第二章　物　理　层

一、单项选择题

1. 【答案】B

【解析】此题考查的知识点是数据和信号概念。计算机网络传输的数据既包括模拟数据也包括数字数据，信号是数据的编码形式，模拟数据和数字数据可以通过相应的设备转换为模拟信号或者数字信号进行传输，因此模拟信号和数字信号可以在一定条件下是可以进行相互转换的，正确答案为 B。

2. 【答案】C

【解析】此题考查的知识点是信道的概念。信道是传输信号的通道，信道与物理线路不完全等同，一条物理线路可以复用多条信道。半双工通信指双方可以发送信息但是不能同时，需要两条信道，因此 C 正确。A 明显错，B 和 D 混淆了物理线路和信道的概念。

3. 【答案】A

【解析】此题考查的知识点是带宽的概念。带宽是信号具有的频带宽度，单位是赫兹（Hz）。因此 A 正确。

4. 【答案】B

【解析】此题考查的是香农定理知识点。本题中 $W=10$ kHz，根据奈奎斯特定理，波特率为 $B=2 \times W=20$ kHz，无噪声信道环境下最大数据传输率与最大码元传输率之间的关系为：

$R = B\log_2 M$，其中 M 为模式的数目，则可以计算得出 $R = 20\ 000\log_2 32 = 100$ kbps，因此 B 正确。

5.【答案】C

【解析】此题考查的是香农定理知识点。本题中 $W = 4\ 000$ Hz，$S/N = 1\ 000$，根据香农定理，最大数据传输率 $= W \times \log_2(1 + S/N) \approx 40$ kbps，因此 C 正确。

6.【答案】C

【解析】此题考查的是时延知识点。发送时延是节点在发送数据时使报文或分组从节点进入到传输介质所需的时间，计算公式为发送时延 = 报文或分组长度/信道数据传输率 = 2 000/1 000 000 = 0.002 s，因此 D 正确。

7.【答案】C

【解析】此题考查的是多路复用知识点。同步 TDM，每个用户所占用的时隙是周期性地出现，因此区分不同数据源只需按该数据源所使用时间片出现的周期即可，因此 C 正确。

8.【答案】C

【解析】此题考查的是多路复用知识点。统计 TDM 是按需动态地分配时隙，每个时隙必须有用户的地址信息，可以按照字节、位或帧进行复用，因此需要解决好传输过程中的成帧和同步问题，C 正确。

9.【答案】C

【解析】此题考查的是编码知识点。差分曼彻斯特编码规则是若码元为 1，则其前半个码元的电平与上一个码元的后半个码元的电平一样，即无跳变；若码元为 0，则其前半个码元的电平与上一个码元的后半个码元的电平相反，即有跳变，因此答案为 C。

10.【答案】A

【解析】此题考查的是调制知识点。计算机上存储的数据是数字数据，普通电话线上只能传输模拟信号，因此需要调制解调器将数字数据调制为模拟信号，答案为 A。

11.【答案】A

【解析】此题考查的是编码和调制知识点。数据转换为模拟信号的过程成为调制，数据变换为数字信号的过程为编码。PSK、QAM 均为调制的方法，曼彻斯特编码是数字数据编码为数字信号的方法，因此答案为 A。

12.【答案】C

【解析】此题考查的是调制知识点。因为 $B = 1\ 000$，$C = 4\ 000$ bps，由 $C = B\log_2 L$ 得知 $L = 16$，当相位数量为 4 时，每个相位有 4 个幅值，因此正确答案为 C。

13.【答案】A

【解析】此题考查的是电路交换知识点。电路交换过程中，通信双方独占物理线路不存在"存储–转发"，因此答案为 A。

14.【答案】D

【解析】此题考查的是数据报知识点。电路交换和报文交换都是完整的报文进行传输，不存在顺序的问题，虚电路通过建立逻辑电路来保证报文内容按顺序到达，数据报传输中，每个分组是独立选择路由的，可能造成到达时有先有后，因此答案为 D。

15.【答案】D

【解析】此题考查的是虚电路知识点。虚电路传输方式需要事先在通信双方之间建立逻辑链路,一旦逻辑链路建成,此后的分组传输将根据虚电路表迅速地被转发,造成延迟的主要原因是虚电路的建立时间而不是交换机之间的存储–转发过程,因此答案为 D。

16.【答案】C

【解析】此题考查的是传输介质知识点。超 5 类双绞线的带宽是 100 MHz,因此答案 C 正确。

17.【答案】D

【解析】此题考查的是传输介质知识点。多模光纤的纤芯直径为 50 ~ 62.5 μm,单模光纤的纤芯直径为 5.0 ~ 8.3 μm,光纤的工作波长范围为不超过 2 μm,所以纤芯的直径比光波的波长要粗,因此答案 D 正确。

18.【答案】D

【解析】此题考查的是物理层接口特性知识点。前三个选项分别是物理层的机械、电气和功能特性,因此答案 D 正确。

19.【答案】B

【解析】此题考查的是物理层接口特性知识点。RS–449 标准的机械特性采用的是 37 针和 9 针连接器的两种接口,因此答案 B 正确。

20.【答案】C

【解析】此题考查的是物理层设备知识点。中继器和集线器均工作在物理层,也都可以对信号进行放大和整形,但是两者对于连接网段的数量是有限制的,只能在规定的范围内进行,因此答案 C 正确。

二、综合应用题

1.【答案】若定义码元 1 在时钟周期内为前低后高,则码元 0 正好相反,在一个时钟周期内为前高后低。

差分曼彻斯特定义:若码元为 1,则其前半个码元的电平与上一个码元后半个码元的电平一样;若码元为 0,则其前半个码元的电平与上一个码元的后半个码元的电平相反。

因此对应该比特序列的曼彻斯特编码和差分曼彻斯特编码如下图所示。

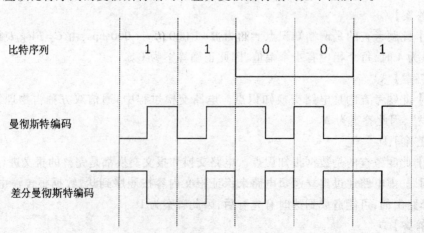

2.【答案】虚电路的传输方式中,总的时间花费包括以下几部分:虚电路的建立时间、信源的发送时延、中间节点的发送时延、中间节点的处理时延和传播时延。

虚电路的建立时间为 t 秒;

信源要将 L 位报文分割成分组,分组的数量 $N=L/y$,每个分组的长度为 $x+y$,因此信源一共要发送的数据总量为 $(x+y)L/y$,所以信源的发送时延为 $(x+y)L/ys$。

每个中间节点的发送时延为 $(x+y)/s$,信源和信宿之间的物理线路数为 k,所以存在 $k-1$ 个节点,因此中间节点总的发送时延为 $(x+y)(k-1)/s$。

中间节点的处理时延为 $m(k-1)$。

传播时延为 kd。

综上所述,信源至信宿发送全部数据所需要的时间为 $t+(x+y)L/ys+(x+y)(k-1)/s+m(k-1)+kd$ 秒。

第三章　数据链路层

一、单项选择题

1.【答案】B

【解析】此题考查的知识点是数据链路层功能知识点。数据链路层为网络层提供的服务有三种:无确认的无连接服务、有确认的无连接服务、有确认的面向连接的服务,正确答案为 B。

2.【答案】D

【解析】此题考查的知识点是数据链路层功能。拥塞控制是网络层和传输层的功能,因此正确答案为 D。

3.【答案】B

【解析】此题考查的知识点是组帧的知识点。比特填充法中帧的首位标志为 01111110,发送方连续发送 5 个"1"时,自动插入一个"0",接收方收到连续 5 个"1"时,自动删除一个"0"。因此答案 B 正确。

4.【答案】A

【解析】此题考查的是组帧知识点。数据链路层将来自物理层的比特流划分成一个个的单元,称为帧,其主要目的是在出错时,只需将错误的帧重传,而不必将全部数据都重发,从而提高传输效率,因此答案 A 正确。

5.【答案】D

【解析】此题考查的是差错控制知识点。数据帧的传输有两大类错误:位出错和帧出错,计时器和编号用于检测帧出错的情况,自动重传是纠错的手段,CRC 是网络所采用的检验位出错的方法,因此答案 D 正确。

6.【答案】C

【解析】此题考查的是检错编码知识点。根据多项式可知,除数为 10011,被除数为 11010010000,采用二进制模 2 方式进行相除,得到商 110001,余数为 0011,因此答案 C 正确。

7.【答案】A

【解析】此题考查的是流量控制知识点。数据链路层的流量控制是在数据链路层对等实体之间进行的,通过限制发送方的数据流量使得发送方的发送速度不超过接收方接收能力的一种技术,因此答案 A 正确。

8.【答案】B

【解析】此题考查的是可靠传输与滑轮窗口机制知识点。因为接到 1 号帧的确认帧,发送窗口尺寸为 3,而此时该窗口只有 2 号帧,因此还可以连续发送 2 个帧,答案 B 正确。

9.【答案】B

【解析】此题考查的是检错码知识点。循环冗余编码是检错码,因此采用自动重发机制,答案 B 正确。

10.【答案】D

【解析】此题考查的是停止-等待协议知识点。设 C 为数据传输率,L 为帧长,R 为单程传播延时。停止-等待协议的信道最大利用率为:

$$\frac{L/C}{L/C+2R}=\frac{L}{L+2RC}=\frac{L}{L+2\times30\text{ ms}\times4\text{ kbps}}=80\%,$$

可计算得出 $L=960$ b,答案 D 正确。

11.【答案】C

【解析】此题考查的是后退 N 帧协议知识点。只有在发送窗口大小 $W_T\leq2^m-1$ 时(帧序号位数 m),后退 N 帧协议才能正确运行,因此正确答案为 C。

12.【答案】D

【解析】此题考查的是选择重传协议知识点。对于选择重传协议,若用 n 比特进行编号,则接收窗口的大小为 $W_R\leq2^{n-1}$,因此正确答案为 D。

13.【答案】B

【解析】此题考查的是信道划分介质访问控制知识点。频分多路复用(FDM)充分地利用了系统的带宽,系统效率较高,但是时分多路复用(TDM)更适合传输数字信号,因此答案 B 正确。

14.【答案】D

【解析】此题考查的是随机访问介质访问控制知识点。令牌传递属于轮询访问介质访问控制协议,因此答案 D 正确。

15.【答案】A

【解析】此题考查的是随机访问介质访问控制知识点。如果要检测冲突,需要无线设备一边传送数据一边接收数据,对于无线设备来说比较难以实现,因此答案 A 正确。

16.【答案】C

【解析】此题考查的是局域网基本概念和体系结构知识点。IEEE 802 局域网参考模型将数据链路层分为 MAC 和 LLC 两个子层,其中 MAC 主要负责媒体的访问控制,因此答案 C 正确。

17.【答案】B

【解析】此题考查的是以太网知识点。以太网中,交换机是根据数据帧中的 MAC 地址进行数据帧转发的,因此答案 B 正确。

18.【答案】C

【解析】此题考查的是 802.3 标准知识点。802.3i 是关于 10M 位以太网的标准,802.3U 是关于百兆位以太网的标准,802.3z 是关于千兆位以太网标准,802.3ae 是关于万兆位以太网标准,因此答案 C 正确。

19.【答案】B

【解析】此题考查的是 IEEE 802.11 知识点。IEEE 802.11 主要支持 1 Mbps 和 2 Mbps 的数据传输率,其在物理层使用的技术 DSSS 和 FHSS 的工作频段是 3 个国际规定的工业、科学和医疗(ISM)的频段之一,即 2 400 ~ 2 483.5 MHz,简称 2.4 GHz 频段,因此答案 B 正确。

20.【答案】C

【解析】此题考查的是令牌环网知识点。令牌环网使用令牌在各个节点之间传递来分配信道的使用权,每个节点都可以在一定的时间内(令牌持有时间)获得发送数据的权利,并不是无限制地持有令牌,因此答案 C 正确。

21.【答案】C

【解析】此题考查的是 HDLC 协议知识点。HDLC 的帧格式中,校验字段占两个字节,即 16 位,因此答案 C 正确。

22.【答案】B

【解析】此题考查的是 PPP 协议知识点。PPP 是一种面向字节的协议,所有的帧长度都是整数个字节,使用一种特殊的字符填充法完成数据的填充,因此答案 B 正确。

23.【答案】C

【解析】此题考查的是广域网知识点。广域网指的是单个网络,它使用节点交换机来连接网络而不是路由器,因此答案 C 正确。

24.【答案】B

【解析】此题考查的是数据链路层设备知识点。局域网交换机和网桥通常都是有硬件进行帧的转发,集线器某个端口收到信号时立即向所以其他端口转发而延迟最小,路由器需要解析每个分组中的 IP 地址,通常由软件来完成,因此延迟最大,答案 B 正确。

25.【答案】D

【解析】此题考查的是网桥的概念及基本原理知识点。网桥根据数据帧中的源地址、目的地址以及存储的端口-节点地址表来决定是否转发数据帧,如果源地址和目的地址处于同一个网段,则不转发;否则,根据端口-节点地址表把该数据帧转发到相应的端口;如果端口-节点地址表没有相应的节点地址信息,则网桥向所有端口广播该数据帧,答案 D 正确。

26.【答案】C

【解析】此题考查的是局域网交换机的概念及基本原理知识点。局域网交换机的帧转发方式一共有三种:直接交换式、存储转发式、改进的直接交换式,其中只有存储转发方式必须在完整地接收一个帧后进行,答案 C 正确。

二、综合应用题

1.【答案】

(1) 最先发送数据的 A 站最晚经过两倍的传播时延才检测到发生了碰撞:

$$T = 2t_p = 2 \times (4 \text{ km} \div 200\ 000 \text{ km/s}) = 40\ \mu\text{s}$$

所以 A 站最晚经过 40 μs 才检测到发生了碰撞。

（2）$L = 100 \text{ Mbps} \times 40 \ \mu\text{s} = 4\ 000 \text{ bit}$

2.【答案】

（1）对于滑动窗口算法，要求 $\text{SeqNum} \geqslant S_w + R_w$，则 SeqNum 至少 8 个序列号，对应 3 比特，所以满足 $3 \leqslant 2^{3-1}$。

（2）若帧序列号为（0,1,2,3,4,5,6），发生如下事件：

a. 发送方发送数据帧 Data[0] 至 Data[4]，它们均正确到达；

b. 接收方正确接收，提交上层，发送 ACK[5]，并将接收窗口滑动至{5,6,0}；

c. ACK[5] 丢失，发送方未收到任何确认帧，超时重发 Data[0] 至 Data[4]；

d. 接收方检查接收窗口，接收 Data[0]，其他帧丢弃。

由上述过程可以看出接收方接收的 Data[0] 是重复帧，滑动窗口协议出错，序列号个数必须满足（1）中的约束。

第四章　网　络　层

一、单项选择题

1.【答案】C

【解析】此题考查的是异构网络互联知识点。网络的异构性指的是传输介质、数据编码方式、链路控制协议以及不同的数据单元格时和转发机制，这些特点分别在物理层和数据链路层协议中定义，因此正确答案为 C。

2.【答案】B

【解析】此题考查的是路由与转发知识点。路由器在为 IP 数据报进行路由选择时，根据目的 IP 地址来决定下一跳是哪个网络，因此正确答案为 B。

3.【答案】D

【解析】此题考查的是拥塞控制知识点。拥塞是由于网络中很多因素引起的，如网络负载大导致单位时间内交给网络的分组数量过多，路由器处理速度慢导致 IP 数据报转发速度降低，路由器缓冲区不足导致分组被迫丢弃，网桥属于局域网扩展设备与拥塞问题无关。因此答案 D 正确。

4.【答案】A

【解析】此题考查的是静态路由和动态路由知识点。无论静态路由还是静态路由均要使用路由选择表来进行路由选择，只不过维护的方式不同，因此答案 A 正确。

5.【答案】C

【解析】此题考查的是路由算法知识点。RIP 是路由信息协议，基于距离-向量路由选择协议；OSPF 是基于链路状态路由算法的协议；BGP 采用的是路径向量算法；ICMP 不是路由选择协议，因此答案 C 正确。

6.【答案】B

【解析】此题考查的是 IP 分组知识点。IP 分组的校验字段仅检查分组的首部信息，不包括数据部分，因此答案 B 正确。

7.【答案】C

【解析】此题考查的是 IP 地址知识点。IP 地址共 32 位,B 类地址的前两位"10"为地址分类标识,接下来 14 为表示网络号,因此答案 C 正确。

8.【答案】B

【解析】此题考查的是子网划分与子网掩码知识点。将子网掩码 255.255.192.0 与主机 129.23.144.16 进行"与"操作,得到该主机网络地址为 129.23.128.0,再将该子网掩码分别与四个候选答案的地址进行"与"操作,只有 129.23.127.222 的网络地址不为 129.23.128.0。因此该主机与 129.23.144.16 不在一个子网中,需要通过路由器转发信息。答案 B 正确。

9.【答案】D

【解析】此题考查的是 CIDR 知识点。CIDR 不再指定网络号或主机号的位数,从而使得 IP 子网划分更加灵活,地址利用率更好,既可以划分子网,也能够合并超网,答案 D 正确。

10.【答案】A

【解析】此题考查的是 ARP 协议知识点。ARP 协议用来完成 IP 地址到 MAC 地址的映射,答案 A 正确。

11.【答案】A

【解析】此题考查的是 ICMP 协议知识点。ICMP 是 IP 层协议,封装在 IP 数据报中传送,因此正确答案为 A。

12.【答案】B

【解析】此题考查的是 IPv6 地址知识点。A、C、D 都不符合 IPv6 的地址表示方法,因此正确答案为 B。

13.【答案】C

【解析】此题考查的是自治系统知识点。OSPF 只是自治系统协议的一部分,EGP 和 BGP 属于外部网关协议,IGP 是 AS 内使用的路由协议的统称,因此答案 C 正确。

14.【答案】D

【解析】此题考查的是 RIP 协议知识点。RIP 协议基于跳数来度量距离,支持的最大跳数是 15,跳数为 16 则表示不可达,因此答案 D 正确。

15.【答案】C

【解析】此题考查的是 BGP 协议知识点。BGP 使用改进的距离-向量路由选择算法,因此 A、B 错,选项 D 是为了简化路由于本题无关;外部网关协议需要考虑政治、军事、经济等策略,BGP 必须具备该特点,因此答案 C 正确。

16.【答案】D

【解析】此题考查的是 IP 组播地址知识点。127.1.1.1 是特殊 IP 地址用于回路自测;130.251.24.32 是 B 类地址;202.118.224.1 是 C 类地址;232.152.49.18 是 D 类地址,即组播地址,因此答案 D 正确。

17.【答案】B

【解析】此题考查的是移动 IP 知识点。移动 IP 为主机设置的是固定的主地址和动态改变的辅地址,因此答案 B 正确。

18.【答案】B

【解析】此题考查的是移动 IP 的通信过程知识点。移动主机返回本地网是需要向本地代理注销辅地址,继续使用原来的主地址,从而避免本地代理将发给移动主机的数据按照辅地址进行转发,因此答案 B 正确。

19.【答案】C

【解析】此题考查的是路由器的组成和功能知识点。路由选择处理机是路由器路由选择部分的核心,负责构造、更新和维护路由表,因此答案 C 正确。

20.【答案】D

【解析】此题考查的是网络层设备知识点。路由器工作在网络层,可以抑制网络风暴,答案 D 正确。

二、综合应用题

1.【答案】除去 20 字节的固定首部长度,该分组的数据部分长度为 1 400 字节,由于网络的 MTU = 532 字节,所以应该划分成 3 个分段。

第一个分段:总长度为 532 字节,减去 20 字节首部,数据部分长度为 512 字节,分段偏移 = 0,MF = 1。

第二个分段:数据部分长度为 512 字节,分段偏移值 = 0+512/8 = 64,MF = 1。

第三个分段:数据部分长度 = 1 400−2×512 = 376 字节,分段偏移 = 64+512/8 = 128,MF = 0。

2.【答案】本题考查 IP 地址的使用。由于子网掩码前 27 位为 1,所以主机地址位数是 5 位,即每个 IP 地址的最后 5 位可以确定主机地址。

(1)对于主机 A、B、C、D 的相关地址信息如下表:

表　主机地址信息

主机	IP 地址	子网地址	主机地址	直接广播地址
A	192.155.12.112	192.255.12.96	0.0.0.16	192.255.12.127
B	192.155.12.120	192.255.12.96	0.0.0.24	192.255.12.127
C	192.155.12.176	192.255.12.160	0.0.0.16	192.255.12.191
D	192.155.12.222	192.255.12.192	0.0.0.30	192.255.12.223

由表可以看出,主机 A 和主机 B 处于同一个子网,因此可以直接通信。主机 A、主机 B 与主机 C 以及主机 D 之间通信需要路由器;主机 C 和主机 D 之间通信也需要路由器。网络连接示意图如下。

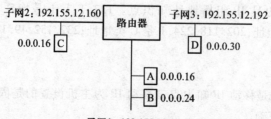

（2）由于主机 E 和主机 D 在同一个子网,所以主机 E 所在子网的子网地址为 192.155.12.192,192 的二进制为 11000000,最右边 5 位为主机地址位数,去掉全 0 和全 1,并且不能和主机 D 的 IP 地址 192.155.12.222 重复,所以其 IP 地址设定的范围为 192.155.12.193～192.155.12.221。

（3）168 的二进制为 10101000,将最右边的 5 为置 1,即为其直接广播地址,即 192.155.12.191。

第五章 传 输 层

一、单项选择题

1.【答案】C

【解析】此题考查的是传输层功能知识点。传输层的作用是提供源主机到目的主机进程之间的逻辑通信,称为"端对端",因此正确答案为 C。

2.【答案】B

【解析】此题考查的是传输层寻址与端口知识点。端口可以让应用程序将其数据通过端口向下交付给传输层,即为传输层的服务访问点,因此正确答案为 B。

3.【答案】B

【解析】此题考查的是传输层寻址与端口知识点。传输层使用端口号来标识应用进程,因此答案 B 正确。

4.【答案】D

【解析】此题考查的是传输层寻址与端口知识点。"熟知端口号"的范围为 0～1023,因此答案 D 正确。

5.【答案】D

【解析】此题考查的是无连接服务与面向连接服务知识点。面向连接服务要事先在通信双方之间建立一个完整的可以彼此沟通的通道,即连接,通信过程中整个连接的情况可以被实时地监控和管理,通信结束后释放连接,可以保证数据可靠地并且按顺序地提交,因此答案 D 正确。

6.【答案】C

【解析】此题考查的是无连接服务与面向连接服务知识点。无连接服务和面向连接的服务分别适用于不同场合,无连接服务经常因其实时性和效率更好而得到采用,因此答案 C 正确。

7.【答案】A

【解析】此题考查的是 UDP 数据报知识点。计算 UDP 检验和字段值要用到 UDP 伪首部、UDP 首部和 UDP 数据部分。其中 UDP 伪首部是临时生成的,不属于 UDP 数据报中的内容,因此答案 A 正确。

8.【答案】D

【解析】此题考查的是 UDP 数据报知识点。使用 UDP 作为传输层协议的主要应用层协议有:DNS、TFTP、RIP、DHCP、SNMP,答案 D 正确。

9.【答案】C

【解析】此题考查的是 UDP 数据报知识点。最短的 UDP 数据报只包含包头,不携带任何数据,UDP 报头的固定长度为 8B,因此答案 C 正确。

10.【答案】C

【解析】此题考查的是 TCP 连接管理知识点。建立 TCP 连接需要通信双方进行三次握手,即交换三个报文段,答案 C 正确。

11.【答案】C

【解析】此题考查的是 TCP 段知识点。TCP 协议传输是面向字节流的,而不是以报文段来计数,因此正确答案为 C。

12.【答案】D

【解析】此题考查的是 TCP 段知识点。URG 为 TCP 段中的紧急标识字段,表明紧急字段指针有效,告诉系统此报文段有紧急数据发送,因此正确答案为 D。

13.【答案】B

【解析】此题考查的是 TCP 流量控制与拥塞控制知识点。滑动窗口协议是用来解决流量控制的,因此答案 B 正确。

14.【答案】A

【解析】此题考查的是 TCP 连接管理知识点。TCP 连接建立采用三次握手,第一次握手发送方发给接收方的报文中应设定 SYN = 1,序号 = X,表明传输数据的第一个数据字节的序号是 X,因此答案 A 正确。

15.【答案】B

【解析】此题考查的是 TCP 协议知识点。使用 TCP 作为传输层协议的主要应用层协议有:SMTP、POP3、TELNET、HTTP 和 FTP 等,因此答案 B 正确。

16.【答案】A

【解析】此题考查的是 TCP 流量控制知识点。由于主机甲向主机乙连续发送了 2 个报文段,而主机甲只成功地收到第一段的确认,此时发送窗口大小变为 2 000 字节,所以主机甲还可以向主机乙发送 1 000 个字节,因此答案 A 正确。

17.【答案】C

【解析】此题考查的是 TCP 拥塞控制知识点。根据慢开始算法的原则,当第 4 个 RTT 时间后,拥塞窗口为 16 KB,此时发生拥塞,拥塞窗口大小变为 1 KB,慢开始门限值 ssthresh 变为 8 KB。接下来 3 个 RTT 后,拥塞窗口大小变为 8 KB,此时进入拥塞避免算法,当第 4 个 RTT 后,拥塞窗口加 1,拥塞窗口大小变为 9 KB。因此答案 C 正确。

二、综合应用题

1.【答案】

(1) TCP 顺序号使用 32 位,TCP 为每个字节编号,因此 L 的最大值 $L_{MAX} = 2^{32} = 4\ 294\ 967\ 296$ 字节。

(2) 文件共被分为 $2^{32}/1\ 460 = 2\ 941\ 759$ 个数据报,因此供需加入 $66 \times 2\ 941\ 759$ 个首部字节。因此所需的时间为 $(2^{32} + 66 \times 2\ 941\ 759) \times 9/10$ Mbps $= 3\ 591.3$ s ≈ 1 h。

2.【答案】来回路程的时延为 128 ms×2 = 256 ms。设窗口值为 X 字节,假定一次最大发送量等于窗口值,且发送时间等于 256 ms,那么每发送一次都要停下来等待下一个窗口的确认,以得到新的发送许可。这个发送时间等于停止等待应答的时间,结果测到的平均吞吐率就等于发送速率的一半,为 $8X/(256×1\ 000)=256×0.001$,解得 $X=8\ 192$,所以发送窗口值为 8 191。

第六章　应　用　层

一、单项选择题

1.【答案】A

【解析】此题考查的是客户机/服务器模型知识点。采用客户机/服务器模型的主要原因有两个:一是更好地实现资源共享,二是通信的异步问题,因此正确答案为 A。

2.【答案】C

【解析】此题考查的是 P2P 模型知识点。集中式拓扑结构的 P2P 网络形式上由一个中心服务来负责记录共享信息以及回答这些信息的查询,网络上提供的所有资料都分别存放在提供该资料的客户机上,服务器只保留索引信息,典型的代表软件有 Napster, Maze。因此正确答案为 C。

3.【答案】B

【解析】此题考查的是 P2P 模型知识点。P2P 模式本质思想是整个网络结构中的传输内容不再被保存在中心服务器中,每个结点都同时具有下载、上传和信息追踪这三方面的功能,因此答案 B 正确。

4.【答案】A

【解析】此题考查的是 DNS 系统知识点。域名系统 DNS 是一个基于客户机/服务器模式的分布式数据库管理系统,因此答案 A 正确。

5.【答案】D

【解析】此题考查的是 DNS 系统知识点。概念上可以把 DNS 分为三个部分:域名空间、域名服务器、解析器,因此答案 D 正确。

6.【答案】C

【解析】此题考查的是层次域名空间知识点。表示政府部门的二级域名为 .gov,因此答案 C 正确。

7.【答案】D

【解析】此题考查的是域名服务器知识点。因特网的域名服务器系统也是按照域名的层次来安排的,一共分为三种类型:本地域名服务器、根域名服务器、授权域名服务器,因此答案 D 正确。

8.【答案】D

【解析】此题考查的是域名系统知识点。域名只是个逻辑概念,并不代表计算机所在的物理地址,答案 D 正确。

9.【答案】A

【解析】此题考查的是域名解析过程知识点。递归方法解析过程为:某个主机有域名解析请求时,总是首先向本地域名服务器发出查询请求,如果本地域名服务器上有要解析的域名信息,它将把结果返回给请求者;如果没有,它将作为 DNS 客户向根域名服务器发出查询请求,然后从根域名服务器开始,依次将查询请求发送给下一级域名服务器,直到解析成功,然后逐级返回解析结果。因此答案 A 正确。

10.【答案】B

【解析】此题考查的是 FTP 协议的工作原理知识点。在使用 FTP 进行文件传输时,在客户机和服务器之间需要建立两个连接:控制连接和数据连接,答案 B 正确。

11.【答案】C

【解析】此题考查的是 FTP 协议的工作原理知识点。FTP 是基于 TCP 协议的,TFTP 是基于 UDP 协议的,因此正确答案为 C。

12.【答案】A

【解析】此题考查的是 FTP 控制连接与数据连接知识点。在启动 FTP 会话时,FTP 客户首先发起建立一个与 FTP 服务器端口号 21 之间的控制连接,此后当用户请求传送文件时,FTP 将在服务器的 20 端口上打开一个数据 TCP 连接,因此正确答案为 A。

13.【答案】D

【解析】此题考查的是电子邮件系统的组成结构知识点。电子邮件系统中用户代理的主要功能是撰写邮件,显示邮件以及处理邮件(包括发送和接受),监控邮件的功能属于邮件服务器,因此答案 D 正确。

14.【答案】D

【解析】此题考查的是 SMTP 协议与 POP3 协议知识点。电子邮件系统使用的协议主要有 SMTP、POP3 和 IMAP,因此答案 D 正确。

15.【答案】B

【解析】此题考查的是电子邮件格式与 MIME 知识点。在电子邮件首部的关键字中,"To"指明了邮件的目的地址,如果没有邮件则无法发送,其他字段是否空缺并不影响邮件的发送。因此答案 A 正确。

16.【答案】B

【解析】此题考查的是电子邮件格式与 MIME 知识点。SMTP 协议不支持二进制对象的数据发送,因此需要补充 MIME 协议来定义传送非 ASCII 码的编码规则,因此答案 B 正确。

17.【答案】D

【解析】此题考查的是 WWW 的概念与组成结构知识点。Hypertext 是超文本,WWW 是服务,FTP 是文件传输协议,HTTP 是超文本传输协议。因此答案 D 正确。

18.【答案】C

【解析】此题考查的是 WWW 的概念与组成结构知识点。TCP 协议不识别域名,所以浏览器首先需要通过请求域名解析获得服务器的 IP 地址后才能请求建立 TCP 连接。因此答案 C 正确。

19.【答案】C

【解析】此题考查的是 HTTP 协议知识点。WWW 高速缓存将最近的一些请求和响应暂存在本地磁盘中,当与暂存的请求相同的新请求到达时,WWW 高速缓存就将暂存的响应发送出去,从而降低了广域网的带宽负荷。因此答案 C 正确。

二、综合应用题

【答案】主要考虑的因素有：

（1）域中的每个 DNS 服务器必须知道其每个子域的 DNS 服务器。

（2）每个 DNS 服务器都被配置为知道至少一个根服务器的位置。

（3）每个 DNS 服务器至少支持一个域或者子域,DNS 服务器不能被设置为仅支持域或者子域的一部分。但是 DNS 服务器可以被设置为支持多个域或者子域。

郑重声明

高等教育出版社依法对本书享有专有出版权。任何未经许可的复制、销售行为均违反《中华人民共和国著作权法》，其行为人将承担相应的民事责任和行政责任，构成犯罪的，将被依法追究刑事责任。为了维护市场秩序，保护读者的合法权益，避免读者误用盗版书造成不良后果，我社将配合行政执法部门和司法机关对违法犯罪的单位和个人给予严厉打击。社会各界人士如发现上述侵权行为，希望及时举报，本社将奖励举报有功人员。

反盗版举报电话：(010)58581897/58581896/58581879
传　　真：(010)82086060
E - mail：dd@ hep. com. cn
通信地址：北京市西城区德外大街 4 号
　　　　　高等教育出版社法务部
邮　　编：100120
购书请拨打读者服务部电话：(010)58581114/5/6/7/8

特别提醒："中国教育考试在线"http://www.eduexam.com.cn 是高教版考试用书专用网站。网站本着真诚服务广大考生的宗旨，为考生提供名师导航、下载中心、在线练习、在线考试、网上商城、网络课程等多项增值服务。高教版考试用书配有本网站的增值服务卡，该卡为高教版考试用书正版书的专用标识，广大读者可凭此卡上的卡号和密码登录网站获取增值信息，并以此辨别图书真伪。